W0264292

Tanja Müller-Berg (Hrsg.)

EDI-Knigge

Elektronischer Datenaustausch am Beispiel
der Ausschreibung, Vergabe und
Abrechnung (AVA) von Bauleistungen

Mit 57 Abbildungen

Springer-Verlag
Berlin Heidelberg New York
London Paris Tokyo
Hong Kong Barcelona Budapest

Tanja Müller-Berg
LION EDInet
Gesellschaft für Kommunikation mbH
Hauptstraße 24
50996 Köln

ISBN-13:978-3-642-79403-2   e-ISBN-13:978-3-642-79402-5
DOI:10.1007/978-3-642-79402-5

Cip-Eintrag beantragt

Softcover reprint of the hardcover 1st edition 1995

Satz: Reproduktionsfertige Vorlage der Herausgeberin
SPIN: 10481981   62/3020 - 5 4 3 2 1 0 - Gedruckt auf säurefreiem Papier

Vorwort des Herausgebers

Wenn eine Publikation fertiggestellt ist, kommen verschiedene Fragen auf. Hätte man vielleicht etwas anders machen können? Wird ein EDI-Knigge am Beispiel der Bauwirtschaft wirklich am Markt nachgefragt? Welche Themen interessieren den potentiellen Anwender? Eine Frage, mit der wir uns im Projekt "ISYBAU/EDISY" lange beschäftigt haben.

Als das EDI-Projekt aus der Taufe gehoben wurde, haben viele in der Branche die Bemühungen zur Einführung neuer Technologien im Bauwesen mit einer gewissen Passivität betrachtet und die Möglichkeiten mit Sicherheit unterschätzt. Viele wußten mit dem Schlagwort EDI nichts anzufangen. Das lag auch daran, daß die ganze EDI-Bewegung sich Ende der 80er Jahre noch in den Kinderschuhen befand. Innerhalb der letzten 5 Jahre hat EDI aber als Technologie den Schritt von der Visionstechnologie zur Basistechnologie geschafft. Als Datenaustauschstandard hat sich UN/edifact in Europa durchgesetzt und befindet sich auch innerhalb der weltweiten Anwendungsakzeptanz auf dem Vormarsch. Es gibt heute praktisch keinen Geschäftsvorfall mehr, der nicht in der UN/edifact Norm verfügbar ist. Parallel zu den starken Wachstumstendenzen von EDI und UN/edifact haben auch verschiedene Branchen die großen Möglichkeiten erkannt, die sich durch den Einsatz von Telekommunikationsverfahren ergeben. Arbeitsabläufe lassen sich effizienter und schlanker gestalten. Schlagworte wie Lean Production oder Business Process Reengineering sind nicht ohne Grund in Mode gekommen.

Auch die Baubranche hat in zunehmendem Maße erkannt, daß es bei EDI nicht primär darum geht, eine weitere Softwarelösung zu installieren und zum Einsatz zu bringen. Ziel ist es vielmehr, die Kopplung von elektronischen Geschäftsprozessen mit der Hilfe von genormten, herstellerneutralen Schnittstellen zu realisieren. EDI ist ein solcher international anerkannter Standard. Mit ihm kann der gemeinsame europäische Markt, und hier speziell der Baumarkt, praktisch zusammenwachsen. Der Einsatz von EDI wird deshalb in zunehmendem Maße als Chance verstanden, althergebrachte Verfahren kritisch zu überdenken. Anders statt noch besser machen, heißt die Devise. Quantensprünge in der Entwicklung lassen sich oft nur durch den Einsatz neuer Verfahren erzielen.

Das Projekt "ISYBAU/EDISY" verfügt zwischenzeitlich über einen hohen Bekanntheits- und Publikationsgrad. Viele Unternehmen der Bauindustrie, des Baugewerbes, die Handwerksbetriebe, die Architektur- und Ingenieurbüros, die Fachverbände, öffentliche Verwaltungen, wissenschaftliche Einrichtungen und Bausoftwarehäuser sind an den Ergebnissen und am Verlauf des Projektes interessiert. Was lag also näher, als die gesammelten Erfahrungen in einem Buch zusammenzufassen. Hinzu kommt, daß es bis heute noch kaum deutschsprachige umfangreichere Publikationen zum Thema EDI und Kommunikation im Bauwesen gibt. Dies liegt sicherlich auch daran, daß die Entwicklung im Kommunikationssektor insgesamt sehr schnellebig ist.

Ziel des Autorenteams war es, sein Wissen nicht für sich zu behalten, sondern den Einstieg für interessierte Anwender möglichst einfach zu gestalten. Wir haben im Verlauf der schriftstellerischen Tätigkeit festgestellt, daß es oftmals gar nicht so einfach ist, die Vorgänge und Zusammenhänge für den Einsteiger in die Thematik einfach darzustellen, hoffen jedoch, daß uns dies über weite Strecken gelungen ist.

Mein besonderer Dank gilt den Autoren, die viel Zeit und Engagement in den EDI-Knigge gesteckt haben:

Jürgen Breithaupt,	LION EDInet GmbH, Köln
Knut Hofmann,	LION EDInet GmbH, Köln
Stefanie Klein,	LION EDInet GmbH, Köln
Erich Kuhns,	LION GmbH, Bochum
Michael Müller-Berg,	LION EDInet GmbH, Köln

Die Realisierung des EDI-Knigge wurde im Rahmen des Bund-/Länder-Gemeinschaftsprojektes ISYBAU, Integriertes Datenverarbeitungssystem Bauwesen, von

Günter Krawinkel, Oberfinanzdirektion Magdeburg, Landesbauabteilung,

gefördert und betreut.

Ich bedanke mich bei allen Beteiligten für die unkomplizierte, vertrauensvolle und konstruktive Zusammenarbeit.

Tanja Müller-Berg
Köln, im August 1994

Inhaltsverzeichnis

Abkürzungsverzeichnis

Abb.	Abbildung
Abs.	Absatz
ACSE	Association Control Service Element
ADMD	Administration Management Domain - Öffentlicher Versorgungsbereich
AGB	Allgemeine Geschäftsbedingungen
allg.	allgemein
an	alphanumerisch
ANSI	American National Standards Institute - das nationale amerikanische Normungsinstitut
ANSI X.12	Akkreditierter Normenausschuß X.12 des nationalen amerikanischen Normungsinstituts
AO	Abgabenordnung
API	Application Program Interface
AT&T	American Telephone and Telegraph Company
AUT	UN/edifact-Segment „Authentication Result"
AVA	Ausschreibung, Vergabe und Abrechnung von Bauleistungen
AWV	Arbeitsgemeinschaft für wirtschaftliche Verwaltung e. V.
BGB	Bürgerliches Gesetzbuch
BGM	UN/edifact-Segment „ Beginning of Message"
BII	UN/edifact-Segment „ Bill Item Identification"
Bit	Binary-Digit - Binärziffer
Bit/s	Bit pro Sekunde
BS2000	Siemens-Großrechnerwelt
Btx	Bildschirmtext
BVBS	Bundesvereinigung Bausoftwarehäuser e. V.
bzw.	beziehungsweise
CAD	Computer Aided Design - Computerunterstütztes Zeichnen
CAM	Computer Aided Manufacturing - Computergestützte Fertigung

CCITT	Comité Consultatif International Télégraphique et Téléphonique - International beratender Ausschuß für den Telegraphen- und Fernsprechdienst
CD	Compact Disk
CEBIS	Commission EDIFACT-Board Information System - Informationssystem der EU-Kommission zur technischen Unterstützung der Arbeitsgruppen im Westeuropäischen EDIFACT-Board
CEFIC	Conseil Européen des Fédérations de l'Industrie Chimique - European Council of Chemical Manufacturers' Federations - Europäischer Ausschuß der Verbände der chemischen Industrie
CEN	Comité Européen de Normalisation - European Committee for Standardization - Europäisches Komitee für Normung
DA	Datenart
DATANORM	Datensatzstruktur (Sanitärgroßhandel)
DB	Datenbank
DBP	Deutsche Bundespost
DE	Datenelement
DEDIG	Deutsche EDI-Gesellschaft
DES	Data Encryption Standard - symmetrisches kryptographisches Verfahren
DEUPRO	Ausschuß für die Vereinfachung internationaler Handelsverfahren für die Bundesrepublik Deutschland - beim Bundesministerium für Wirtschaft (BMWi)
DFÜ	Datenfernübertragung
d. h.	das heißt
DIHT	Deutscher Industrie- und Handelstag
DIN	Deutsches Institut für Normung e. V.
DM	Deutsche Mark
DP	Datenaustauschphase
DTA	Datenträgeraustausch
DV	Datenverarbeitung
EANCOM	International Article Number Association/Communication - Internationaler Verband der Artikelnumerieung/Kommunikation
ECE	Economic Commission for Europe - die Wirtschaftskommission der Vereinten Nationen für Europa
ECU	European Currency Unit - Europäische Währungseinheit
EDI	Electronic Data Interchange - Elektronischer Datenaustausch
EDIBAU	Deutsche Anwendergruppe im Bauwesen
EDIBUILD	Internationale Anwendergruppe des europäischen Bauwesens
EDIFACT	Electronic Data Interchange for Administration, Commerce and Transport - Elektronischer Datenaustausch für Verwaltung, Wirtschaft und Transport

EDIFICE	Electronic Data Interchange for Interest Computing Electronics - EDI-Forum der interessierten Computer- und Elektronik-Industrie
EDIMS	EDI-Messaging-System
EDISY	EDI-Projekt zur Entwicklung und Einführung des elektronischen Datenaustausches innerhalb von ISYBAU
EDV	Elektronische Datenverarbeitung
EFTA	European Free Trade Association - die Europäische Freihandels-zone
ELDANORM	Datensatzstruktur (Elektroindustrie, Elektrogroßhandel und Elektrohandwerk)
ELFE	Elektronische Fernmelderechnung
E-Mail	Electronic Mail - Elektronische Post
etc.	et cetera
EU	Europäische Union
e. V.	eingetragener Verein
FTAM	File Transfer, Access and Management - Übermittlung, Zugriff und Verwaltung von Dateien
GAEB	Gemeinsamer Ausschuß Elektronik im Bauwesen
GATT	General Agreement on Tariffs and Trade - Allgemeines Zoll- und Handelsabkommen
GDV	Gesamtverband der deutschen Versicherungswirtschaft
GE.1	UN/ECE/WP.4 Group of Experts 1 - Data Elements and Automatic Data Interchange - Expertengruppe 1 - Datenelemente und automatisierter Datenaustausch
GE.2	UN/ECE/WP.4 Group of Experts 2 - Procedures and Documentation - Expertengruppe 2 - Verfahren und Dokumentation
GEIS	General Electric Information Services GmbH
ggf.	gegebenenfalls
GoB	Grundsätze ordnungsgemäßer Buchführung
GoS	Grundsätze ordnungsgemäßer Speicherbuchführung
GTDI	Guidelines for Trade Data Interchange - Richtlinien für den Handelsdatenaustausch
HfD	Hauptanschluß für Direktruf
HGB	Handelsgesetzbuch
HOAI	Honorarordnung für Architekten und Ingenieure
HOST	Zentralrechner
HZD	Hessische Landeszentrale für Datenverarbeitung
i. a.	im allgemeinen
IATA	International Air Transport Association - Internationale Vereinigung der Fluggesellschaften
IBM	International Business Machines

ID	Identification
IDN	Integriertes Text- und Datennetz
i. d. R.	in der Regel
I.N.A.S.	International Network Application Service GmbH
IPM	Interpersonal Messaging - Interpersonelle Mitteilungs-übermittlung
IPMS	International Messaging System
ISDN	Integrated Services Digital Network
ISO	International Organization for Standardization - Internationale Organisation für Normung
ISYBAU	Bund-/Länder-Gemeinschaftsprojekt für die Integration der Informations- und Kommunikations-Systeme im Bauwesen - „Integriertes Datenverarbeitungssystem Bauwesen"
ITU	International Telecommunications Union, früher: CCITT
Kbit/s	kilobit = 1000 bit pro Sekunde
KE	Kennung
LAN	Local Area Network - Lokales Netz
LV	Leistungsverzeichnis
Mbit/s	megabit = 1 Million bit pro Sekunde
MD	Message Development Groups - Nachrichtenentwicklungs-gruppen (MD 1-MD 12)
MHS	Message Handling System - Nachrichtenübermittlungssystem
Mio.	Million
MS-DOS	Microsoft Disk Operating System - Einbenutzer-Betriebssystem
MTA	Message Transfer Agent
MVS	Multiple Virtual Storage
NAD	UN/edifact-Segment „Name and Address"
NAS	Normdatenanwendungssystem
NBü	Normenausschuß Bürowesen (NBü) im DIN - zuständig für das einheitliche EDIFACT-Regelwerk im DIN
NBü-3	Fachbereich 3 - Elektronischer Geschäftsverkehr - des NBü
NES	Normdatenentwicklungssystem
Nr.	Nummer
ODA	Office Document Architecture - Bürodokumentarchitektur
ODETTE	Organisation de Données Exchangées par Télé Transmission en Europe - Organization for Data Exchange by Tele Transmission in Europe - Organisation des Datenaustausches über Datenfern-übertragung in Europa (Automobilindustrie)
OFD	Oberfinanzdirektion
OFTP	Odette File Transfer Protocol
o. g.	oben genannt
Org.	Organisation
OSI	Open-Systems Interconnection - Komunikation offener Systeme
OZ	Ordnungszahl

PC	Personalcomputer
PIN	Personal Identification Number
PRMD	Private Management Domain - Privater Versorgungsbereich
PTT	Post, Telephone and Telegraph Administration
RBBau	Richtlinien des Bundes für Baumaßnahmen
REB	Regelungen für die elektronische Bauabrechnung
REB-VB	REB-Verfahrensbeschreibungen
RINET	Versicherungs- und Rückversicherungsnetz
RSA	Rivest, Shamir, Adleman - Asymmetrisches kryptographisches Verfahren
SEDAS	Standardregelungen einheitlicher Datenaustauschsysteme
SITA	Société international de télécommunications aéronautiques
s. o.	siehe oben
STHB	Staatshochbauamt
SWIFT	Society for Worldwide Interbank Financial Telecommunication
Tab.	Tabelle
TAG	Technical Assessment Group - Technische Konformitäts- und Prüfungsgruppe
TEDIS	Trade Electronic Data Interchange Systems - Transfer Elektronischer Daten nach Internationalen Standards
u. a.	und andere, unter anderem
UA	User Agent
UN	United Nations - Vereinte Nationen
UNCID	Uniform Rules of Conduct for the Interchange of Trade Data by Teletransmission - Einheitliche Durchführungsregeln für den Handelsdatenaustausch via Telekommunikation
UN/ECE	United Nations Economic Commission for Europe - Wirtschaftskommission der Vereinten Nationen für Europa
UNH	UN/edifact-Segment „Message Header"
UNIX	Mehrbenutzer-Betriebssystem
UNSM	United Nations Standard Message - einheitlicher Nachrichtentyp der Vereinten Nationen
UNT	UN/edifact-Segment „Message Trailer"
UNTDED	United Nations Trade Data Elements Directory - Handbuch der Handelsdatenelemente der Vereinten Nationen
UNTDID	United Nations Trade Data Interchange Directory - Handbuch des Handelsdatenaustausches der Vereinten Nationen
USA	United States of America
UStG	Umsatzsteuergesetz
usw.	und so weiter
u. U.	unter Umständen
V.34	Standard für High-speed Modems
VAN	Value Added Network - Netzwerk mit Mehrfachnutzen
VANS	Value Added Network Services - Mehrwertdienste

VDA	Verband der Automobilindustrie e. V.
VFS	Virtual File Store
VOB	Verdingungsordnung für Bauleistungen
WE/EB	Western European EDIFACT-Board-Westeuropäisches EDIFACT-Board
WORM	Write Once Read Many - Optische Speicherplatte
WP.4	Working Party 4 - Facilitation of International Trade Procedures - Arbeitsgruppe 4 - Vereinfachung von internationalen Handelsverfahren
X...	ITU (CCITT)-Empfehlung der X-Serie
ZA	Zeilenart
z. B.	zum Beispiel
zzgl.	zuzüglich

Abbildungsverzeichnis

Tabellenverzeichnis

1 Einführung

1.1 Ausgangssituation im Bauwesen

Das Bauwesen ist eine der ältesten, größten und wichtigsten Branchen der Welt. Im Zeitablauf haben sich innerhalb dieser Branche die Arbeitsprozesse geändert. Neue Technologien und Verfahren wurden eingeführt, Arbeitsabläufe zunehmend ineinander verzahnt und optimiert. In diesem Zusammenhang nimmt auch die fortschreitende Verbreitung der Datenverarbeitung in der Baubranche eine besondere Stellung ein. Die Nachfrage nach Bauleistungen ist nach wie vor ungebrochen, sowohl national wie auch innerhalb der Europäischen Union. Vor dem Hintergrund der zusammenwachsenden Märkte, speziell dem europäischen Binnenmarkt, gilt es nun, sich sowohl auf die nationalen wie auch die internationalen Markt- und Wettbewerbsanforderungen einzustellen. Eine Schlüsseltechnologie stellt hierbei EDI (Electronic Data Interchange) dar. EDI oder einfacher "elektronischer Datenaustausch" genannt, definiert den Informations- und Nachrichtenaustausch auf Basis normierter, international anerkannter Verfahren.

Zielsetzung des EDI-Knigge ist es, allen am Bauprozeß beteiligten Kommunikationspartnern die Grundlagen des elektronischen Datenaustausches sowie die Nutzeneffekte und Anwendungsmöglichkeiten zu erläutern und nahezubringen. Um die allgemeine Theorie aufzulockern und das Verständnis beim Leser zu erleichtern, wird EDI am Beispiel des Bauwesens und dabei anhand der Ausschreibung, Vergabe und Abrechnung von Bauleistungen (AVA) dargestellt.

Der Auftrag zur Erstellung dieser Publikation erfolgte durch die öffentliche Bauverwaltung, die sich als eine der ersten durch die Realisierung von EDI-Pilotprojekten sehr intensiv und erfolgreich mit der EDI-Thematik auseinandergesetzt hat. Da man sich der Bedeutung dieser Technologie für die ganze Branche wohl bewußt ist, liegt es im Interesse der öffentlichen Bauverwaltung, das gesammelte Know-How an eine breite Leserschaft weiterzuvermitteln. Mit der Veröffentlichung der Ergebnisse und Erfahrungen, die aus unterschiedlichen branchen- und bauspezifischen EDI-Projekten gewonnen werden konnten, wird ein Know-How-Transfer beim Leser sowie eine rasche und umfassende Verbreitung des EDI-Einsatzes in der Bauverwaltung und Bauwirtschaft angestrebt.

Innerhalb des EDI-Knigge werden auch andere am Wirtschaftsprozeß beteiligte Kommunikationspartner betrachtet, da die Anbindung von Partnern Voraussetzung für eine EDI-Projektierung ist. Rationalisierungsvorteile lassen sich erst bei Erreichung einer kritischen Anwenderzahl vollständig ausschöpfen. Neben den staatlichen Bauverwaltungen müssen auch Kommunikationspartner wie freischaffende Architekten, Planer, bauausführende Unternehmen und Lieferanten EDI-fähig werden, denn die Bauverwaltungen benötigen zur effizienten Aufgabenerfüllung Informationen aus der Bauplanung und Bauwirtschaft. Anwendungsmöglichkeiten von EDI bieten sich in diesem Bereich speziell im Planungs- und Entscheidungsbereich, in der Baudurchführung, in der Liegenschafts-/Bauwerksverwaltung und -instandsetzung, aber auch im Finanzbereich, beispielsweise zur Abwicklung der Zahlungen des Sicherheitseinbehaltes.

Das Bauwesen befaßt sich bereits seit 1986 durch die Initiierung des Projektes **ISYBAU "Integriertes Datenverarbeitungssystem Bauwesen"** intensiv mit der Einführung und Durchdringung der Datenverarbeitung in den staatlichen Bauverwaltungen. Das Projekt ISYBAU ist ein Gemeinschaftsvorhaben der Bundesbauverwaltung sowie der Finanz- und Staatshochbauverwaltungen der Länder. Mit dem Ziel der Integration durch Kommunikation soll ein durchgängiger Datenfluß über alle Phasen des Bauens und Planens geschaffen und die Datenverarbeitung zwischen den DV-Systemen der Partner ermöglicht werden. Für die einzelnen Anwendungsgebiete im Bauwesen werden DV-Systeme ausgewählt und integriert. Die Integration umfaßt sowohl den internen Nachrichtenaustausch zwischen den Anwendungssystemen als auch den externen Nachrichtenaustausch zwischen den Kommunikationspartnern in allen Bauphasen.

Da die arbeitsteiligen Prozesse in der Bauwirtschaft einen hohen Informations- und damit Kommunikationsaufwand bedingen, wird eine Optimierung und Vereinfachung dieser Kommunikationsbeziehungen durch die Nutzung neuer Informations- und Kommunikationstechnologien angestrebt.

Für die staatlichen Bauämter ist die Einhaltung der Termin- und Kostentreue im Rahmen öffentlicher Bauvorhaben vordergründige Zielsetzung. An die Bauverwaltungen werden wachsende Anforderungen in Form einer Verbesserung der Qualität der Bauwerke bei gleichzeitiger Optimierung der Kosten und Einhaltung der Fristen gestellt. Sie stehen daher vor der Notwendigkeit, alle Möglichkeiten zur Rationalisierung durch Anwendung neuer und effizienter Kommunikationsstechnologien zu nutzen. Die Bereitstellung der richtigen Information zur richtigen Zeit am richtigen Ort gewinnt zunehmend an Bedeutung.

Die hohe Automationsfähigkeit einer Vielzahl von Aufgaben in den Bereichen AVA, Raum- und Gebäudebuch, Kostenplanung, Terminplanung, Projektadministration, Haushalts-, Kassen- und Rechnungswesen, technische Berechnungen etc. ermöglicht einen flächendeckenden und arbeitsplatzbezogenen Einsatz leistungsfähiger DV-Unterstützungen in den Bauverwaltungen. Eine Steigerung der Arbeitsproduktivität und Zeitgewinne können durch die schnelle und gezielte Bereitstellung, Übermittlung und Weiterverarbeitung der Informationen zwischen den Anwendungen innerhalb der Bauverwaltungen und mit den Partnern aus der Bauplanung und Bauwirtschaft über EDI und UN/edifact erreicht werden.

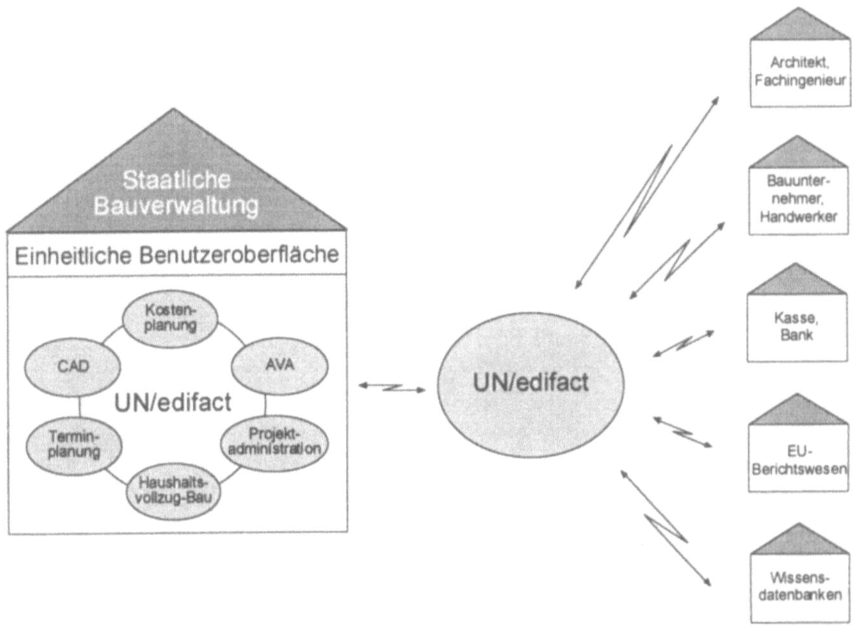

Abb. 1: Anwendungsmöglichkeiten von EDI und UN/edifact,
behördenintern und -extern

Um eine einheitliche Verständigung aller Beteiligten sicherzustellen, ist der Einsatz weltweit gültiger Normen erforderlich. Diese Voraussetzung wird durch die ISO Norm 9735 UN/edifact (United Nations/electronic data interchange for administration, commerce and transport) erfüllt. Hierbei handelt es sich um die einzige weltweit und branchenübergreifende Norm; auf sie wird im späteren Teil des

Buches noch ausführlicher eingegangen. Die Verbreitung von UN/edifact wird im deutschen Bauwesen durch die Beteiligung in nationalen und internationalen Normungsgremien intensiv gefördert.

Einen wesentlichen Beitrag zur Erfüllung dieser Anforderungen und Zielsetzungen leistet das **Projekt EDISY "EDI-Systeme"** als Teilprojekt des ISYBAU-Vorhabens.

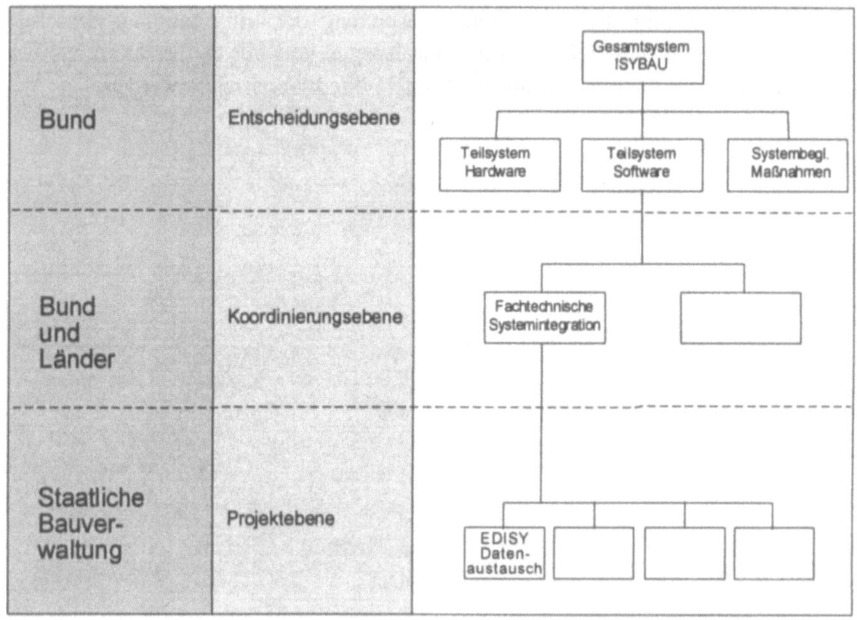

Abb. 2: Einordnung des EDISY-Projektes in die ISYBAU-Struktur

Das ISYBAU/EDISY-Projekt befaßt sich mit der Konzeption und Durchführung des elektronischen Datenaustausches zwischen den Kommunikationspartnern. Das Projekt EDISY verfolgt das Ziel, den EDI-Einsatz im Bauwesen voranzutreiben, um die oben aufgezeigten Nutzenpotentiale zu realisieren. Zu diesem Zweck wurde von der öffentlichen Bauverwaltung der Auftrag vergeben, die EDI-Einführung im Bauwesen konzeptionell zu erarbeiten und darauf aufbauend im Rahmen von EDI-Pilotprojekten praktisch zu erproben. Auf diese Weise wurden neben dem erbrachten Machbarkeitsnachweis umfangreiche EDI-Erfahrungen in der öffentlichen Bauverwaltung gesammelt und damit die Basis für eine breite Akzeptanz zur EDI-Verbreitung auch in der Bauwirtschaft geschaffen. Darüber hinaus wird der EDI-Wissensvorsprung der USA und einiger europäischer Nachbarländer wie

Großbritannien, die Niederlande und Frankreich, die bereits seit längerer Zeit aktiv den EDI-Einsatz erfolgreich praktizieren, aufgeholt.

Das Projekt EDISY unterteilt sich in die drei Aufgabenschwerpunkte:

- Erstellung eines Implementierungshandbuches
- Vertretung in den Normungsgremien
- Durchführung von EDI-Pilotprojekten

Die Durchführung der ersten beiden Aufgabenblöcke bildet die Basis für die Realisierung der Pilotprojekte. Die Erfahrungen der Pilotprojekte fließen wiederum in die theoretischen Arbeitsgrundlagen ein.

Im ersten Schritt wurden für den Bereich AVA in der „Weltnorm" UN/edifact eigene Nachrichten entwickelt und zwischen ausgewählten Pilotpartnern im Rahmen eines EDI-Pilotprojektes ausgetauscht. Ein fachübergreifender Datenaustausch, der sämtliche Bauphasen abdeckt, erfordert jedoch zusätzlich die Entwicklung neuer UN/edifact-Nachrichten für die Bereiche Kostenplanung, Terminplanung, CAD und Haushaltsvollzug-Bau. Auch diese Anwendungsbereiche werden im Projekt ISYBAU/EDISY in den Folgeschritten behandelt. Die Projektbeschreibung innerhalb des EDI-Knigge konzentriert sich jedoch exemplarisch auf den AVA-Datenaustausch. Die Entscheidung, mit dem AVA-Datenaustausch zu beginnen, resultierte vor allem aus der Verfügbarkeit unterschiedlicher AVA-Systeme und Inhouse-Datenstrukturen, die sich weitestgehend aus den Datenmodellen der AVA-Software und den Inhalten der GAEB- (Gemeinsamer Ausschuß Elektronik im Bauwesen: Herausgeber des Standardleistungsbuches-StLB) Regelungen ableiten lassen und damit eine gute Basis für die UN/edifact-Nachrichtenentwicklung liefern. Zusätzliche Erkenntnisse für die Nachrichtenentwicklung konnten durch die Normungsaktivitäten der MD5-Gruppe (internationale Nachrichtenentwicklungsgruppe für das Bauwesen in Brüssel) auf europäischer Ebene gewonnen werden. Die Erfahrungen aus dem Bereich AVA liefern wertvolle Hilfestellungen für die UN/edifact-Nachrichtenentwicklung in den übrigen Anwendungsgebieten.

Kurz noch einige Anmerkungen zum Aufbau des EDI-Knigge. Nach der allgemeinen Einführung sollen dem Leser im zweiten Schritt Grundlagen zum Thema AVA und den EDI-Verfahren vermittelt werden. Hierbei geht es in erster Linie darum, das Thema allgemein einzuordnen und die Begrifflichkeiten zu klären. Das dritte Kapitel beschäftigt sich überwiegend mit DV-technischen, aber auch mit organisatorischen und wirtschaftlichen Aspekten, die für die Einführung von EDI bedeutsam sind und dem Leser sicherlich einen umfassenden Überblick über die relevanten Komponenten und Themenfelder geben. Es versteht sich von selbst, daß es hier auch für branchenfremde Leser interessanten Lesestoff gibt, da diese Aspekte typisch für die Klassifizierung von EDI-Projekten sind. Allerdings fließen, soweit möglich, bauspezifische Beispiele mit ein. Das vierte Kapitel beschäftigt sich mit den Ergebnissen der EDI-Pilotprojekte im Bereich AVA und den dort gesammelten Erfahrungen.

1.2 Grundlagen zum AVA-Verfahren

Innerhalb des EDI-Knigge wird in den Praxisbeispielen das Thema AVA behandelt, welches daher im Rahmen der Einführung näher erläutert wird.

Hinter dem Kürzel AVA steht die Bezeichnung für das Verfahren **"Ausschreibung-Vergabe-Abrechnung"** oder „**Automatisierte Vergabe und Abrechnung**" von Bauleistungen.

Die Vergabeart wird an dieser Stelle auf die öffentliche Ausschreibung beschränkt, obwohl es mehrere Vergabearten gibt. Dies liegt darin begründet, daß diese Ausschreibungsart vor allem bei öffentlichen Auftraggebern (Bund, Länder und Gemeinden) oder bei mit öffentlichen Mitteln bezuschußten Leistungen Vorrang hat.

Die Verdingungsordnung für Bauleistungen (VOB) benennt über die „öffentliche Ausschreibung" hinaus noch die Vergabearten "Beschränkte Ausschreibung", bei der eine begrenzte Zahl von Unternehmen zur Angebotsabgabe aufgefordert wird und "Freihändige Vergabe", bei der Bauleistungen ohne ein förmliches Verfahren vergeben werden. Beide Verfahren können gegebenenfalls nach öffentlicher Aufforderung, Teilnahmeanträge zu stellen, Verwendung finden. Diese Vergabearten seien der Vollständigkeit halber erwähnt, im weiteren Verlauf des EDI-Knigge wird darauf aber nicht näher eingegangen.

Was ist nun allgemein unter einer öffentlichen Ausschreibung zu verstehen ?

Eine **öffentliche Ausschreibung** wird als Aufforderung zur Abgabe eines Angebotes an eine unbeschränkte Zahl von Unternehmen definiert. Die Ausschreibung richtet sich an die "Öffentlichkeit" mit der Aufforderung, ein Angebot für eine bestimmte Leistung zu einem vorbestimmten Termin abzugeben. Es kommt als Adressat jedoch nur ein Unternehmen in Betracht, welches nach dem Gegenstand seines Gewerbes die geforderte Bauleistung ihrer Art und ihrem Umfang nach erbringen kann. Voraussetzung für ein öffentliches Ausschreibungsverfahren ist eine öffentliche Bekanntmachung in der Presse unter Berücksichtigung bestimmter Verfahrensweisen.

Im folgenden werden die Beteiligten im Bauprozeß und der Ablauf des AVA-Verfahrens skizziert, da die Analyse der Kommunikationsstruktur und der baufachlichen Informationen im Anwendungsbereich AVA den Ausgangspunkt für die Einführung von EDI bzw. die UN/edifact-Nachrichtenentwicklung bildeten.

Eine besondere Stellung im Rahmen der gesamten Kommunikationsbeziehungen nimmt der durch den GAEB geschaffene Standard "Regelungen für den Datenaustausch Leistungsverzeichnis" ein, der seit einigen Jahren auf nationaler Ebene als standardisierte branchenspezifische Grundlage für den Datenträgeraustausch im AVA-Bereich genutzt wird. Da nahezu alle AVA-Software-Produkte Nachrichten produzieren, die auf den GAEB-Inhalten aufbauen, war dieses Format soweit als möglich bei der UN/edifact-Nachrichtenentwicklung zu berücksichtigen. Für das weitere Verständnis wird das GAEB-Format zu einem späteren Zeitpunkt in seinen Grundzügen noch näher erläutert.

1.2.1 Kommunikationspartner

Voraussetzung für die Durchführung des elektronischen Datenaustausches ist natürlich die Existenz von Kommunikationspartnern, d. h. Sender bzw. Empfänger von Nachrichten, mit denen eine Vielzahl von Nachrichten ausgetauscht wird. Die Kommunikationspartner im Bauprozeß lassen sich grob in Auftraggeber und Auftragnehmer klassifizieren. Zu den Auftraggebern gehören u. a. Bauämter als Fachbauherren, Bauträger, Generalübernehmer, Generalunternehmer. Die Gruppe der Auftragnehmer unterteilt sich in die Gruppe der Planenden (Architekten, Statiker, Fachingenieure, Sonderingenieure, Gutachter etc.), die Gruppe der bauausführenden Unternehmen (Rohbau-Unternehmer, Ausbau-Unternehmer, Unternehmer der technischen Gewerke etc.) und die Gruppe der Lieferanten.

Zu den Kommunikationspartnern außerhalb des eigentlichen Bauprozesses zählen Verbände, die nutzenden Verwaltungen, Dienstleistungsunternehmen aus dem Bank-, Versicherungs-, Fachinformations- und Transportwesen, Rechtsberater, Publikations-Organe, der Zoll sowie Software- und Beratungsfirmen, mit denen unterschiedlichste Nachrichten und Informationen ausgetauscht werden.

Die Abbildung zeigt exemplarisch eine mögliche Kommunikationsstruktur im Bauwesen. In diesem Beispiel wird die Bauherrnfunktion von der staatlichen Bauverwaltung übernommen.

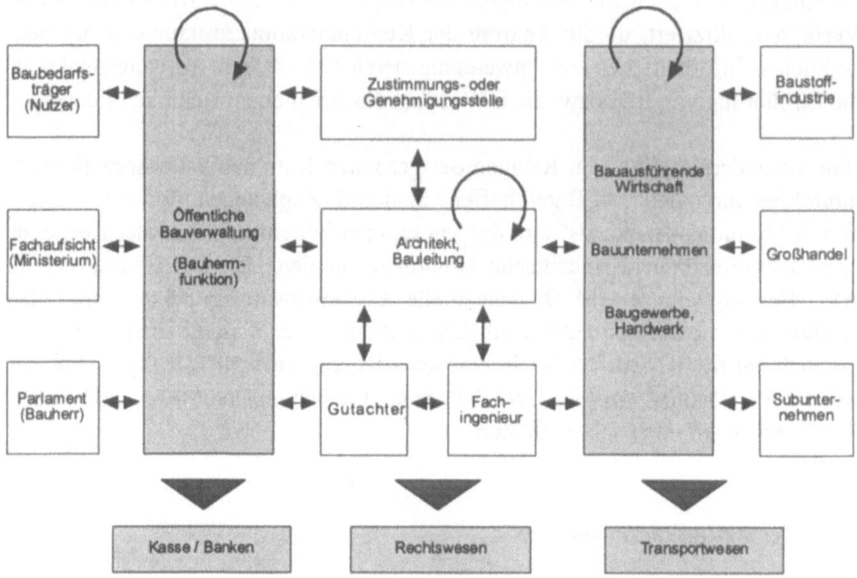

Abb. 3: Beispiel einer Kommunikationsstruktur im Bauwesen

1.2.2 AVA-Verfahrensablauf und -Nachrichtenfluß

Vor dem Einsatz elektronischer Verfahren zur Vereinfachung von Arbeitsabläufen
ist es zwingend erforderlich, sich mit den Verfahrensabläufen und Nachrichten-
strömen zu beschäftigen, um ein grundlegendes Verständnis für die jeweilige
Anwendung zu gewinnen. Die Verfahrensabläufe sind in den einzelnen Arbeits-
gebieten sehr unterschiedlich. Im Beispiel AVA erstreckt sich der Informationsfluß ausgehend von der Leistungsverzeichnis-Übergabe über die Auftragserteilung
bis hin zur Schlußrechnung und der Gewährleistungs- bzw. Bürgschaftsfreigabe.

Für die Analyse des baufachlichen Informationsflusses im Projekt "EDISY"
konnte auf die Organisationen für die Durchführung von Bauaufgaben, die Richtlinien des Bundes für Baumaßnahmen **(RBBau)** und die Leistungsbilder der Ho-
norarordnung für Architekten und Ingenieure **(HOAI)** zurückgegriffen werden.
Die RBBau und die HOAI legen die Bedeutung der Nachrichten fest und betten
sie in ein Ablaufverfahren ein. Die dort aufgezeigten Strukturen wurden in einzelne Nachrichten unterteilt. Auf dieser Basis erfolgte die bauspezifische Beschreibung der Nachrichten und die Analyse und Darstellung des Nachrichteninhaltes
als Basis für die UN/edifact-Nachrichtenentwicklung.

Nachfolgend werden die Informationsflüsse im AVA-Verfahren beispielhaft in Anlehnung an die RBBau und die HOAI aufgeführt. Als Prämisse wird dabei zugrundegelegt, daß der Architekt eine koordinierende Funktion im Bauprozeß ausübt. Er steuert sowohl die Arbeit der anderen Planenden als auch die Arbeit der Ausführenden und vertritt die Interessen des Bauherrn. Die Tätigkeiten des Architekten können dabei im Rahmen öffentlicher Bauvorhaben auch von den Bauämtern ganz oder teilweise übernommen werden.

In welchen Schritten läuft ein AVA-Verfahren ab?

Ausschreibung und Vergabe:

Vor der Angebotsaufforderung werden die Leistungsverzeichnisse durch den Architekten erstellt. Gegebenenfalls ist hierbei noch die Zusammenarbeit mit Sonder- bzw. Fachingenieuren erforderlich. Zur Abstimmung werden die Leistungsverzeichnisse an den Bauherrn übermittelt. Der Bauherr bzw. ein Fachkundiger, der diesen vertritt, ist für eine eventuelle Korrektur der Leistungsverzeichnisse verantwortlich **(Leistungsverzeichnis-Übergabe)**. Im Anschluß hieran werden die Leistungsverzeichnisse durch den Architekten in Abstimmung mit dem Bauherrn/Auftraggeber ohne Preise, aber mit Mengen versehen an die interessierten Firmen verschickt **(Angebotsaufforderung)**.

Diejenigen Firmen, die zur Abgabe eines Angebotes aufgefordert sind und sich an dem Angebotsverfahren beteiligen wollen, versehen die Leistungsverzeichnisse mit ihren Einheitspreisen pro Teilleistung und senden diese als Angebot an den Architekten zurück **(Angebotsabgabe)**. Der Zeitpunkt der Angebotsabgabe ist bereits in der Bekanntmachung fest definiert (Submissionstermin) und darf nicht überschritten werden. Parallel zum **Angebot** kann der Bietende, sofern es nicht ausdrücklich ausgeschlossen worden ist, ein **Nebenangebot** abgeben, das abweichende Teilleistungen gegenüber dem eigentlichen Angebot enthalten kann.

Auf Basis der von den Bietern abgegebenen Angebote und der darin enthaltenen Einheitspreise für die Teilleistungen erstellt der Architekt den Preisspiegel, prüft und bewertet mit dem Ziel, dem Auftraggeber einen Vergabevorschlag machen zu können. Aus dem vorzuschlagenden Angebot erstellt der Architekt außerdem unter Berücksichtigung seiner Wertung ein **Kostenanschlags-Leistungsverzeichnis.** Der Bauherr wählt auf Basis dieser Unterlagen gemeinsam mit dem Architekten einen Bieter aus und erteilt ihm den **Auftrag**. Mit der Annahme des Angebotes bzw. der Präzisierung des Auftrages durch Übergabe des **Auftrags-Leistungsverzeichnisses** wird der **Bauvertrag** zwischen Auftraggeber/Bauherr und Auftragnehmer/Baufirma geschlossen.Der Nachrichtenfluß wird in der Abbildung noch einmal vereinfacht dargestellt. Die Gruppe der Planenden wird hierbei lediglich durch den Architekten repräsentiert, der die Leistungsverzeichnisse und die abgegebenen Angebote mit den entsprechenden Fachleuten wie Fach- und Sonderingenieuren, Statikern und Gutachtern abstimmt. Der Architekt bzw. die freiberuflich Tätigen sind dabei die Erfüllungsgehilfen des Bauherrn.

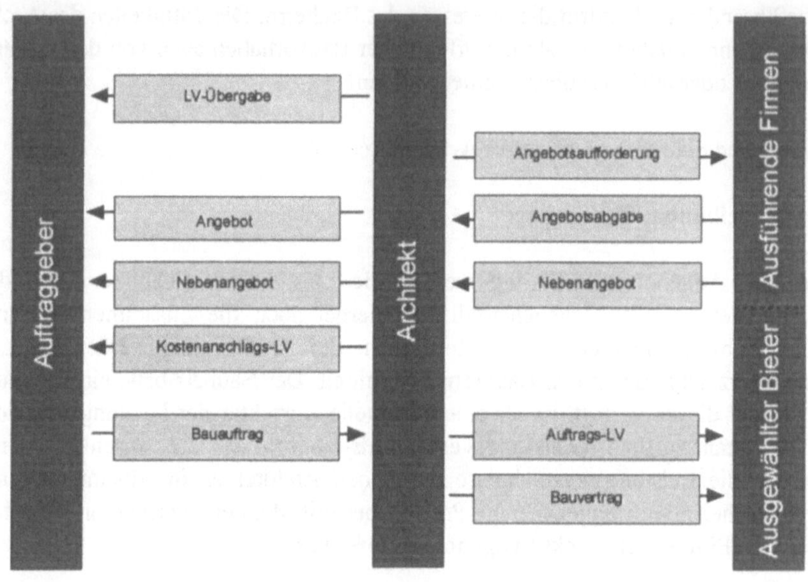

Abb. 4: Überblick - Nachrichtenfluß bei der Ausschreibung
und Vergabe von Bauleistungen

Abrechnung:

Bei Arbeiten, die sich über einen längeren Zeitraum hinziehen bzw. bei Arbeiten, die mit hohen Kosten verbunden sind, ist es üblich, daß die ausführende Firma noch vor vollständiger Erbringung der Leistung Abschlagsrechnungen für die bis zu diesem Zeitpunkt erbrachten Leistungen an den Bauherrn stellt.

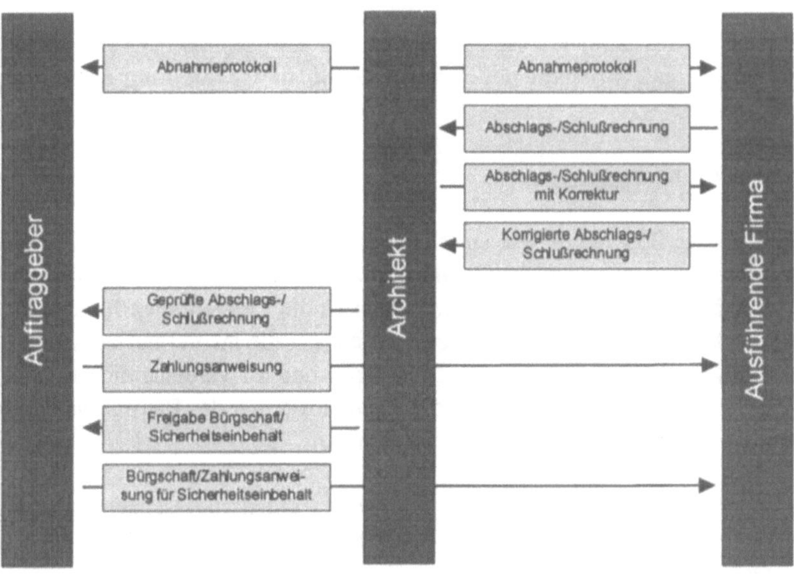

Abb. 5: Überblick - Nachrichtenfluß bei der Abrechnung von Bauleistungen

Der Architekt prüft, ob die in Rechnung gestellten Mengen und Preise den tatsächlich erbrachten Leistungen des Auftragnehmers entsprechen. Falls dies nicht der Fall ist, schickt er die Abschlagsrechnung mit seiner Korrektur an die ausführende Firma zurück (**Rechnungsprüfung und Korrektur**). Die ausführende Firma korrigiert die Abschlagsrechnung und schickt diese wiederum an den Architekten (**Korrigierte Abschlagsrechnung**). Nach einer erneuten Prüfung durch den Architekten gibt der Architekt die geprüfte Abschlagsrechnung zur Freigabe an den Bauherrn mit der Bitte um Anweisung der Zahlung an die ausführende Firma. Der Auftraggeber prüft ebenfalls und weist den geforderten Betrag an die ausführende Firma an (**Zahlungsanweisung**).

Nach vollständig erbrachter Leistung und Abnahme der Leistung durch den Architekten stellt die ausführende Firma eine **Schlußrechnung**.

Bei allen Rechnungen, Abschlagsrechnungen und Schlußrechnungen, werden je nach vertraglicher Vereinbarung **Sicherheitseinbehalte** von 3 - 5 % des Gesamtbetrages vorgenommen. Damit dieses Kapital für die ausführende Firma nicht beim Auftraggeber gebunden ist, wird der Sicherheitseinbehalt im allgemeinen durch eine **Bankbürgschaft** abgelöst. Nach Ablauf der Sicherheitsfrist (Gewährleistungsfrist, in der Regel zwei Jahre) erfolgt die Freigabe des Sicherheitseinbehaltes und damit entweder die Rückgabe der Bürgschaft vom Auftraggeber an die ausführende Firma **(Freigabe der Bürgschaft)** oder die Auszahlung der Barsicherheit **(Freigabe des Sicherheitseinbehaltes, Zahlungsanweisung)**.

1.2.3 GAEB-Regelungen

Innerhalb des Bauwesens gibt es schon seit Anfang der 70er Jahre Standardisierungsbestrebungen. So hat der **Gemeinsame Ausschuß Elektronik im Bauwesen** (GAEB) für das Datenträgeraustauschverfahren die **"Regelungen für den Datenaustausch Leistungsverzeichnis"** geschaffen, um die im Verlauf des Bauprozesses auszutauschenden Daten zu klassifizieren und zu vereinheitlichen. Ziel des GAEB ist es, auf dieser Grundlage die Rationalisierung des Bauwesens durch die automatisierte Datenverarbeitung zu fördern.

Die einzelnen auszutauschenden Dokumente werden in Datenaustauschphasen (DP) unterteilt und zur eindeutigen Identifikation jeweils mit Kennungen (KE) versehen:

Tabelle 1: Datenaustauschphasen der GAEB-Regelungen

Datenaustauschphase (DP)	Kennungen (KE)
Leistungsverzeichnisübergabe	81
Kostenanschlagsübergabe	82
Angebotsanforderung	83
Angebotsabgabe	84
Nebenangebot	85
Zuschlag/Auftragserteilung	86

Unter der Kennung der verwendeten Datenaustauschphasen werden zwischen den Kommunikationspartnern Datensätze ausgetauscht, die durch Satznummern gekennzeichnet sind. Die Nummer beginnt bei jedem Austausch mit 1 und ist lükkenlos aufsteigend. Die Datensätze haben eine feste Länge (80 Stellen). Sie enthalten ihrem Inhalt entsprechend verschiedene Zeilenarten (ZA), die wiederum aus verschiedenen Datenelementen bestehen.

Als Beispiel soll der Datensatz ZA 00 "Eröffnungssatz Leistungsverzeichnis", der in allen Datenaustauschphasen vorhanden sein muß, dienen. In den späteren Ausführungen, die sich mit der UN/edifact-Nachrichtenentwicklung im Projekt "EDISY" befassen, wird auf dieses Beispiel verwiesen werden.

Tabelle 2: GAEB - ZA 00 "Eröffnungssatz Leistungsverzeichnis"

Nr.	Daten-element	Stelle von - bis	Feld-länge	Feld-belegung	Satz- und Feldinhalte /Konstante
1	ALLGX				
1.1	ZA	1 - 2	2	muß	"0"
1.2	FILLER	3 - 10	8		
1.3	DP	11 - 12	2	muß	Datenaustauschphase
1.4	KURZLANG	13 - 13	1	muß	Kennz. für Kurz- oder Langtextfassung
2	ZEIAGX				
2.1	VERGAG	14 - 28	15	kann	Vergabenummer des Auftraggebers (AG)
2.2	DVNRAG	29 - 36	8	kann	DV-Nr. des AG
2.3	BIETERAG	37 - 39	3	kann	Bieter-Nr. des AG
3	ZEIANX				
3.1	VERGAN	40 - 54	15	kann	Vergabenummer des Auftragnehmers (AN)
3.2	DVNRAN	55 - 62	8	kann	DV-Nr. des AN
4	OZMASKE	63 - 71	9	muß	Schema zur OZ-Interpretation
5	VERSDAT	72 - 73	2	muß	Ausgabejahr (JJ) der „Regelung für den Datenaustausch Leistungsverzeichnis"
6	LOSKZ	74 - 74	1	kann	Kennzeichnung für Losbildung
7	SATZNR	75 - 80	6	muß	Satznummer

Für den Bereich der Bauabrechnung wurden die **„Regelungen für die elektronische Bauabrechnung (REB)"** erarbeitet, um die Datenverarbeitung bei der Bauabrechnung, insbesondere der Mengenberechnung, nach einem einheitlichen Verfahren und damit für Auftraggeber und Auftragnehmer gleichermaßen nachvollziehbar zu gestalten. Die Sammlung der Regelungen für die elektronische Bauabrechnung, die von der Forschungsgesellschaft für Straßenbau- und Verkehrswesen e. V. bezogen werden kann, enthält Verfahrensbeschreibungen für Mengenberechnungsaufgaben, unter anderem für „Meßaufbereitungen", „Erdmassenberechnungen aus Querprofilen", „Besondere Erdmassenberechnungen" und „Allgemeine Abrechnungsverfahren".

Die **„GAEB-Regelungen für den Datenaustausch Leistungsverzeichnis"** haben national eine große Bedeutung bei der Erstellung von Schnittstellen in AVA-

Systemen erlangt und waren ein erster wichtiger Schritt für den EDI-Einsatz im Baubereich. Problematisch stellt sich jedoch die nationale (Deutschland) und branchenspezifische Einsatzbeschränkung (Bauwesen) des GAEB-Formats dar. Branchenfremde externe Kommunikationspartner wie z. B. Finanzdienstleister oder Zollämter, die Geschäftsbeziehungen zu verschiedenen Branchen unterhalten, sind bei der Beteiligung an Projekten im Bauwesen durch den GAEB-Standard nicht bzw. nur unzureichend abgedeckt. Hinzu kommt, daß auch die bauausführenden Unternehmen in vielen Fällen verschiedene Standards bedienen müssen, wenn sie Materialien von großen Zulieferfirmen oder Handelshäusern elektronisch bestellen wollen. Hier sind z. B. die Datensatzstruktur ELDANORM, die zwischen Elektroindustrie und Elektrogroßhandel sowie zwischen Elektrogroßhandel und Elektro-Installationshandwerk genutzt wird oder DATANORM im Sanitärgroßhandel zu erwähnen. Daher war es ablauforganisatorisch und wirtschaftlich zweckmäßig, mit der Weltnorm UN/edifact ein allgemeingültiges Datenaustauschformat einzusetzen und innerhalb der Baubranche zu propagieren.

Zusätzliche Bedeutung erlangt UN/edifact vor dem Hintergrund, daß die Schnittstellen von AVA-Systemen nicht durchweg GAEB-konform sind, sondern zum Teil spezifische Feldbelegungen aufweisen. Das bedeutet, daß die GAEB-Dateien eines AVA-Systems von einem AVA-System eines anderen Softwareanbieters unter Umständen nicht bzw. nur nach entsprechender Aufbereitung der Daten verarbeitet werden können. Um die Konformität der unterschiedlichen AVA-Systeme sicherzustellen, wird von der Hessischen Landeszentrale für Datenverarbeitung (HZD) im Auftrag des ISYBAU-Arbeitskreises 2.1.21 eine Prüfung der GAEB-Schnittstellen für die Datenaustauschphasen 81 bis 86 unentgeltlich angeboten. Eine Zertifizierung dieser Schnittstellen ist jedoch bislang nicht für alle am Markt erhältlichen AVA-Systeme erfolgt; sei es, daß die Programme den Prüfungen der HZD nicht standhalten konnten, sei es, daß einige AVA-Anbieter sich noch nicht um eine Zertifizierung bemüht haben.

Die möglichen Unstimmigkeiten zwischen verschiedenen AVA-Systemen können ausgeglichen werden, wenn die unterschiedlichen AVA-Datenmodelle durch Zuordnungstabellen in den entsprechenden UN/edifact-Nachrichten einheitlich abgebildet werden. Voraussetzung für die Übersetzung der Datenaustauschphasen des GAEB in das UN/edifact-Format ist die Entwicklung von UN/edifact-Nachrichten, die sämtliche fachlichen Informationen aufnehmen können und in der Lage sind, die spezifischen Strukturen von Leistungsverzeichnissen nachzubilden. Dies wurde im Verlauf des EDISY-Pilotprojektes nachgewiesen.

Insgesamt ergibt sich der Vorteil, daß die in Deutschland bekannten GAEB-Inhalte erhalten bleiben, zum anderen verfügt man jedoch mit UN/edifact bei internationalen Ausschreibungen über eine weltweit anerkannte und normierte Lösung, mit der die deutschen Anwender kommunikationsfähig sind.

2 EDI-Grundlagen

Nach der Darstellung der AVA-spezifischen Grundlagen kommen wir nun zur eigentlichen EDI-Thematik. Das Kapitel 2 vermittelt neben der Klärung der allgemeinen Begrifflichkeiten die Nutzenaspekte von EDI und die Darstellung der mit EDI befaßten Institutionen und Gremien.

2.1 EDI - Allgemeine Einordnung und Begriffsfassung

Electronic Data Interchange (EDI) bezeichnet den elektronischen Datenaustausch strukturierter Nachrichten zwischen Computeranwendungssystemen verschiedener Kommunikationspartner mit einem Minimum an manuellen Eingriffen. Bei den Kommunikationspartnern kann es sich um unternehmensinterne oder unternehmensexterne Partner bzw. um Unternehmen oder Behörden handeln.

Die strukturierten Nachrichten kann man sich als jede denkbare Art von Geschäftsvorfällen, die im täglichen Arbeitsprozeß zum Einsatz kommen (z. B. Leistungsverzeichnisse, Angebot, Bestellung, Bestellbestätigung, Rechnung) vorstellen.

Unter Computeranwendungssystemen sind Softwaresysteme zu verstehen, mit denen jeweils definierte Geschäftsprozesse bearbeitet werden können. So fallen neben AVA- oder CAD-Software unter Anwendungen auch betriebswirtschaftliche Softwarelösungen wie beispielsweise die Finanzbuchhaltung, die Materialwirtschaft oder die Kostenrechnung. Unter Softwaresystemen sind sowohl Standardsoftwareprogramme, also von externen Softwarehäusern entwickelte standardisierte Softwarepakete (Massenprodukt), als auch Individualprogramme, also von internen bzw. externen Programmierern nach den Prämissen des Anwenders entwickelte Software (Maßanfertigung), zu subsumieren.

Mittels EDI können nun diese verschiedenen Anwendungen ohne Medienbruch gekoppelt werden. Dies bedeutet, daß der Transfer zwischen den Computersystemen unter Vermeidung von Zwischenmedien (z. B. Papier, Datenträger) stattfindet. Aufgrund der definierten Offenheit unterliegen EDI-Anwendungen gemäß der theoretischen Zielsetzung grundsätzlich keinen Restriktionen auf der Hardware- (z. B. PC, Workstation, Großrechner), Software- (z. B. MS-DOS, UNIX) sowie der Telekommunikationsseite (z. B. ISDN, Datex-P). Diese ergeben sich erst durch die vorhandene DV-Infrastruktur des jeweiligen EDI-einsetzenden Unternehmens.

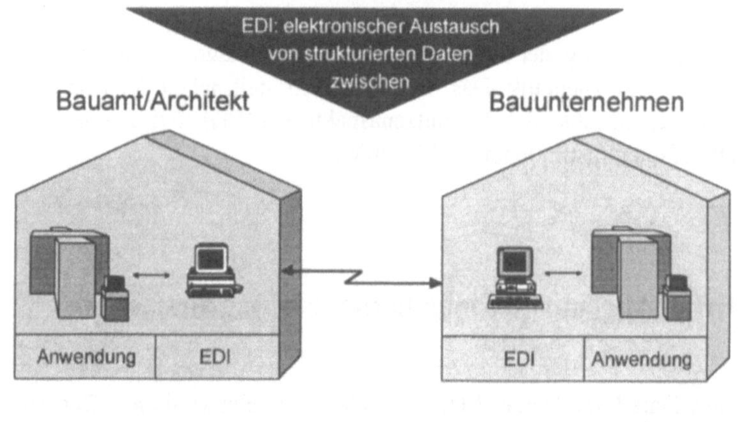

EDI ist herstellerunabhängig in bezug auf Hardware, Software und Kommunikationsnetze

Abb. 6: EDI-Definition

Die Idee des vollständigen elektronischen Geschäftsverkehrs umschließt alle Kommunikationsbeziehungen mit den Kommunikationspartnern eines Unternehmens bzw. eines Anwenders. Dies sind innerhalb der Baubranche z. B. Bauverwaltungen, Stadtplanungs-, Baugenehmigungs- und Aufsichtsämter, Bauausführungsfirmen, Architekten, Fachingenieure und Lieferanten. Daneben kommen außerhalb der Baubranche noch eine Vielzahl anderer Kommunikationspartner hinzu. Dies sind beispielsweise neben Banken, Investoren sowie Versicherungen auch Spediteure und Zollämter.

EDI-Nachrichten können intern zwischen den Unternehmensbereichen von der Disposition, Wareneingang und Logistik bis zum Einkauf, Fakturierung und Transport oder behördenintern zwischen einzelnen Abteilungen ausgetauscht werden. Gegenstand der Kommunikationsbeziehungen können neben Geschäftsdokumenten wie Anfragen, Angebote, Aufträge, Rechnungen oder Zahlungsanweisungen auch freie Texte, Grafiken, Leistungsverzeichnisse, Entwicklungs- und Produktionsdaten oder Lagerbestandsmeldungen sein. Grundsätzlich ist der Austausch aller denkbaren Geschäftsnachrichten möglich.

Zusätzliche EDI-Einsatzmöglichkeiten stellen verschiedenste Informationsdienstleistungen dar (z. B. Online-Datenbank-Anfragen, Zugang zu internen und externen Wirtschafts-, Baukosten- und Wissenschaftsdatenbanken) sowie das automatische System-Management-Verfahren (Softwareupdate, Support etc.), die seitens des EDI-Anwenders zusätzlich genutzt werden können.

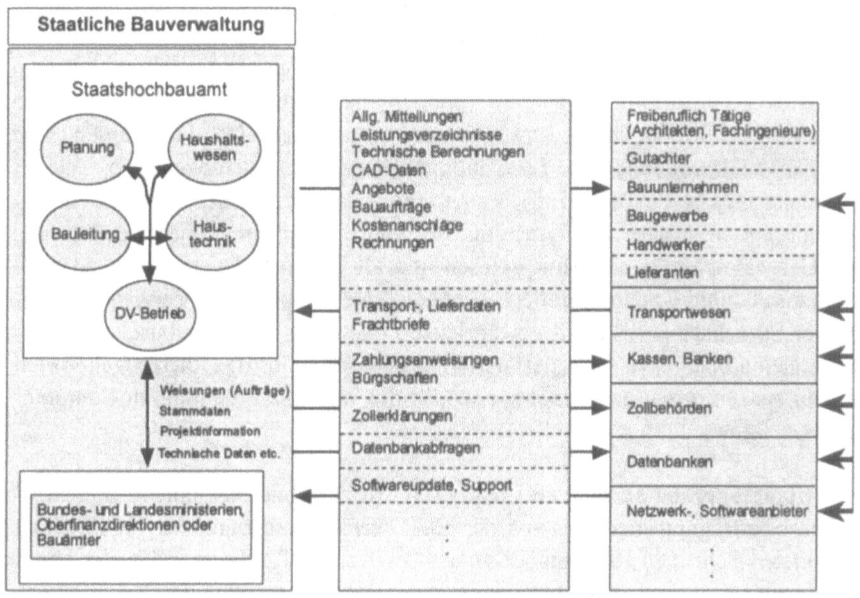

Abb. 7: EDI-relevante Geschäftsvorgänge

Primäres Ziel von EDI ist es, nicht nur einzelne Geschäftsnachrichtentransfers zu automatisieren, sondern ganze Geschäftsprozeßketten gemeinsam mit dem jeweiligen Partner zu definieren und über automatisierte Verfahren miteinander zu sogenannten Business-Cycles zu verknüpfen.

Neben EDI auf Basis von Normen und Standards gibt es bereits seit Jahren EDI-Vorläuferverfahren. So ist das Verfahren der **Datenfernübertragung (DFÜ)** zu nennen, bei dem Daten lediglich zwischen Datenempfangs- und Datensenderechnern ausgetauscht werden. Bei den übermittelten Daten kann es sich allerdings auch um Inhouseformate handeln, d. h., es ist jeweils zu klären, inwieweit die Daten vom Empfänger überhaupt direkt weiterverarbeitet werden können.

EDI stellt hierzu eindeutig eine Weiterentwicklung dar, da die Möglichkeiten der Telekommunikation und der Datenverarbeitung auf Basis von Normen und Regeln zur Kopplung von Anwendungen kombiniert werden, um zum einen das Papierdokument als Datenträger für geschäftliche und geschäftsbezogene Tätigkeiten und Dienstleistungen zu ersetzen, zum anderen aber auch die Arbeitsablaufprozesse im ganzen zu verkürzen.

Der einfache elektronische Versand von Texten bietet ohne Rücksicht auf die dargestellte Semantik zwar bereits die Vorteile einer schnellen Übertragung, für die Übernahme in Anwendungen des Informationssystems muß jeder Text jedoch aufwendig interpretiert und je nach Darstellungsart umgewandelt werden. EDI auf Basis von Normen (z. B. UN/edifact) bezeichnet dagegen ein Verfahren, mit dem Geschäftspartner Informationen zur direkten maschinellen und automatisierten Weiterverarbeitung in ihren Anwendungen austauschen. Der Hauptunterschied zwischen EDI und anderen Telekommunikationsdienstleistungen wie **Telefax** oder elektronische Post **(E-Mail)** besteht darin, daß es sich bei der Verwendung von normierten Nachrichtentypen um strukturierte Informationen handelt, die vom Geschäftspartner nicht nur gelesen und als Dokument verarbeitet, sondern automatisch inhaltlich interpretiert werden können. Durch die Verwendung genormter Sprachstandards wird gewährleistet, daß jedes Informationselement genormt ist und an einer fest definierten Stelle steht. Infolge dieser genormten Struktur sind Informationselemente auch für die Weiterverarbeitung im Computer direkt verfügbar.

Das **Datenträgeraustauschverfahren** (DTA) ist aufgrund des fehlenden elektronischen Übertragungsmediums von den EDI-Verfahren abzugrenzen, stellt jedoch einen ersten Schritt in Richtung EDI dar ("EDI zu Fuß"). Beim DTA-Verfahren werden die Daten von der Anwendung bzw. DV-Infrastruktur des Nachrichtensenders auf einen Datenträger (Magnetband, Diskette u. a.) übertragen und dem Kommunikationspartner postalisch bzw. per Kurier übersandt. Der Nachrichtenempfänger überträgt dann die Daten vom Datenträger des Senders in seine Datenverarbeitungsumgebung. Damit stellt DTA insgesamt ein durch Medienbruch gekennzeichnetes Verfahren dar, welches sehr aufwendig (Zeit- und Kosteneinsatz) und letztlich auch nicht mehr zeitgemäß ist. Von daher ist zu prüfen, inwieweit dieses Verfahren heute überhaupt noch für nationale bzw. internationale Kommunikationsvorgänge geeignet ist (z. B. Bauausschreibungen und -projekte mit Partnern aus den Ländern des immer größer werdenden Gemeinsamen Marktes).

2.2 Wirtschaftlichkeitsbetrachtung

Von besonderem Interesse ist bei der Einführung neuer Technologien natürlich immer der Nutzen bzw. die Wirtschaftlichkeit. Eine allgemeine Beurteilung der Wirtschaftlichkeit von EDI ist jedoch nicht möglich, da sowohl auf der Leistungs- als auch auf der Kostenseite in jedem Projekt unterschiedliche qualitative Größen auftreten, die nur bedingt quantifizierbar sind.

Aus diesem Grund wird hier lediglich ein Überblick über wichtige Nutzen- und Kostenaspekte gegeben, die jeder Kommunikationspartner in Abhängigkeit von seinen Zielsetzungen wie Kostenminimierung, Umsatzsteigerung oder Imageaufwertung unterschiedlich gewichten wird.

In den meisten Fällen werden auf der Kostenseite rein operative Kriterien (Papiereinsparung, Briefporto etc.) für die Wirtschaftlichkeitsrechnung zugrunde gelegt, was dadurch zu begründen ist, daß meist unternehmensinterne und -politische Gründe einer Offenlegung aller anfallenden Kosten entgegenstehen. Die eigentlichen Kostenvorteile ergeben sich jedoch erst unter Berücksichtigung der Opportunitätskosten, d. h. derjenigen Kostenblöcke, die anfallen bzw. bestehenbleiben, wenn an den vorhandenen Verfahren nichts verändert wird. In vielen Fällen handelt es sich hierbei auch um Personalkosten, ein Umstand, der in das ganze Verfahren eine gewisse Sensibilität hineinbringt. "Anders statt noch besser machen" heißt die größte Ertragsreserve in den organisatorischen Aufbau- und Ablaufprozeduren.

In vielen Fällen wird die Wirtschaftlichkeitsbetrachtung zunehmend von zweitrangiger Bedeutung sein, wenn man berücksichtigt, daß immer mehr Unternehmen von ihren externen Kommunikationspartnern gedrängt werden, EDI betreiben zu müssen. Je nach Verhältnis der Machtstrukturen bleibt diesen Unternehmen dann nur noch die Möglichkeit zu reagieren, statt eigenständig agieren zu können.

2.2.1 EDI-Nutzeneffekte

Die Realisierung von Nutzeneffekten ist in den einzelnen EDI-Projekten sehr unterschiedlich und hängt von den Prämissen der Realisierung ab. Allerdings ist unbestritten, daß der EDI-Einsatz den öffentlichen Bauämtern bzw. den freiberuflich tätigen Architekten und Ingenieuren sowie der Bauwirtschaft insgesamt neue und leistungsfähigere Kommunikationskanäle bietet. Die Nutzung und Anwendung dieser technischen Neuerungen im täglichen Arbeitsprozeß eröffnet den

Anwendern Rationalisierungspotentiale, aus denen sich letztendlich Wettbewerbsvorteile ergeben.

Am Beispiel der **staatlichen Bauämter** werden die Nutzeneffekte im folgenden
exemplarisch dargestellt. Vordergründige Zielsetzung für die Bauämter ist die
Einhaltung der Termin- und Kostentreue im Rahmen öffentlicher Bauvorhaben.
Neben einer stetig zu verbessernden Gestalt- und Umweltqualität der Bauwerke
sind gleichzeitig die Investitions- und Folgekosten zu optimieren sowie die Planungs- und Bauzeiten zu reduzieren. Aufgrund dieser Vielzahl nicht einfach zu
erfüllender Anforderungen stehen die Bauämter vor der zwingenden Notwendigkeit, alle Möglichkeiten zur Rationalisierung durch Einsatz neuer Kommunikationstechnologien zu nutzen.

Wurde der Rationalisierungsschwerpunkt in der Vergangenheit hauptsächlich im
Bereich der Produktionsprozesse gesehen, wird durch EDI auch in der Verwaltung
eine hohe Effizienzerhöhung ermöglicht. Durch den beschleunigten und präziseren Informationsaustausch läßt sich eine größere Zahl von Fällen bearbeiten. Hinzu kommen die Leistungssteigerungen, die sich durch eine höhere Flexibilität in
der Bearbeitung realisieren lassen. Einfache und monotone Sachbearbeitertätigkeiten (Eingabe, Vergleich, Prüfung der Daten) entfallen, wodurch die Anforderungen an die Arbeitsplätze insgesamt steigen. Hinzu kommt, daß es eindeutige positive Zusammenhänge zwischen einer steigenden Zufriedenheit der Mitarbeiter und
der Arbeitsproduktivität gibt. Durch den Einsatz von EDI entfallen die Doppelerfassungen beim Nachrichtenempfänger. Hieraus ergibt sich eine Fehlerreduktion
und damit eine höhere Qualität der Geschäftsdaten. Zudem werden bei der EDI-
Einführung häufig Schwachstellen in der Ablauforganisation erkannt, die eliminiert werden können. Es entstehen Ansatzpunkte, die Anwendungen stärker zu
automatisieren und nur noch Ausnahmen bzw. Fehlerfälle manuell bearbeiten zu
lassen. Das wiederum wirkt sich positiv auf die Schnelligkeit und Genauigkeit der
Fallbearbeitung aus.

Unter dem Gesichtspunkt der Kosten- und Leistungsoptimierung erlangt die Einführung des elektronischen Datenaustausches, insbesondere vor dem Hintergrund
des freien Binnenmarktes, in dem öffentliche Bauleistungen ab bestimmten
Schwellenwerten europaweit ausgeschrieben werden, strategische Bedeutung. EDI
schafft hier die notwendige Markttransparenz, da mit gleichem Aufwand mehr
Partner zur Angebotsabgabe aufgefordert werden können und somit die günstigsten bzw. leistungsstärksten Anbieter europaweit ausgewählt werden können.
Durch eine schnelle Informationsübertragung und -bereitstellung verlieren räumliche und sprachliche Distanzen an Bedeutung.

Auch nach der Auftragsvergabe führt die Optimierung der Informations- und
Auftragslogistik insgesamt zu einer besseren Kontrolle der Auftragsbewegungen

durch den Bauherrn. Die Verfügbarkeit aktueller Informationsbestände ermöglicht eine frühzeitige Kostentransparenz nicht nur bei der Vorbereitung der Vergabe, sondern auch während der Bauausführung und vereinfacht Überwachungs- und Koordinationsaufgaben. Eine bessere Leistungskontrolle kann somit in den Bereichen Neubau, Instandhaltung, Modernisierung und allgemeine Bauverwaltung erfolgen. Zudem kann eine schnelle Reaktionsfähigkeit auf Änderungsanforderungen bei hoher Planungssicherheit erreicht werden.

Wird auch die Abrechnung elektronisch abgewickelt, kann das Kassenwesen erheblich beschleunigt werden. Eine Abnahme der Haushaltsmittelbereitstellung und damit ein geringerer Kapitalbedarf sind die Folge.

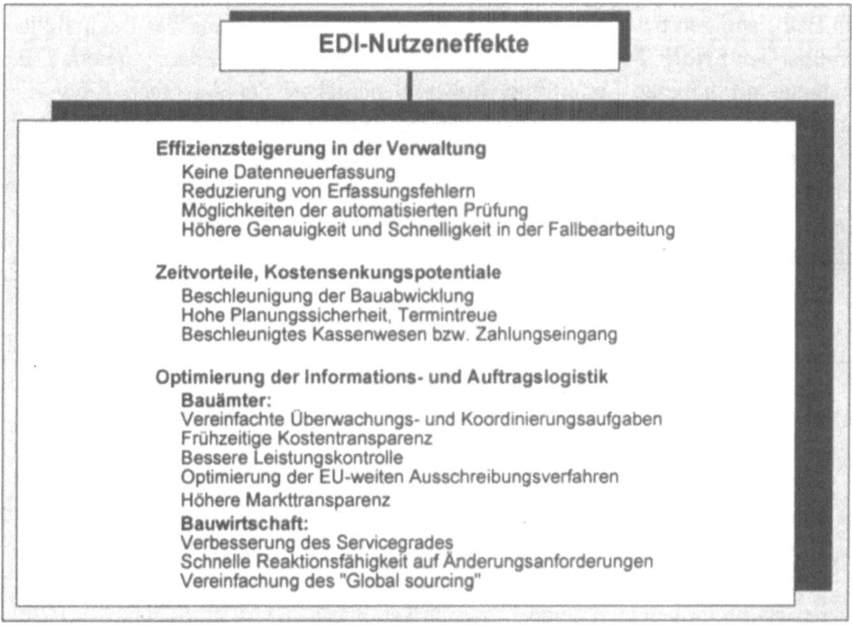

Abb. 8: EDI-Nutzeneffekte

Ähnlich wie bei den Bauämtern ergeben sich auch in der **Bauwirtschaft** Vorteile durch den EDI-Einsatz. Allgemein führt die vergleichsweise ungünstige Lohn- und Kostenstruktur der deutschen Bauwirtschaft zu Wettbewerbsnachteilen gegenüber europäischen Mitbewerbern, die zudem sehr häufig über eine längere und umfangreichere EDI-Erfahrung verfügen. Zur Stärkung der Wettbewerbsfähigkeit deutscher Unternehmen gegen den zu erwartenden Marktdruck aus dem Ausland müssen Rationalisierungs- und Wettbewerbspotentiale mit Hilfe von EDI und

UN/edifact realisiert werden. Kostenvorteile lassen sich realisieren, wenn mittels EDI neue Absatz- und Beschaffungsmärkte im Ausland erschlossen werden können. EDI wird wesentlich dazu beitragen, daß sich die laufenden Kosten der Geschäftsbeziehungen im internationalen und nationalen Handel immer mehr angleichen, so daß die Erschließung neuer Märkte im Ausland erleichtert wird. Hinzu kommt, daß der Kommunikationsradius eines jeden Unternehmens sich grundlegend verändern kann. Voraussetzung ist jedoch, daß alle am Geschäftsprozeßkreislauf beteiligten Institutionen, insbesondere die Finanzdienstleister und öffentlichen Verwaltungen, in die elektronische Abwicklung der Geschäftsbeziehungen einbezogen werden, um nicht zum zeitlichen Engpaß der beschleunigten Abwicklung zu werden.

In einer Wettbewerbssituation, die durch annähernd substituierbare Produkte und Preise gekennzeichnet ist, entscheidet die zeitgerechte und qualitative Erfüllung von Bauleistungen bzw. die schnelle und zuverlässige Lieferung der Baumaterialien über den Erfolg. Die Vorteile des EDI kommen hier zum Tragen, indem z. B. Produkte mit höherer Liefertreue, hoher Genauigkeit der Aussagen (über die Qualität der Lieferteile, Status der bestellten Teile in den Zulieferbetrieben etc.) aufgewertet werden und damit zur Wertschöpfung führen. Zudem ermöglicht die elektronische Übermittlung wichtiger Informationen, z. B. über Terminverschiebungen bei der Ausführung von Bauleistungen oder der Lieferung von Baumaterialien, eine schnelle Reaktion.

Die Beschleunigung der Geschäftsabwicklung und damit verbunden die Fähigkeit, schnell und flexibel die Anforderungen des Auftraggebers (Bauherrn, Bauträger etc.) bei einer hohen Planungssicherheit erfüllen zu können, ist ein bedeutender Servicefaktor. EDI wird damit zu einer strategischen Marketingmaßnahme für die Bauwirtschaft.

Die Umsetzung der möglichen Wettbewerbspotentiale setzt geeignete technische Lösungen voraus. So versetzt die Verwendung mobiler Endgeräte den Architekten, Bauleiter, Fachingenieur, Bauherrn oder Bauunternehmer in die Lage, direkt von der Baustelle jederzeit seine Kommunikationspartner zu erreichen. Mit Hilfe eines Mobiltelefons und Zusatzeinrichtungen, z. B. eines kleinen tragbaren Computers (Laptop), wird eine Computer-Direkt-Kommunikation über die Mobilfunknetze (D1-, D2-Netz oder E-Plus) ermöglicht. Auf diese Weise können z. B. Kosten- und Terminkontrollen vor Ort ausgeführt, Bauteile direkt bestellt sowie Lieferpreise und -termine abgefragt werden. Durch die Verfügbarkeit exakter Lieferinformationen werden sichere Terminzusagen gewährleistet und die Voraussetzungen für die Beschleunigung der Bauabwicklung geschaffen. Zudem sind eine hohe Anpassungsfähigkeit und kurze Reaktionszeiten auf geänderte oder zusätzliche Anforderungen seitens des Auftraggebers möglich.

Für den Lieferanten führt der beschleunigte Informationsaustausch zu einer Zunahme der Bestell- und Lieferhäufigkeit von Baumaterialien. Dies führt einerseits zu einer Senkung der Kapitalbindung aufgrund geringerer Lagerbestände, andererseits lassen sich Umsatzsteigerungen durch eine höhere Flexibilität in der Fertigung realisieren.

Die Anbindung des AVA-Systems an das Finanzbuchhaltungssystem ermöglicht zudem eine automatische Rechnungsprüfung und den elektronischen Versand der Zahlungsanweisungen unter Einbindung der Banken. Im Rahmen der Bauabrechnung ergibt sich somit eine Vereinfachung der Fakturierung und Beschleunigung der Zahlungsabwicklung.

2.2.2 Kosten

Die Kostenseite stellt sich für jedes Projekt aufgrund der unterschiedlichen Vorgaben sehr differenziert dar. Sie ist von einer Vielzahl von Determinanten abhängig, die je nach Existenz und Intensitätsgrad den Kostenverlauf maßgeblich beeinflussen können. Letztlich bestimmen Art und Umfang des EDI-Vorhabens bzw. die jeweilige Ausgangssituation die Größenordnung der Kosten. Allein im Bereich der auszuwählenden EDI-Software variieren die Softwarepreise von DM 1.000,- bis deutlich über DM 100.000,-. Dies ergibt sich allein schon aus der möglichen EDI-Funktionalität und der Wahl des Betriebssystems bzw. der Produktionsumgebung.

Die Problematik sei kurz anhand eines einfachen Beispiels erläutert. Beim Kauf eines Kraftfahrzeugs ist bezüglich des Einsatzzwecks zu differenzieren zwischen Personenkraftwagen oder Lastkraftwagen. Ist die Entscheidung für den Pkw gefallen, so ist noch unklar, ob es sich um die Klein-, Mittel- oder Oberklasse handelt. Diese Entscheidung fällt nun wieder in Abhängigkeit vom Einsatzgebiet (Stadt- oder Autobahnverkehr) und dem verfügbaren Budget. Ist auch diese Entscheidung getroffen, so sind benutzerrelevante Umstände zu klären (Extras - z. B. Airbag für die Sicherheit). Diese richten sich nach der individuellen Präferenzstruktur. Ähnlich wie beim Autokauf verhält es sich auch bei EDI-Projektkosten. Sind die Projektprämissen jedoch einmal definiert, so lassen sich die Kosten sehr exakt bestimmen.

Allgemein ist bei der Auflistung der Kosten zwischen operativen und strategischen Kostenszenarien zu differenzieren. In der Praxis werden heute vorwiegend operative Kostenrechnungen durchgeführt, da diese auf Fachbereichsebene wesentlich einfacher zu quantifizieren sind.

Für die Beurteilung der **strategischen Kostenbetrachtung** ist auf seiten des Anwenders eine genaue Information über das eigene Unternehmen und die fachbereichsübergreifenden Interdependenzen notwendig (Beispiel: Der Vertrieb eines Unternehmens kann seine Ware beim Endkunden nur absetzen, wenn die Bestellungen per EDI empfangen werden können. In diesem Fall sind die rein operativen Kosten eines EDI-Projektes sekundär, wenn man Gefahr läuft, einen wichtigen Kunden zu verlieren, der zu den Hauptumsatzträgern des Unternehmens gehört).

Die Verbindung übergreifender Prozesse wird heute in der Praxis nur sehr zögernd berücksichtigt, so daß primär auf **operative Kostenkriterien** eingegangen werden soll. Allerdings steht es außer Frage, daß die eigentliche Kosteneinsparung nur unter Berücksichtigung der Prozeßbetrachtung zu erzielen ist und nicht durch die Berücksichtigung von Einzelvorfällen.

Grundsätzlich lassen sich im Rahmen eines jeden Projektes einmalige und laufende Kosten unterscheiden. Einmalkosten entstehen für die Beschaffung, Installation sowie Herstellung der EDI-Produktionsbereitschaft. Neben den rein materiellen Komponenten wie Hardware und Software existiert hier vor allem ein großer Kostenblock im Bereich der Bereitstellung personeller Ressourcen. Im Rahmen kleinerer EDI-Projekte handelt es sich in der Regel um eine Person, die für die Realisierung verantwortlich ist. In größeren Projekten sind Teams von mehreren Mitarbeitern keine Seltenheit. Daß es hierbei zu einer differenzierten Arbeitsteilung kommt, versteht sich von selbst (Technische Realisierung, Partneranbindungs- und Gesamtkonzeption, Definition der Rechts- und Sicherheitsaspekte). Der hier anfallende Kostenblock ist jedoch gerechtfertigt, da zu diesem Zeitpunkt die technologischen und organisatorischen Weichen für einen längeren Zeitraum geschaffen werden. Werden an dieser Stelle Fehlentscheidungen getroffen, sind diese zu einem späteren Zeitpunkt nur unter hohem Ressourcenaufwand zu revidieren. Vor diesem Hintergrund spielt auch die Integrationstiefe der EDI-Infrastruktur in die bestehende Anwendungswelt eine große Rolle.

Aufgrund der gegebenen Komplexität und der rasanten technologischen Entwicklung ist bedarfsweise auf externes Beratungs-Know-How zurückzugreifen, um hier Fehleinschätzungen bzw. -entscheidungen zu vermeiden. Hinzu kommt, daß externe Berater in unternehmenseigenen Projektteams die Rolle des Moderators übernehmen können und dadurch helfen, Effizienzverluste zu vermeiden.

Dem laufenden Kostenfaktor wird heute in mehr als 90 % aller Projektfälle nur unzureichende Bedeutung beigemessen. Zu den hierunter zu subsumierenden Faktoren gehören die Modifikationen der Software, Pflege und Weiterentwicklung der bestehenden Hard- und Softwarelösungen sowie die Übertragungsgebühren auf seiten der Telekommunikation. Ebenso sind die laufenden personellen Kosten zu erwähnen, die für die Produktionsbereitschaft und die Anbindung neuer EDI-Anwendungen bzw. -Partner anfallen.

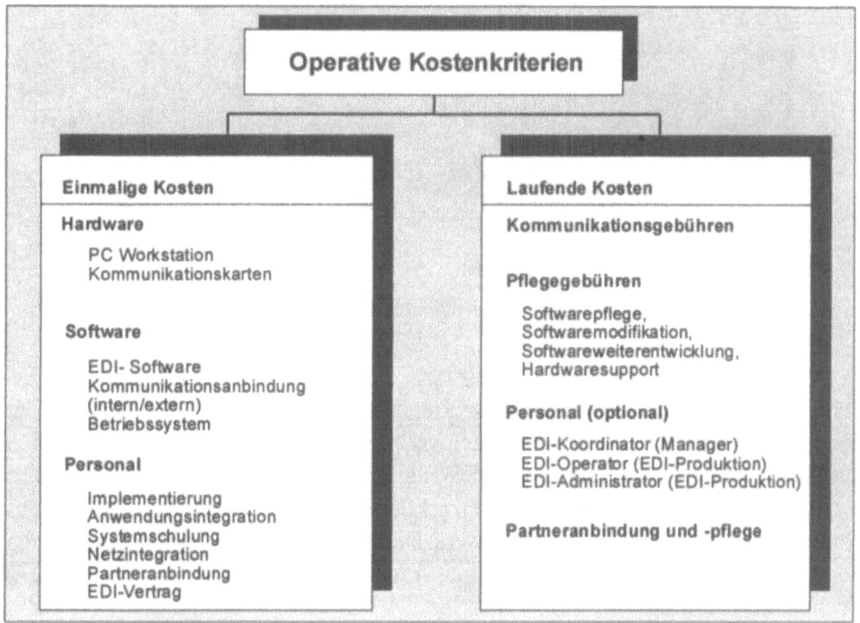

Abb. 9: Operative Kostenkriterien

Die Berücksichtigung aller Kosten verdeutlicht, daß die Entscheidung für eine EDI-Infrastruktur eine Zeitraum- und keine Zeitpunktentscheidung darstellt. Der Umstand, daß viele Projektentscheider diesem Aspekt nicht genügend Beachtung schenken, spiegelt sich in unnötig hohen laufenden Kosten wider, der darin gipfelt, daß ganze EDI-Infrastrukturen abgelöst und neu aufgebaut werden müssen.

Auf der Arbeitsplatz- und Prozeßebene kommt es zu Kosten durch organisatorische Anpassungen. Je nach Komplexität eines EDI-Vorhabens ist sogar der Einsatz eines EDI-Koordinators erforderlich, der als langfristig etablierte Stelle sämtliche EDI-Aktivitäten steuert. Dies kann eine Teilzeitaufgabe bzw. auch eine Vollzeittätigkeit sein.

Üblicherweise kann folgende Aufwandsverteilung im Rahmen eines EDI-Projektes als grober Anhaltspunkt zugrundegelegt werden:

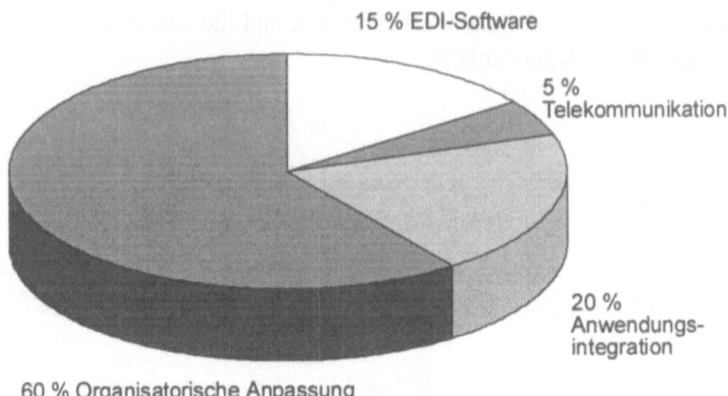

Abb. 10: Aufwandsverteilung

In der Praxis ist aber häufig genau das Gegenteil zu beobachten. Ein Großteil der Projektzeit wird mit technischen Fragen verbracht, während der organisatorischen Restrukturierungsoption nur unzureichend Bedeutung beigemessen wird. Dies begründet sich damit, daß es für den Projektleiter wesentlich einfacher ist, sich mit externen Partnern (EDI- und Netzwerk-Dienstleister) auseinanderzusetzen, als interne Prozeßabläufe nicht nur zu hinterfragen, sondern auch Veränderungen in ihnen herbeizuführen.

Die Ausführungen an dieser Stelle haben hoffentlich verdeutlicht, daß eine Vielzahl von Komponenten die Kosten beeinflußen. Die Erfahrung zeigt aber auch, daß durch die Auswahl eines erfahrenen und flexiblen Projektleiters effiziente Kostenstrukturen erzielt werden können. Hierbei ist zu bedenken, daß die Investitionskosten in der privaten Wirtschaft abschreibungsfähig sind, die laufenden Kosten aber als nicht abschreibungsfähige Kosten gering zu halten sind.

2.3 Standardisierungsarbeit

2.3.1 Standards und ihre Bedeutung

Voraussetzung für die Durchsetzung von EDI-Anwendungen ist der Einsatz und die Verwendung von Normen und Standards im Bereich der auszutauschenden Geschäftsnachrichten. Diese werden je nach Branche in unterschiedlich umfassenden, internationalen Normierungsprozessen geschaffen. In dem Maße, wie die Normierung fortschreitet und somit die Voraussetzung für eine reibungslose

Weiterverarbeitung der Daten erfüllt ist, wird der Verbreitungsgrad und damit der Nutzen des EDI-Einsatzes zunehmen.

Auf seiten der DV-Infrastruktur stellt sich eine ähnliche Problematik. Aufgrund der verfügbaren Produktvielfalt im Hardwarebereich am Markt werden häufig Computer unterschiedlicher Hersteller mit unterschiedlicher Software sowie Übertragungsprozeduren eingesetzt, die untereinander nicht kompatibel sind. Um in dieser Situation eine reibungslose Weiterverarbeitung der übermittelten Daten zu ermöglichen, sind Vereinbarungen bezüglich der Übertragungsprotokolle und der Datenaustauschformate zwischen den EDI-Anwendern erforderlich. Prinzipiell lassen sich mit jedem einzelnen Kommunikationspartner individuelle Absprachen bezüglich der Verfahren treffen (z. B. Kommunikationsprotokolle, Nachrichtenformat, Versionsstand). Diese Absprachen müssen in bilateralen Abstimmungsprozessen ausgehandelt und mit relativ hohem Aufwand in der Anwendung gepflegt bzw. aktualisiert werden. Die Anzahl dieser individuellen Vereinbarungen entspricht im Extremfall der Anzahl der Kommunikationspartner. Mit zunehmender Arbeitsteilung und Globalisierung der Märkte (d. h. einer steigenden Anzahl branchen- und länderübergreifender Kommunikationsbeziehungen) steigt die Komplexität und der Aufwand bei der Wartung und Verwaltung der unterschiedlichen Vereinbarungen auf ein unüberschaubares Maß an.

Sollen die Vorteile des elektronischen Datenaustausches ihre volle Wirkung entfalten, müssen individuelle Absprachen durch standardisierte und möglichst genormte Nachrichtentypen ersetzt werden, so daß jeder Kommunikationspartner unabhängig von der Anzahl seiner Kommunikationsbeziehungen nur noch eine einzige Norm verwendet. Dies sei am Beispiel der Sprachenvielfalt erläutert. Die Menschheit könnte viel leichter kommunizieren, wenn es nur eine einzige Sprache gäbe, z. B. Englisch. Dies ist aber nicht der Fall. Deshalb treten häufig Verständigungsschwierigkeiten zwischen Menschen unterschiedlicher Nationalsprachen auf, sofern diese nicht mehrere Sprachen sprechen. Trotzdem bietet allein die Kenntnis der Weltsprache Englisch den Vorteil, sich weltweit verständigen zu können. Dies trifft noch lange nicht für jede Sprache zu (z. B. Deutsch).

Standards und Normen sind zwingende Voraussetzung für eine schnelle und effiziente Verbreitung von EDI. Aus diesem Grund gab es in den USA und in Großbritannien bereits Ende der sechziger Jahre Bestrebungen, individuelle Absprachen durch standardisierte Vereinbarungen zu ersetzen. Derzeit existieren jedoch noch eine Vielzahl konkurrierender Standards, die teils branchenbezogen, teils national begrenzt sind.

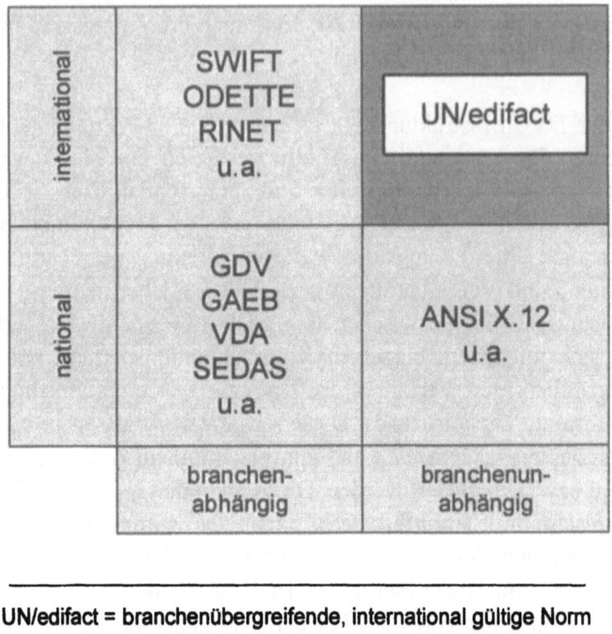

UN/edifact = branchenübergreifende, international gültige Norm

Abb. 11: UN/edifact und andere Standards

Beispiele für nationale branchenspezifische Standards sind VDA (Verband der deutschen Automobilindustrie) in der Automobilindustrie, SEDAS (Standardisiertes einheitliches Datenträgeraustauschverfahren) im Konsumgüterhandel, GDV (Gesamtverband der deutschen Versicherungswirtschaft) in der Versicherungswirtschaft oder "die Regelungen für den Datenaustausch Leistungsverzeichnis" des GAEB im Bauwesen. Daneben gibt es auch internationale branchenabhängige Standards wie SWIFT (Society for Worldwide Interbank Financial Telecommunications) im Bankensektor, RINET (Versicherungs- und Rückversicherungsnetz) in der Versicherungswirtschaft oder ODETTE (Organisation des Datenaustausches über Datenfernübertragung in Europa) im Automobilbereich. Als branchenübergreifende Norm sei das amerikanische ANSI X.12 (American National Standardization Institute) erwähnt, welches hinsichtlich seiner Verbreitung jedoch auf den nationalen Einsatz beschränkt ist.

Das Entstehen dieser Branchen- bzw. Insellösungen läßt sich dadurch erklären, daß sich die ersten Aktivitäten zur Einführung von EDI zunächst auf bilaterale Absprachen, später auf einzelne Branchen, die in der Regel jedoch unterschiedliche Interessenlagen verfolgten, konzentrierten und eine entsprechende branchenübergreifende Koordination dieser Standardisierungsbemühungen nicht stattfand.

Erst mit der Entwicklung der Datenaustauschnorm **UN/edifact**, die seit 1987 von allen bedeutenden Normungsgremien und Institutionen getragen wird, existiert eine Norm, die **weltweit** und **branchenunabhängig** gültig ist.

UN/edifact bezieht sich jedoch nur auf die inhaltliche und formale Gestaltung elektronischer Geschäftsnachrichten, die Art der Übertragung ist damit nicht festgelegt. Eine ausreichende Anzahl von Teilnehmern (kritische Masse) kann jedoch nur erreicht werden, wenn neben der Verfügbarkeit aller relevanten Geschäftsvorfälle im UN/edifact-Format auch im Bereich der Telekommunikation ein Datenaustausch zwischen verschiedenen firmen- und branchenspezifischen Übertragungsnetzen möglich ist. Die Verfügbarkeit von standardisierten X.25-Protokollen bzw. ISDN und deren Implementierung auf Netzwerkebene spielen hier eine wichtige Rolle.

Auf anwendungsspezifischer Ebene ist eine breite Verfügbarkeit von Produkten des OSI (Open Systems Interconnection)-Standards anzustreben, die gemeinsam mit Normen wie UN/edifact eingesetzt werden können. Zielsetzung der OSI-Standards sind "offene Kommunikationssysteme", die einen reibungslosen Informationsaustausch zwischen Kommunikationsnetzen verschiedener Hersteller nach einheitlichen Verfahren durch die Normierung von Kommunikationsschnittstellen, -diensten und -protokollen ermöglichen. Zu den OSI-Standards zählen die Punkt-zu-Punkt Verbindung FTAM (File Transfer, Access and Management) und die Many-to-Many Verbindung X.400. Während die X.400-Empfehlungen die Adressierung, Übermittlung und Zustellung der elektronischen Nachrichten weltweit regeln, definiert FTAM die Dienste und Protokolle für die Übertragung von Dateien zwischen jeweils zwei Informationssystemen. Eine weitergehende Beschreibung dieser Standards beinhaltet das Kapitel 3.1.2.2 "Telekommunikationsverfahren".

2.3.2   UN/edifact-Regelwerk

2.3.2.1 Einführung

Unter der Leitung der Wirtschaftskommission der Vereinten Nationen für Europa (UN/ECE), der auch die USA und Kanada angehören, wurden die internationalen Regeln für den elektronischen Datenaustausch entwickelt, die im September 1987 unter dem Namen UN/edifact, ISO 9735 zur ISO-Norm verabschiedet wurden.

UN/edifact steht für United Nations/Electronic Data Interchange for Administration, Commerce and Transport und beschreibt den Aufbau und die Verwendung von Geschäftsdokumenten unterschiedlicher Branchen und Anwendungsgebiete. Die UN/edifact-Regeln bestehen aus einer Gesamtheit international anerkannter

Normen, Verzeichnisse und Richtlinien, die als Empfehlungen im Verzeichnis für den Handelsdatenaustausch der Vereinten Nationen (UNTDID-United Nations Trade Data Interchange Directory) veröffentlicht werden. Damit wird eine genormte Lösung für national und international aufgebaute Geschäftsvorfälle geschaffen.

Das UNTDID umfaßt im einzelnen:

❑   UN/edifact-Syntax-Regeln (ISO 9735) für die Datenstrukturierung der Nachrichten

❑   UN/edifact-Verzeichnis der Handelsdatenelemente (ISO 7372)

❑   UN/edifact-Verzeichnis der Segmente, z. B. Adreß-Segment, Service-Segment

❑   UN/edifact-Verzeichnis der Nachrichten (Nachrichten, die spezielle Geschäftsfunktionen erfüllen, wie Rechnung, Bestellung etc.)

❑   UN/edifact-Codeliste: international vereinbarte Codes für Länder, Währungen, Lieferbedingungen, Zahlungsbedingungen, Transportverfahren, Verpackungsarten etc.

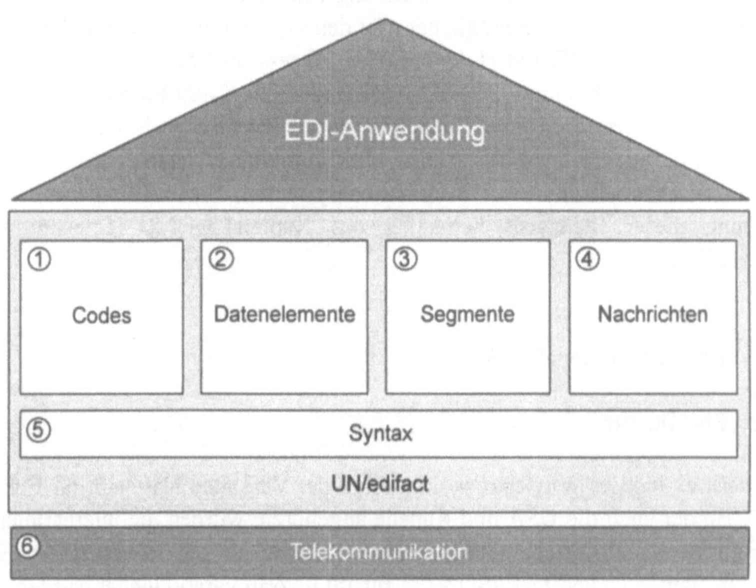

Der elektronische Datenaustausch mit UN/edifact basiert auf 6 Bausteinen

Abb. 12: Einordnung von UN/edifact

Durch die Aufstellung internationaler Codelisten werden Nachrichteninhalte so definiert, daß geschäftliche Transaktionen sich auf dieser definierten Ebene ohne Sprachprobleme durchführen lassen und Handelshemmnisse abgebaut werden können.

In UN/edifact lassen sich des weiteren eine Vielzahl von Nachrichten bzw. Einzelinformationen zu Gesamtnachrichten zusammenfassen. So konnten beispielsweise zur Erleichterung des grenzüberschreitenden Geschäftsverkehrs rund 700 in der Europäischen Union existierende Zolldokumente zu einem EDI-Dokument verdichtet werden. Durch die Standardisierung der Nachrichten und die einheitliche Vorgehensweise im internationalen Handel sowie die beschleunigte Abwicklung werden Wachstumsimpulse freigesetzt. Diese Effekte werden durch die weitere Verbreitung und die täglich wachsende Zahl der Anwender von UN/edifact verstärkt. Einen wesentlichen Schritt in Richtung Weltstandard leistet hierbei die Entscheidung der US-amerikanischen Standardisierungsorganisation ANSI, ihren eigenen ANSI-X.12-Standard innerhalb der nächsten Jahre in Richtung UN/edifact zu migrieren. Schließlich sind die USA nach wie vor der größte Binnenmarkt und eine der führenden Handelsnationen der Welt. Von daher hat die Entscheidung für UN/edifact auch eine Art Vorbildcharakter für die anderen Industrienationen außerhalb Europas, sich ebenfalls an UN/edifact zu orientieren.

2.3.2.2 Struktur der UN/edifact-Nachrichten

Als Laie kann man sich nur schwer vorstellen, wie eine UN/edifact-Nachricht aussieht. Die UN/edifact-Regeln basieren wie eine Sprache auf einigen Vereinbarungen. Diese beziehen sich auf den zu verwendenden Zeichensatz, den Wortschatz (Datenelemente) und die Grammatik (Syntax). Ausgehend von den Datenelementen, der Syntax (Nachrichtenstruktur, -aufbau) und den allgemeingültigen Verfahrensrichtlinien für die Entwicklung von Nachrichtentypen werden weltweit anwendbare, normgerechte Nachrichtentypen (UN Standard Message - UNSM) versionsweise entwickelt.

Die Bezeichnungen der entwickelten Nachrichtentypen entsprechen den heutigen Papierdokumenten. So steht beispielsweise der Name der Baunachricht "CONEST" für CONstruction ESTablishment of Contract Message", übersetzt "Auftragserteilung".

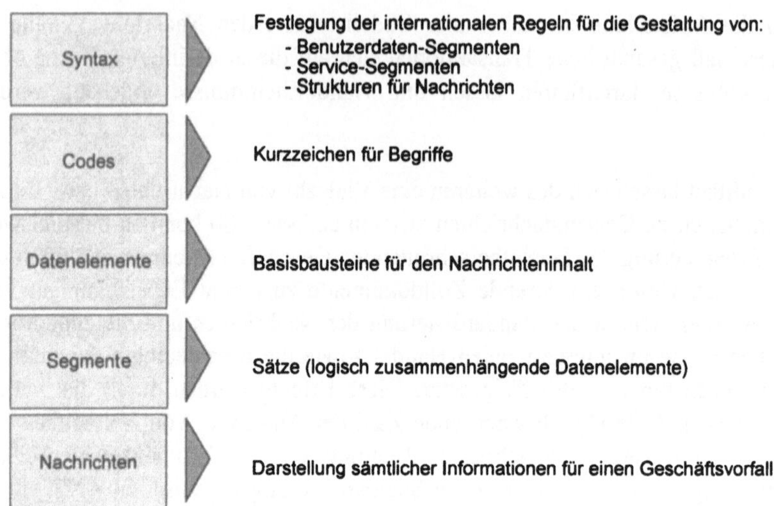

Abb. 13: UN/edifact-Grundbausteine

UN/edifact-Syntax

Die UN/edifact-Syntax enthält die Regeln, nach denen die Nachrichtentypen einheitlich strukturiert werden. Die Syntax legt die Gestaltung von Benutzersegmenten, Service-Segmenten und die Struktur der Nachrichten fest. Grundbausteine einer Nachricht sind die Datenelemente (z. B. Name des Kommunikationspartners, Straße und Ortsname), die innerhalb eines Segmentes (z. B. Name- und Adreß-Segment) logisch zusammengefaßt werden. In einer Nachricht werden wiederum alle Segmente, die zur Darstellung eines Geschäftsvorfalls erforderlich sind, syntaxgerecht zusammengefaßt.

Es sind zwei Syntaxtypen definiert worden, die sich durch die Verwendung unterschiedlicher Zeichensätze (Zeichensatz A - F) voneinander abgrenzen. Der Zeichensatz A enthält druckbare Zeichen des 7-Bit-Codes nach ISO 646, d. h. Ziffern (0 - 9) und Großbuchstaben (A - Z). Der Zeichensatz B beinhaltet Zeichen des 7-Bit-Codes (ISO 646) oder des 8-Bit-Codes (ISO 8859, ISO 6936) und zusätzlich Kleinbuchstaben.

Die Syntax regelt z. B.:

□   die Struktur einer Übertragungsdatei
□   den Typ des verwendeten Zeichensatzes
□   die Komprimierung und Wiederholung der UN/edifact-Objekte
□   die Verschachtelung der UN/edifact-Segmente

❑   die Darstellung von Datenelementwerten

Die UN/edifact-Syntax ermöglicht dem Anwender, das Volumen von Übertragungsdateien so zu reduzieren, daß nur die tatsächlich benötigten Inhalte übertragen werden. Die Segmente und Datenelemente sind in ihrer Länge variabel, so daß ihr Inhalt im Gegensatz zu Datensätzen fester Länge (z. B. GAEB-Format) nicht mit Leerzeichen oder Nullen aufgefüllt werden muß. Dies führt zu deutlichen Zeit- und damit Kosteneinsparungen bei der Datenübertragung.

Grundbausteine einer UN/edifact-Nachricht

Die Grundbausteine einer Nachricht sind Codes, Datenelemente, Datenelementgruppen und die Segmente. Eine Information, z. B. Preis oder Projektnummer, wird durch ein Datenelement dargestellt. Stehen mehrere Informationen in einem logischen oder sachlichen Zusammenhang, so werden sie in Datenelementgruppen zusammengefaßt. Ein Beispiel für einen solchen Zusammenhang ist der zwischen Preis und Währungsangabe.

Alle Datenelemente sind im United Nations Trade Data Element Directory (UNTDED) aufgeführt. Jedes Datenelement hat eine eindeutige, vierstellige Referenznummer und wird durch Angaben über seine Ausprägung (numerisch, alphanumerisch, Feldlänge) ergänzt.

Das UNTDED beinhaltet weiterhin Codes für die codierte Darstellung von Daten sowie für Qualifier. Als Qualifier wird ein Datenelement bezeichnet, dessen Wert als Code dargestellt wird und das einem anderen Datenelement oder einem Segment einen bestimmten Sinn gibt. So wird z. B. bei der Angabe einer Kommunikationsnummer, die Art der Nummer durch die zusätzliche Angabe des Kommunikationsdienstes (Telefon oder Telefax) als Telefon- oder Faxnummer qualifiziert.

Logisch zusammenhängende Datenelemente und Datenelementgruppen (z. B. Angaben zu Bankverbindungen, Zahlungsbedingungen) werden in einem weiteren Schritt zu Segmenten zusammengefaßt.

Das Segment beginnt mit einem Segment-Bezeichner, einer eindeutigen Kennung aus drei Zeichen, die jedes Segment identifiziert (z. B. NAD beim Name- und Adreß-Segment). Es wird mit einem Segment-Endezeichen abgeschlossen und durch Muß- oder Kannangaben ergänzt.

Beispielhaft soll das BGM-Segment "Beginn der Nachricht" dargestellt werden. Dieses Segment enthält Informationen über die Art und Funktion der Nachricht und dient zur Übermittlung von Identifikationsnummern. Im BGM-Segment wird

z. B. angezeigt, ob es sich bei der übermittelten UN/edifact-Nachricht "CONEST", mit der unterschiedliche Nachrichtenfunktionen übertragen werden können, um eine "Angebotsanforderung", eine "Angebotsabgabe" oder ein "Geprüftes Angebot" etc. handelt.

Tabelle 3: UN/edifact: Aufbau des BGM-Segments

Bezeichner BGM	Beginn einer Nachricht		
Beschreibung	Zur Anzeige der Art und Funktion einer Nachricht und zur Ermittlung der Identifikationsnummer		
Version	92.1		
Kennung	Datenelement-/DE-Gruppen-Name	Status	Darstellung
C002	DOKUMENTEN-/NACHRICHTENNAME	K	
1001	Dokumenten-/Nachrichtenname, codiert	K	an..3
1131	Codeliste, Qualifier	K	an..3
3055	Verantwortliche Stelle für die Codepflege, codiert	K	an..3
1000	Dokumenten-/Nachrichtenname	K	an..35
1004	DOKUMENTEN-/NACHRICHTENNUMMER	K	an..35
1225	NACHRICHTENFUNKTION, CODIERT	K	an..3
4343	ANTWORTART, CODIERT	K	an..3

Das erste Element (COO2) ist eine Datenelementgruppe, es enthält vier zusammengehörige Informationen, die jeweils durch ein Datenelement dargestellt werden. Das Datenelement 1001 enthält den Dokumenten-/Nachrichtennamen in codierter Form (z. B. "45" für "Geprüftes Angebot"), das Datenelement 1131 (Qualifier) gibt an, aus welcher Codeliste (z. B. Codeliste für die deutsche Bauindustrie) dieser Code stammt, es qualifiziert das vorangegangene Datenelement.

Die Schreibung in Großbuchstaben bei den letzten drei Datenelementen kennzeichnet, daß es sich um alleinstehende Datenelemente handelt. In diesem Beispiel sind alle Datenelemente konditional (K), d. h. sie müssen nicht verwendet werden. Die Angabe (an...35) bedeutet, daß das Datenelement aus bis zu 35 alphanumerischen Zeichen bestehen kann.

Es gibt zwei Arten von Segmenten:

Benutzersegmente enthalten Datenelemente wie Namen, Orte und Beträge zu dem betreffenden Geschäftsvorgang, wie sie auf Papierdokumenten an den entsprechenden Stellen eingetragen werden.

Service-Segmente stellen den Rahmen der Übertragungsdatei, der Nachrichtengruppen und der Nachrichten (Nutzdatenrahmen) dar. Service-Segmente enthalten Daten, die für die Übermittlung erforderlich sind.

Sie sind unabhängig vom Inhalt der Nachricht und geben z. B. Auskunft über:

- Verwendung von Trennzeichen
- Absender-/Empfänger-Identifikation (z. B. Name, Ort, Firma, Abteilung und Referenznummer)
- Zeitpunkt (Datum, Uhrzeit) der Übertragung
- Dringlichkeitsvermerke, Sicherungsangaben
- Anzahl der Segmente in einer Nachricht, Anzahl der Nachrichten
- Definition der Nachrichten und Nachrichtengruppen

Ein Beispiel hierfür ist das Service-Segment UNH, mit dem eine Nachricht eröffnet, identifiziert und beschrieben wird.

Tabelle 4: UN/edifact: Aufbau des UNH-Segments

Bezeichner UNH	Nachrichten-Kopfsegment		
Beschreibung	Dient dazu, eine Nachricht zu eröffnen, sie zu identifizieren und zu beschreiben.		
Version	92.1		
Kennung	Datenelement-/DE-Gruppen-Name	Status	Darstellung
0062	NACHRICHTEN-REFERENZNUMMER	M	an..14
S009	NACHRICHTEN-KENNUNG	M	
0065	Nachrichtentyp-Kennung	M	an..6
0052	Versionsnummer des Nachrichtentyps	M	an..3
0054	Freigabenummer des Nachrichtentyps	M	an..3
0051	Verwaltende Organisation, codiert	M	an..2
0057	Anwendungscode der zuständigen Organisation	K	an..6
0068	ALLGEMEINE ZUORDNUNGS-REFERENZ	K	an..35
S010	STATUS DER ÜBERMITTLUNG	K	
0070	Übermittlungsfolgenummer	M	n..2
0073	Anzeiger für erste/letzte Nachricht einer Übermittlung	K	a1

Segmente werden zur Erfüllung identischer funktioneller Anforderungen unverändert in unterschiedlichen Nachrichtentypen verwendet. So wird z. B. das Segment NAD (Name and Adresse) in jedem Nachrichtentyp verwendet, der Adreßangaben beinhaltet.

UN/edifact-Nachrichten entsprechen bestimmten Geschäftsvorfällen wie Leistungsverzeichnis, Mengenermittlung, Angebot, Auftrag oder Rechnung. In einer Nachricht sind alle Segmente, die die erforderlichen Daten zu einem Geschäftsvorfall enthalten, zusammengefaßt.

Eine Nachrichtengruppe wiederum besteht aus Nachrichten gleicher Nachrichten-art, die für denselben Empfänger bestimmt sind.

Aufbau einer Übertragungsdatei

Eine Übertragungsdatei enthält eine oder mehrere Nachrichtengruppen oder Nachrichten. Zur Strukturierung der Nachricht bzw. Übertragungsdatei werden Trennzeichen verwendet:

> "+" Datenelementtrennzeichen
> ":" Gruppenelementtrennzeichen
> "'" Segment-Endezeichen
> "?" Freigabezeichen (zur Freigabe der Trennzeichen-Symbole)

Die Struktur einer UN/edifact-Übertragungsdatei zeigt Abb. 14:

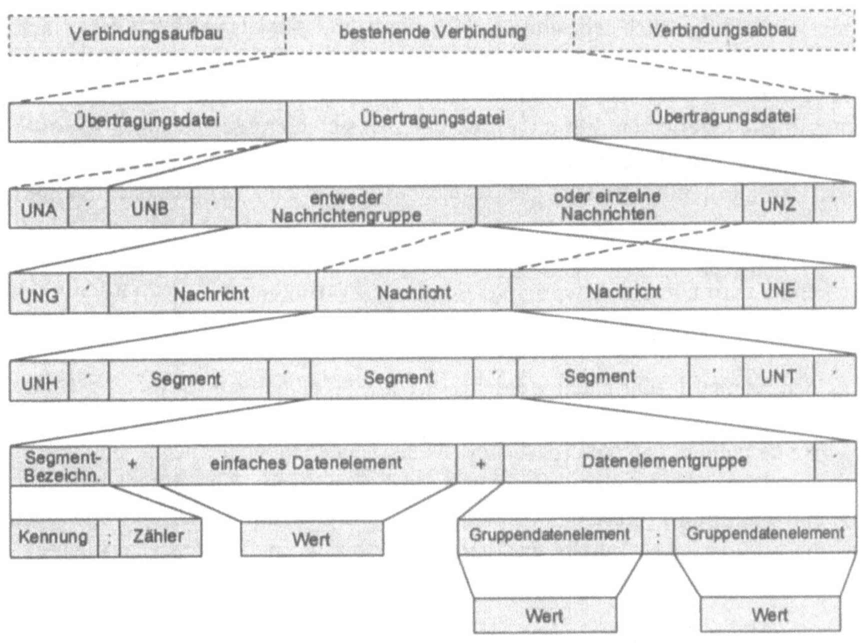

Abb. 14: Struktur einer Übertragungsdatei

Begonnen wird mit der "Trennzeichenvorgabe" UNA. Danach folgen die Service-Segmente. Das "Nutzdatenkopfsegment" UNB enthält Informationen über den

Absender und Empfänger der Datei sowie zur Identifizierung und Beschreibung der Übertragungsdatei selbst.

Sind mehrere Nachrichten zu einer Nachrichtengruppe zusammengefaßt worden, wird im UNG-Segment "Kopfsegment der Nachrichtengruppen" der Absender und Empfänger der Nachrichtengruppen genannt.

Das "Nachrichtenkopfsegment" UNH enthält als darauf folgende Information Angaben zum Nachrichtentyp. Es bildet zusammen mit dem "Nachrichtenendesegment" UNT den Rahmen der Nachricht. Die Nachrichtengruppe wird wiederum mit dem "Nachrichtengruppenendesegment" UNE abgeschlossen, die Übertragungsdatei durch das "Nutzdatenendesegment" UNZ.

2.3.2.3 Subsets

Die UN/edifact-Standardnachrichten wurden so umfassend definiert, daß sie in der praktischen Anwendung in allen Branchen einsetzbar sind. Aus diesem Grund sind sie allerdings auch sehr umfangreich. So kann beispielsweise mit dem Nachrichtentyp "Rechnung" die Miet-, Handels- und Zollrechnung abgewickelt werden. Zusätzlich sind die jeweiligen nationalen Besonderheiten in die Normierungsarbeit eingeflossen. Für die Praxis ergeben sich hierdurch folgende Anforderungen: Der UN/edifact-Nutzdatenrahmen ist so detailliert und umfassend definiert, daß alle Anforderungen der Anwender an die Inhalte berücksichtigt sind. Nun liegt es nahe, daß jeder Anwender nur die Belange seiner Anwendung bzw. seine Branchenspezifika in UN/edifact berücksichtigen will. Das heißt, von jedem Anwender wird nur eine Untermenge der gesamt verfügbaren UN/edifact-Struktur benötigt.

Aus den Standardnachrichten werden UN/edifact-Teilmengen (Subsets) gebildet, in denen sich die Partner darauf verständigen, welche Kann-Datenelemente bzw. -Segmente neben den erforderlichen Muß-Datenelementen- bzw. -Segmenten verwendet werden sollen. Hierdurch verhalten sich die Anwender zwar UN/edifact-konform, beschränken sich aber bezüglich ihrer EDI-Anwendungen auf die erforderlichen Inhalte und vermeiden so eine ineffiziente Überfrachtung ihrer Produktionsumgebung.

UN/edifact-Subsets sind von Verbänden und Branchengremien unterschiedlicher Wirtschaftszweige entwickelt worden. Beispielhaft lassen sich der Arbeitskreis CEFIC (Europäischer Ausschuß der Verbände der chemischen Industrie), ODETTE im Automobilsektor (Organisation des Datenaustausches über Datenfernübertragung in Europa), EDIFICE (EDI-Forum der europäischen Elektronik und Computerindustrie), EDIoffice in der Bürowirtschaft oder EANCOM im Konsumgüterbereich (Internationaler Verband für Artikelnumerierung) nennen.

Weitere Arbeitsgruppen sind unter anderem für die Banken-, Transport-, Versicherungs-, Möbel- und Papierbranche gebildet worden. Für das Bauwesen wurden UN/edifact-Subsets bisher im ISYBAU/EDISY-Projekt entwickelt und dokumentiert. In Zukunft soll der Verein EDIBAU diese Aufgabe übernehmen.

Nun stellt sich die Frage, welchen Nutzen UN/edifact für die Anwender mit sich bringt, wenn doch wieder Subsets gebildet werden. Die Antwort ist letztlich ganz einfach. Der Unterschied zu den vorher genannten branchenspezifischen Standards besteht darin, daß UN/edifact-Datenelemente und -Segmente verwendet werden, bei denen die UN/edifact-Syntaxregeln eingehalten werden müssen und somit sämtliche Vorteile von UN/edifact zum Tragen kommen. Die Subsetbildung zielt auf eine Vereinfachung der Handhabung und Pflege der Anwendungsumgebung und damit auf eine Verminderung der laufenden Kosten hin. Schließlich muß der Anwender beim ausschließlichen Einsatz von UN/edifact nur noch dieses Know-How vorrätig halten und nicht auch noch verschiedene andere Standards unterstützen (z. B. SEDAS, VDA).

Die Vorteile von UN/edifact werden jedoch wieder zunichte gemacht, wenn Subset-Entwickler sich nicht an die UN/edifact-Regeln halten, sondern selbstentwikkelte Segmente und Datenelemente verwenden, die nicht in den UN/edifact-Directories enthalten sind. Dieses Vorgehen führt dazu, daß wiederum nicht kompatible Lösungen entstehen, die einer offenen Kommunikation entgegenwirken, so daß die Nutzenpotentiale "verspielt" werden.

Aus diesem Grund ist die Einrichtung offizieller Zertifizierungsstellen erforderlich, die die Überprüfung sämtlicher UN/edifact-Subsets übernehmen. Diese Funktion könnten auf nationaler Ebene das DIN, DEDIG, DEUPRO oder der AWV übernehmen, auf internationaler Ebene könnten Subsets auch bei den entsprechenden internationalen Gremien in Brüssel eingereicht werden. Allerdings ist auch vorstellbar, daß Brancheninstitutionen diese Funktion für Ihre Anwender übernehmen. Insgesamt gibt es bezüglich der Subsetzertifizierung heute noch keine einheitliche Vorgehensweise.

2.3.3 Normungsgremien

2.3.3.1 Internationale Normung

Auf internationaler Ebene ist die International Organization for Standardization **(ISO)**, die den internationalen Zusammenschluß aller nationalen Normungsorganisationen mit Hauptsitz in Genf verkörpert, für die allgemeine Normung zuständig.

Die Empfehlungen zu UN/edifact, die die Normungsgruppe ISO in ISO-Normen überführt, stammen von der "Arbeitsgruppe für die Vereinfachung internationaler Handelsverfahren" (Working Party 4, **WP.4**) der United Nations Economic Commission for Europe **(UN/ECE)**. Innerhalb der Arbeitsgruppe WP.4 befassen sich die Expertengruppen **GE.1** mit der Überwachung der allgemeinen Entwicklung des UN/edifact-Standards und die **GE.2** mit Verfahren und Dokumentation.

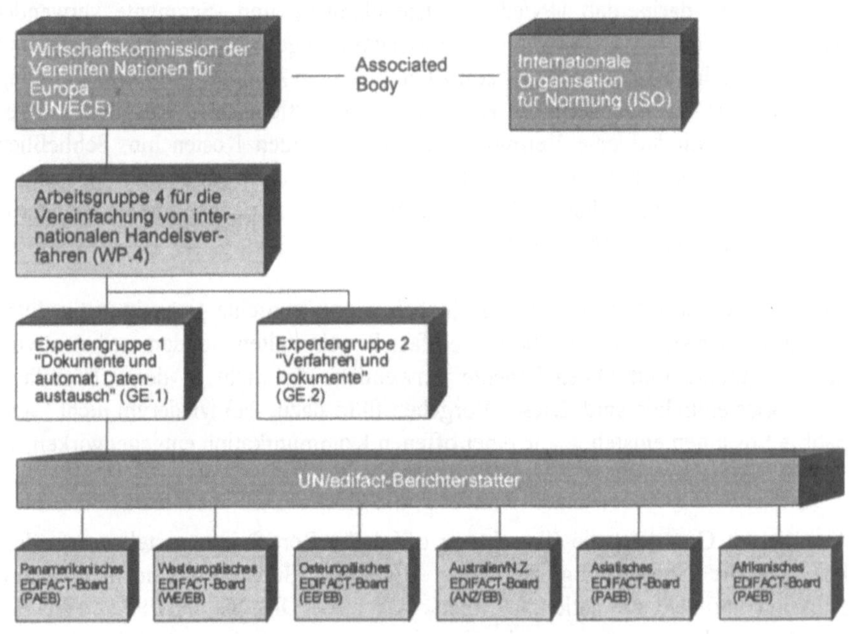

Abb. 15: Internationale Organisationen für UN/edifact

Der UN/ECE gehören Vertreter und Beobachter von rund 60 Ländern und vielen internationalen Organisationen (Kommission der Europäischen Union, IATA (Internationale Vereinigung der Fluggesellschaften), ISO, GATT (Allgemeines Zoll- und Handelsabkommen), EFTA (Europäische Freihandelszone), Internationale Handelskammer, nationale Ausschüsse für die Vereinfachung internationaler Handelsverfahren wie beispielsweise DEUPRO (Deutschland), SITPRO (Großbritannien), AUSTRIAPRO (Österreich) etc. an. Zielsetzung ist es, den automatisierten Handelsdatenaustausch durch Verwendung einheitlicher Datenelemente, Codes, Syntax-Regeln und Nachrichtentypen zu erleichtern und zu beschleunigen.

Die Wirtschaftskommission der Vereinten Nationen für Europa (UN/ECE) hat für Panamerika, Westeuropa, Osteuropa, Afrika, Asien und Australien/Neuseeeland sogenannte Rapporteure (UN/edifact-Berichterstatter) ernannt, die die Entwicklung neuer Standardnachrichten oder Ergänzungen des Handbuchs der Handelsdatenelemente in ihrem Gebiet koordinieren und vorantreiben sollen.

2.3.3.2 Europäische Normung

Jede Gruppe von Rapporteuren hat ein UN/edifact-Board eingerichtet. Dem westeuropäischen Berichterstatter ist als Beratungs- und Unterstützungsgruppe das **Westeuropäische UN/edifact-Board** unterstellt, das sich aus Delegierten der 18 EU- und EFTA-Länder sowie aus Vertretern internationaler Organisationen, die sich mit EDI befassen, zusammensetzt.

Einmal im Monat tagt ein Lenkungsausschuß, der die Arbeiten der Nachrichtenentwicklungsgruppen sowie der Fachgruppen für technische Konformitätsprüfung, Wartung, Beratung, Öffentlichkeitsarbeit und Dokumentation leitet.

Derzeit beschäftigen sich 12 Nachrichtenentwicklungsgruppen mit der UN/edifact-Nachrichtenentwicklung. Als erste Nachrichtenentwicklungsgruppe gab es die MD1 - Handel/Industrie. Im Zeitablauf kamen dann die weiteren Nachrichtenentwicklungsgruppen hinzu. Man kann daher an der Reihenfolge bereits erkennen, welche Branchen sich zuerst im UN/edifact Normungsprozeß befanden und welche im späteren Verlauf hinzu kamen. Schon relativ früh wurde die Bedeutung von UN/edifact für das Bauwesen erkannt. Die MD5 wurde nach den Nachrichtenentwicklungsgruppen Handel/Industrie, Transport, Zoll und Bankwesen ins Leben gerufen.

MD1:	Handel/Industrie
MD2:	Transport
MD3:	Zoll
MD4:	Bankwesen
MD5:	**Bauwesen**
MD6:	Statistik
MD7:	Versicherung
MD8:	Tourismus
MD9:	Gesundheitswesen
MD10:	Soziales
MD11:	Öffentliche Verwaltung
MD12:	Öffentliches Beschaffungswesen

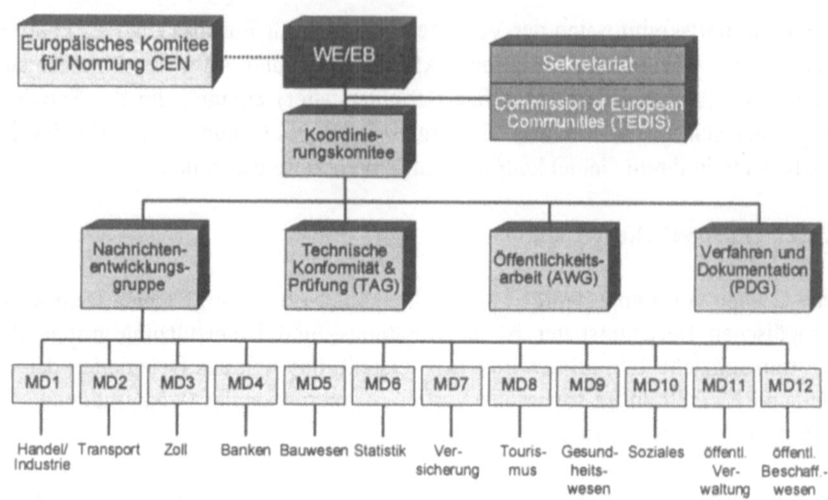

Abb. 16: Struktur des Westeuropäischen UN/edifact-Board (WE/EB)

Die Entwicklungsarbeiten werden auch seitens europäischer Förderprogramme finanziell unterstützt. So unterhält das TEDIS-Programm der Europäischen Union für die Entwicklungsarbeiten eine Datenbank als technische Unterstützung der Arbeitsgruppen des UN/edifact-Board. Diese Datenbank (CEBIS-Commission UN/edifact-Board Information System) enthält alle offiziellen (UN/ECE-Empfehlungen) und in der Entwicklung befindlichen Informationen über Nachrichten, Segmente, Datenelemente und Codes. Nach Ablauf des TEDIS-Programms ist der Datenbankbetrieb durch das CEN geplant. Für die Anwender stellt diese Informationsbereitstellung eine große Hilfe dar. Einziger Wermutstropfen aus deutschsprachiger Sicht ist, daß die Informationen zur Zeit lediglich in Englisch verfügbar sind.

Wie wird nun eine UN/edifact-Nachricht entwickelt, und wann wird sie zur Norm verabschiedet? Aufgrund der umfassend zu berücksichtigenden Nachrichteninhalte unterliegt die Entwicklung neuer Standardnachrichten strengen Kontrollverfahren. Die Arbeit der Nachrichtenentwicklungsgruppen wird von technischen Fachleuten geprüft, um sicherzustellen, daß die Grundnormen eingehalten werden und die Verwendung von Nachrichtenbausteinen in unterschiedlichen Nachrichtentypen soweit wie möglich vereinheitlicht wird. In den einzelnen Nachrichtenentwicklungsgruppen arbeiten Branchenvertreter aus verschiedenen Ländern zusammen und versuchen ihre jeweiligen nationalen Spezifika auf den kleinsten gemeinsamen Nenner zu bringen. Zum Teil arbeiten in den einzelnen Nachrichtenentwicklungsgruppen mehr als 20 Personen aktiv mit. Aufgrund der sprachlichen Verständigungsschwierigkeiten kann man sich gut vorstellen, daß die inhaltlichen Fragestellungen nicht immer einfach und zeitnah geklärt werden können.

Das ständige Sekretariat wird durch die Kommission der Europäischen Union geführt. Das Sekretariat ist für den Datenbankbetrieb und die Weiterleitung der Änderungswünsche der Gruppe "Technische Bewertung" an die entsprechende Nachrichtenentwicklungsgruppe zuständig.

Anfang 1990 wurde in Brüssel zwischen dem Westeuropäischen UN/edifact-Board und dem **Europäischen Komitee für Normung (CEN)** ein Assoziationsvertrag unterzeichnet. Damit ist das Westeuropäische UN/edifact-Board als "associated body" des CEN für die Vorbereitung europäischer Normenentwürfe auf dem Gebiet UN/edifact anerkannt. Durch diese Zusammenarbeit soll verhindert werden, daß in Europa in diesem Bereich unkoordiniert oder sogar parallel gearbeitet wird. Gleichzeitig wird den CEN-Mitgliedern eine größere Einflußnahme auf die Arbeiten in den Gremien des Westeuropäischen UN/edifact-Board ermöglicht.

Nachdem die Nachrichten von einem UN/edifact-Board genehmigt worden sind, werden sie von den anderen Boards überprüft und der Wirtschaftskommission der Vereinten Nationen für Europa (UN/ECE) zur endgültigen Verabschiedung vorgelegt.

Mit der Prüfung der Nachrichten durch die Expertengruppe GE.1 innerhalb der Arbeitsgruppe UN/ECE WP.4 wird die Nachricht zu einer UNSM (United Nations Standard Message), d. h. zu einer Standardnachricht der Vereinten Nationen. Als UN/edifact-Nachrichten dürfen nur die von der Wirtschaftskommission der Vereinten Nationen für Europa abgestimmten Nachrichten bezeichnet werden.

2.3.3.3 Nationale Normung

Auf nationaler Ebene beschäftigt sich das **DIN** mit der UN/edifact-Normung. Das DIN (Deutsches Institut für Normung) hat 1984 das Thema mit der Gründung der Kommission elektronischer Geschäftsverkehr (KeG) aufgegriffen und den Normenausschuß Bürowesen (NBü), Fachbereich 3 "Elektronischer Geschäftsverkehr", mit der fachlichen Bearbeitung beauftragt. Der Normenausschuß Bürowesen prüft, bearbeitet und registriert zur Normung anstehende Nachrichten. Der Ausschuß **(NBü 3)** ist in etwa spiegelbildlich zum Westeuropäischen UN/edifact-Board organisiert, so daß zu jeder europäischen Entwicklungsgruppe auch ein entsprechendes deutsches Gremium vorhanden ist, um die nationalen Interessen miteinbringen zu können. Die Mitwirkung von Vertretern des NBü bei der Erarbeitung und Weiterentwicklung des UN/edifact-Regelwerks erfolgt durch die direkte Delegation in die entsprechenden Gremien der ISO oder durch die Nominierung von Experten für die Gremien der UN/ECE/WP.4 und des Westeuropäischen UN/edifact-Board über DEUPRO.

DEUPRO ist der 1978 gegründete Deutsche Ausschuß für die Vereinfachung von Außenhandelsverfahren (Prozeduren) mit Sitz und Einbindung in das Bundesministerium für Wirtschaft. DEUPRO nimmt die Interessen der Bundesrepublik in den Gremien der UN/ECE/WP.4 und des Westeuropäischen UN/edifact-Board wahr. Arbeitsträger von DEUPRO waren bis 1993 die Arbeitsgemeinschaft für wirtschaftliche Verwaltung e. V. (AWV) und das DIN. Es wird zur Zeit darüber nachgedacht, das DEUPRO organisatorisch beim DIHT (Deutscher Industrie- und Handelstag) zu plazieren.

2.3.4 Stand der Normung

Der Entwicklungsfortschritt der Nachrichtentypen wird durch die Statusangaben 0 bzw. 1 und 2 gekennzeichnet. Die Kennziffer 0 steht für den Status Arbeitspapier, die Kennziffer 1 für den Status Arbeitsgrundlagen/Freigabe für Pilotprojekte. Die Kennziffer 2 verabschiedet den Geschäftsvorfall als Norm bzw. als Freigabe für den EDI-Produktionsbetrieb. Zwischen den drei Stati der Nachrichten vergehen etwa eineinhalb bis zweieinhalb Jahre.

Nachrichtentypen mit dem Status 0 sind im Entwurf, d. h., Änderungen können beträchtlich sein und auch die Struktur der Nachrichten betreffen und sollten laut UN/edifact-Board nicht implementiert werden. In der Praxis werden jedoch auch Nachrichten im Status 0 verwendet. Dies kann dann empfohlen werden, wenn die Nachrichten den Anwendungsanforderungen entsprechen und die Übertragung von beiden Partnern als Pilotphase, d. h. mit der Option, auf den Status 1 umzustellen, gesehen wird.

Der Status 1 gibt die Nachrichtentypen für Testimplementierungen frei. Änderungen sind minimal, sie betreffen nicht die Struktur.

Ist die Entwicklung der Nachricht abgeschlossen, erhält sie den Status 2 und ist somit eine offizielle Empfehlung der UN/ECE.

Im Bauwesen liegen zur Zeit sechs Nachrichten im Status 2 vor. Sämtliche Nachrichten beginnen mit den Buchstaben "CON" für Construction.

Tabelle 5: Status-2-Nachrichten im Bauwesen

Nachrichtentyp	Funktionsbeschreibung
CONDPV Direct Payment Valuation Message Verkürzte Rechnung	Der Auftragnehmer überprüft die eingereichte Rechnung seines Subunternehmers über die von ihm ausgeführten Arbeiten. Der Auftragnehmer hat daraufhin eine Zahlung an den Subunternehmer zu veranlassen.
CONEST Establishment of Contract Message Auftragserteilung	Nach Abschluß der Ausschreibung für eine Bauleistung erteilt der Auftraggeber oder sein Vertreter den Auftrag an einen oder mehrere Bieter. Das Leistungsverzeichnis wird hierbei die Vertragsgrundlage für alle künftigen Arbeiten und Zahlungen.
CONITT Invitation to Tender Message Angebotsaufforderung	Vor der Ausführung einer Bauleistung fordert der Auftraggeber einen oder mehrere Bieter des entsprechenden Fachgebietes zur Abgabe eines Angebotes auf.
CONPVA Payment Valuation Message Rechnung	Während und zum Abschluß der Ausführung einer Bauleistung stellt der Auftragnehmer dem Auftraggeber oder seinem Vertreter die ausgeführten Arbeiten in Rechnung. Für die Einreichung der Rechnung können bestimmte Zeitabschnitte festgelegt werden.

CONQVA Quantity Valuation Message Bauleistungsstand	Während der Ausführung der beauftragten Bauleistung informiert der Auftragnehmer den Auftraggeber oder seinen Vertreter fortlaufend über den Stand der Arbeiten. Die vom Auftragnehmer beauftragten Subunternehmen für den Teil der Bauleistung informieren diesen über den Stand ihrer Arbeiten.
CONTEN Tender Message Angebotsabgabe	Für die Ausführung einer Bauleistung kann ein Bieter dem Auftraggeber ein Angebot unterbreiten. Das Angebot kann mit der Beschreibung der Bauleistung in einem Leistungsverzeichnis des Auftraggebers erfolgen.

Die sechs AVA-Nachrichten aus dem Bauwesen des Status 2 sind als erste UN/edifact-Nachrichten für die europäische Normierung durch das CEN (Europäisches Komitee für Normung) vorgesehen. Zur Zeit befinden sich die Nachrichten in der Abstimmung bei den nationalen Standardisierungsgremien. Wenn sich die Mehrheit für die CEN-Normung entscheidet, werden die Nachrichten im Frühjahr 1995 als CEN-Norm veröffentlicht werden. In diesem Zusammenhang ist es bedeutsam, daß europäische Normen (CEN-Normen), die in den Sprachen Deutsch, Englisch und Französisch veröffentlicht werden, insbesondere bei öffentlichen Ausschreibungen, bindend sind. Abgeleitet davon gilt, wenn bei öffentlichen Ausschreibungen auf den Datenaustausch als Form der Angebotsabgabe hingewiesen wird, dann sind die UN/edifact-Nachrichten als einzig erlaubte anzuwenden.

Weitere drei Nachrichten haben den Status 1:

Tabelle 6: Status-1-Nachrichten im Bauwesen

Nachrichtentyp	Bezeichnung
CONAPW Advice on Pending Works	Informationsanfrage zu laufenden Bauvorhaben

Nachrichtentyp	Bezeichnung
CONRPW Response on Pending Works	Beantwortung der Informationsanfrage
CONWQD Work Item Quan- tity Determination	Mengenermittlung

Im Status 0 liegen ebenfalls drei Nachrichten vor:

Tabelle 7: Status-0-Nachrichten im Bauwesen

Nachrichtentyp	Bezeichnung
PROTAP Project Task Planing	Projekt- und Projektaufgaben-Planung
CONDRO Drawing Organi- zation	Allgemeiner Organisationsstatus von CAD-Dateien
CONDRA Drawing Admini- stration	Administrationsinformation zu CAD-Dateien

Die Nachrichten CONDRO und CONDRA sind für den CAD-Datenaustausch
entwickelt worden. Diese Nachrichten dienen dazu, relevante Informationen zu

externen "Nicht-UN/edifact-Files" (CAD/CAM- und Binär-Files) zwischen den Partnern auszutauschen. Dabei handelt es sich nicht um neue Standards für die Inhalte von CAD-Daten und Strukturen. Vielmehr werden die für diese UN/edifact-Nachrichten relevanten Daten und Informationen mittels einer Referenzierungstechnik zu außerhalb der Nachrichten befindlichen CAD-Files gesandt.

Insgesamt sind 42 UN/edifact-Nachrichten (Status 2) aus allen Wirtschafts- und Verwaltungsbereichen genormt. Weitere 120 Nachrichtentypen sollen diesen Status erhalten. In der Entwicklung befinden sich 33 Nachrichten mit Status 1 und 102 Nachrichten mit Status 0. Der aktuelle Stand der Nachrichtenentwicklung ist aus dem Anhang ersichtlich.

2.4 Anwendergruppen von EDI mit UN/edifact

2.4.1 TEDIS

Um die verschiedenen branchen- und länderspezifischen Aktivitäten auf dem Gebiet des elektronischen Datenaustausches zu koordinieren und zu fördern, wurde von der Europäischen Kommission ein umfangreiches Projekt definiert. Unter dem Namen TEDIS (Trade Electronic Data Interchange Systems) wurde das Ziel verfolgt, eine verbindliche und koordinierte Einführung von technischen und administrativen EDI-Standards in Europa zu erreichen. Die Leistungsfähigkeit der Unternehmen sollte erhöht und damit der Rückstand Europas auf dem Gebiet des elektronischen Datenaustausches gegenüber den USA ausgeglichen werden.

Im Rahmen des TEDIS-Programms, das Ende 1994 ausgelaufen ist, wurden umfangreiche Erfahrungen gesammelt, die von allen potentiellen EDI-Anwendern genutzt werden sollten.

Vier Hauptziele wurden mit dem TEDIS-Programm verfolgt:

❑   Vermeidung einer raschen Vermehrung geschlossener EDI-Systeme und der damit verbundenen Inkompatibilität
❑   Förderung der Entwicklung und des Einsatzes von EDI-Systemen für · kommerzielle Zwecke, die den Bedürfnissen der Benutzer, insbesondere der kleinen und mittelständischen Unternehmen, entsprechen
❑   Verstärkte Aufklärung der europäischen Telekommunikations- und Informationsindustrie über solche Benutzerbedürfnisse
❑   Unterstützung der Verwendung internationaler und europäischer Normen

Die Maßnahmen des TEDIS-Programms erstreckten sich auf die Koordination von EDI-Projekten und -maßnahmen, die Sensibilisierung potentieller EDI-Benutzer durch umfangreiche Aufklärungsaktionen sowie die Ermittlung der erforderlichen technischen Voraussetzungen und der möglichen Hindernisse.

Die EU-Kommission hat aus dem TEDIS-Programm zwölf Pilotprojekte in verschiedenen Ländern und Branchen, die sich mit der Anwendung von EDI/UN/edifact- und OSI-Normen befassen, mit einem Budget von 5,3 Mio. ECU finanziert. Neben diesen sogenannten vertikalen Aktionen, den branchenspezifischen Projekten, wurden horizontale Aktionen, d. h. Fragen zu rechtlichen Aspekten oder Sicherheitsanforderungen, die alle Anwendergruppen betreffen, unterstützt. Auf diese Weise sollte eine Verstärkung angemessener Sicherheitsmaßnahmen und eine Angleichung einschlägiger nationaler Rechtsvorschriften erreicht werden.

1991 wurde der Beschluß gefaßt, das Programm unter dem Namen TEDIS II mit einem Budget von 31 Mio. ECU um weitere drei Jahre zu verlängern.

Einen Schwerpunkt der zweiten Projektphase bildete neben den oben genannten Zielsetzungen die Einführung branchenübergreifender EDI-Systeme unter Einbeziehung der öffentlichen Verwaltungen. Darüber hinaus wurden Netzübergänge für die verschiedenen EDI-Netzwerke realisiert und ein europaweiter EDI-Service eingerichtet.

2.4.2 Internationale und europäische Benutzergruppen

Zahlreiche Branchen haben in den letzten Jahren europäische und internationale Arbeitsgruppen gegründet, die sich mit der Einführung und Anwendung der EDI-Normen (in ihrer Branche) beschäftigen. Diese Anwendergruppen spielen bei den Fortschritten in der Entwicklung von EDI und UN/edifact eine wichtige Rolle.

Durch die direkte Vertretung im UN/edifact-Board, im Lenkungsausschuß und in den Nachrichtenentwicklungsgruppen wirken diese Anwendergruppen an der Entwicklung von UN/edifact-Nachrichten mit, die den Bedürfnissen ihrer Branche entsprechen.

Durch das TEDIS-Programm wurde die Bildung von EDI-Benutzergruppen und ihre aktive Teilnahme am UN/edifact-Board gefördert, um so die Anforderungen der Benutzer an die Nachrichtenentwicklung aufeinander abzustimmen und den EDI-Einsatz innerhalb einzelner Branchen als auch zwischen den Branchen zu fördern.

Die europäische Bauindustrie hat Aktivitäten zur Nachrichtenentwicklung im Bauwesen durch die Benutzergruppe **EDIBUILD** aufgenommen. EDIBUILD kann als europäische Dachorganisation der UN/edifact-Nutzer-Organisationen im Bauwesen, wie z. B. EDIBAU in Deutschland, EDICONSTRUCT in Frankreich oder EDICON in Großbritannien, angesehen werden. Ziel ist die Erarbeitung von UN/edifact-Implementation Guidelines, d. h. sogenannten Anwendungsrichtlinien, die länderübergreifend Gültigkeit haben ("Spielregelfunktion").

Ein Auszug aus der Fülle weiterer Benutzergruppen anderer Branchen befindet sich im Anhang.

2.4.3 Nationale Anwenderinitiativen

Zur weiteren Verbreitung des EDI-Gedankens wurde im Juni 1993 auf Initiative des Bundeswirtschaftsministeriums und des DIN mit Unterstützung der deutschen Wirtschaft die **deutsche EDI-Gesellschaft (DEDIG)** gegründet. Zum Aufgabengebiet der DEDIG gehören neben der Interessenvertretung gegenüber nationalen, europäischen und internationalen Gremien und der Unterstützung der Normungsarbeit auch die technische Unterstützung und Beratung im EDI-Bereich, die Durchführung von EDI-Veranstaltungen sowie die Bildung von Arbeitsgruppen zu ausgewählten EDI-Themenkreisen.

Der EDI- und Kommunikationsgedanke wird auch seit Jahren von der **AWV e. V** in Eschborn gefördert, die zu den anwenderspezifischen Themen wie "Sicherheitsaspekte von EDI in der Anwendung" oder "EDI und Recht" eigene Arbeitskreise unterhält, die sich aus Mitgliedern aus der Praxis rekrutieren. Diese Arbeitskreise tagen in regelmäßigen Abständen und erarbeiten anwendernahe Empfehlungen, die seitens des AWV veröffentlicht werden. So ist u. a. die Erstellung eines deutschen EDI-Mustervertrages zu nennen, der im Sommer 1994 der Öffentlichkeit vorgestellt wurde.

Im Baubereich wurde im Dezember 1993 auf Initiative des Hauptverbandes der Deutschen Bauindustrie der Verein **EDIBAU e. V.** gegründet. Zu den Gründungsmitgliedern gehören über 30 Unternehmen und Institutionen aus den Bereichen bauausführende Wirtschaft, öffentliche und private Auftraggeber, Architektur- und Planungsbüros, Software-Entwicklungsunternehmen, beratende Unternehmen sowie Wissenschaft und Forschung. Zielsetzung dieser Anwendervereinigung ist es, den elektronischen Datenaustausch zwischen Bauunternehmen, Planern und Auftraggebern unter einem einheitlichen, auf die bauwirtschaftlichen Erfordernisse abgestimmten Standard zu fördern und durchzusetzen. Durch die Mitwirkung bei der Schaffung und Verwendung einheitlicher Normen und Standards für den elektronischen Datenaustausch sollen die Kosten für Verwaltung und für die Auftragsabwicklung spürbar gesenkt werden. Rationalisierungsvorteile, die sich vor allem beim Austausch von Leistungsverzeichnissen, der Aufforderung zur Angebotsabgabe, der Abgabe von Angeboten und der Auftragserteilung sowie generell bei Beschaffungsmaßnahmen, Bestell- und Rechnungsvorgängen ergeben, sollen ausgeschöpft werden. Der Verein hat es sich zur Aufgabe gemacht, die Verbreitung von EDI und UN/edifact durch Informationsveranstaltungen sowie Unterstützungs- und Beratungsleistungen zu fördern, die EDI-Implementierung in den Unternehmen des Bauwesens durch einen ständigen Dialog mit potentiellen EDI-Anwendern und Nutzern zu unterstützen sowie Entwicklungs- und Pilotprojekte im EDI-Bereich zu initiieren. Darüber hinaus wird eine aktive Teilnahme bei der Definition von bauspezifischen UN/edifact-Nachrichten, insbesondere an den Inhalten der auszutauschenden Nachrichtentypen, angestrebt. Zur Wahrnehmung dieser Aufgaben wurden Arbeitskreise zu den Themen Recht und Sicherheit, Internationaler Datenaustausch, Nachrichtenentwicklung, Pilotprojekte und Controlling gebildet.

EDIBAU steht den bereits existierenden Institutionen und Organisationen, die sich mit der UN/edifact-Entwicklung befassen, für eine konstruktive Zusammenarbeit offen gegenüber. Zur Vermeidung von Doppelarbeiten wird eine Mitarbeit in bereits bestehenden und konstruktiv arbeitenden Gremien und Arbeitsgruppen angestrebt. Auf europäischer Ebene handelt es sich um die Nachrichtenentwicklungsgruppe MD 5, EDIBUILD als Dachorganisation sowie andere UN/edifact-Nutzer-Organisationen, speziell im Bauwesen. Auf nationaler Ebene wird eine Zusammenarbeit und ein Informationsaustausch mit ISYBAU, dem "Integrierten DV-System im Bauwesen" des Bundes und der Länder sowie dem GAEB, dem DIN und der DEDIG angestrebt.

Eine weitere Vereinigung, die sich unter anderem mit der Verbreitung und Anwendung von UN/edifact in der Bauwirtschaft befaßt, ist die **Bundesvereinigung Bausoftwarehäuser e. V. (BVBS)**. Sie wurde im September 1993 in Bonn gegründet. Führende deutsche Bausoftware-Unternehmen verfolgen in dieser Interessenvertretung gemeinsame Ziele:

- Förderung der Bauwirtschaft in Leistungsfähigkeit und Innovationskraft durch deren Einbindung in die Kommunikationstechnik mit verbindlichen Schnittstellen
- Erschließung von neuen Technologien für die Bausoftware
- Entwicklung von hohen Qualitätsstandards und deren Zertifizierung
- Mitwirken an Entscheidungsprozessen in bau- und forschungspolitischen Bereichen
- Realisierung einer branchenweiten elektronischen Logistik
- Neue Wege der Computer-Einführung sollen allen Betrieben der Bauwirtschaft den einfachen Einstieg ermöglichen

Durch die effiziente Zusammenarbeit der Mitglieder der BVBS und die gesetzten Ziele soll eine hohe Akzeptanz bei allen Institutionen, die an Planungs-, Definitions- und Entscheidungsprozessen beteiligt sind, erreicht werden.

Ein wichtiges Instrumentarium der BVBS sind projektbezogene Arbeitskreise, die sich aus Spezialisten des jeweiligen Themenkreises zusammensetzen.

Arbeitskreise existieren zu den Themengebieten "Kaufmännische Schnittstellen", "Technische Schnittstellen", "Baulohn", "Schnittstellen in Terminplanung, Kalkulation", "Qualitätssicherung", "Informationsdienst - Trends und neue Technologien" und "EDIFACT". Der Arbeitskreis "EDIFACT" beschäftigt sich mit der Verbreitung von UN/edifact in der Bauwirtschaft durch das Angebot der Schnittstelle in den Programmsystemen.

Abschließend werden die verschiedenen Institutionen und Gruppierungen im Bereich UN/edifact auf internationaler, europäischer und nationaler Ebene noch einmal tabellarisch zusammengefaßt.

Tabelle 8: Anwender, Institutionen und Gremien für UN/edifact

	Normungs-organisationen	sonstige Institutionen	Anwendergruppen Bauwirtschaft, Bauverwaltung
International	ISO	UN/ECE/WP.4	
Europäisch	CEN	EU-Kommission	EDIBUILD
National: Deutschland	DIN	DEUPRO DEDIG AWV	EDIBAU ISYBAU BVBS
Andere Länder			EDICONSTRUCT (F) EDICON (GB) EDI-BYG (DK) EDI-BYGG (S) EDI-BOUW (NL) CRB (CH) u.a.

2.5 UN/edifact-Nachrichtenentwicklung im Bauwesen

2.5.1 Vorgehensweise

Der für den Einsteiger sehr komplexe und abstrakte Aufbau einer UN/edifact-Nachricht soll nun durch die Erläuterung der Vorgehensweise bei der Nachrichtenentwicklung, wie sie im ISYBAU/EDISY-Projekt angewendet und allgemein übertragbar ist, veranschaulicht werden. Die gesamten UN/edifact-Grundlagen werden auf diese Weise zusammengefaßt und speziell auf die Situation im Bauwesen übertragen.

Der erste Schritt bei der Entwicklung einer bauspezifischen UN/edifact-Nachricht ist die genaue Analyse der Kommunikationsbeziehungen bzw. des Informationsflusses zwischen den am Bauprozeß beteiligten Partnern. Das Ergebnis dieser Analyse bildet die Auflistung sämtlicher AVA-Nachrichten, die während des Bauprozesses bis zur endgültigen Abrechnung der Bauleistungen ausgetauscht werden.

Diese Nachrichten werden daraufhin untersucht, inwieweit eine Übermittlung mittels EDI erfolgen kann, bzw. welche Vorgänge vorerst weiterhin auf Papier übermittelt werden sollten. Neben dem Datenaustauschvolumen wird die Existenz von Inhouse-Strukturen (GAEB-Nachrichten) als Bewertungskriterium herangezogen.

Im nächsten Schritt werden die in jeder Nachricht enthaltenen Einzelinformationen herausgefiltert. Dabei werden im wesentlichen entsprechende Nachrichten in Papierform (z. B. Formulare) auf ihren gesamten Informationsgehalt, beginnend beim Datum des Anschreibens über den eigentlichen Inhalt bis hin zur Unter-schrift, analysiert. Zusätzliche Informationen enthalten die Datenmodelle der AVA-Softwarelösungen und die "Regelungen für den Datenaustausch Leistungsverzeichnis" des GAEB. Darüber hinaus sind bestehende Standard-Strukturen zu berücksichtigen wie die Verdingungsmuster und Formblätter des Vergabehandbuchs oder die formalisierte Mengenermittlung nach REB VB 23.003.

Tabelle 9: Übersicht AVA-Nachrichten: EDI und Papier

Nachrichten	Kommunikation über	
	EDI	Papier
Allgemeine Mitteilungen	X	
LV-Übergabe	X	
LV-Freigabe	X	
Angebotsaufforderung	X	
Angebotsabgabe	X	
Nebenangebot	X	
Kostenanschlag	X	
Angebotsauswertung		X
Geprüftes Angebot	X	
Vergabevorschlag		X
Vorlagebericht		X
Freigabe der Vorlage		X
Auftragserteilung		X
Auftrags-Leistungsverzeichnis	X	
Auftragsbestätigung mit		X
Vertragserfüllungsbürgschaft		
Zahlungsplan		X
Abschlagsrechnung	X	
Geprüfte Rechnung	X	
Zahlungsanweisung		X
Schlußrechnung	X	
Mengenermittlung	X	

Neben den Datenstrukturen der AVA-Systeme und den fachlichen Inhalten der GAEB-Regelungen konnten die Normungsaktivitäten der MD5-Gruppe auf europäischer Ebene wertvolle Hilfestellungen für den Nachrichtenentwicklungsprozeß liefern. Die dort entwickelten UN/edifact-Nachrichten (z. B. CONEST "Auftragserteilung") sind weitestgehend zu übernehmen.

Liegt ein detailliertes Datenmodell mit allen Datenfeldern und deren Eigenschaften (z. B. Angaben über Länge und Format des Datenfeldes oder der Wiederholhäufigkeiten) vor, ist die Basis für die UN/edifact-Nachrichtenentwicklung geschaffen. Bestehende UN/edifact-Nachrichten aus dem Baubereich werden im nächsten Schritt auf ihre Verwendungsfähigkeit für das Projekt EDISY überprüft. Existieren keine UN/edifact-Nachrichten, sind bestehende Nachrichten zu ergänzen oder eigene Nachrichten zu entwickeln. Zunächst werden aus dem Segmentverzeichnis die geeigneten UN/edifact-Segmente ausgewählt und den Datenelementen die entsprechenden Inhousedatenfelder zugeordnet.

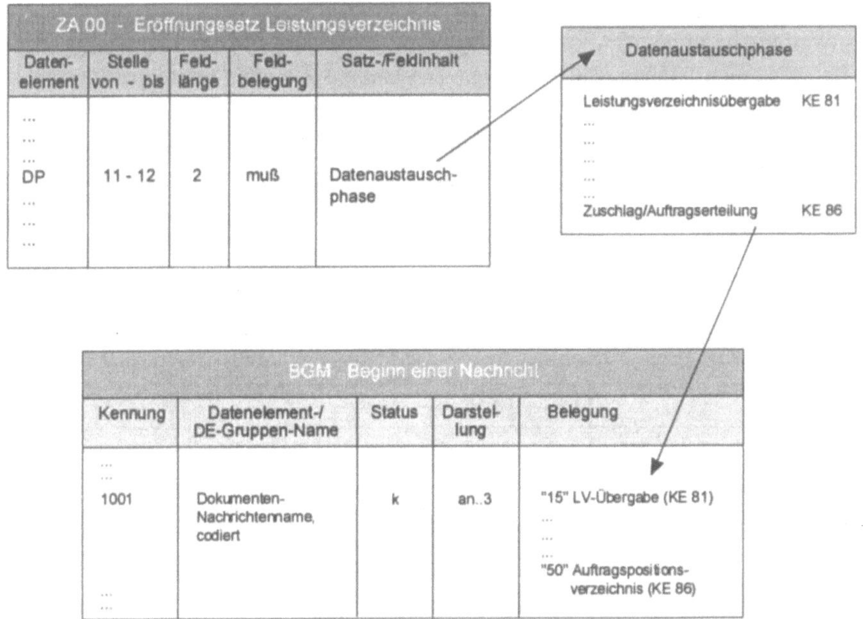

Abb. 17: Zuordnung eines Datenelementes GAEB - UN/edifact

Diese Vorgehensweise soll anhand eines Beispiels veranschaulicht werden. Aus dem "Eröffnungssatz Leistungsverzeichnis" (ZA00) der GAEB-Regelungen soll das Datenelement "DP" (Datenaustauschphase) einem entsprechenden UN/edifact-Datenelement zugeordnet werden. Die Datenaustauschphasen des GAEB werden durch Kennungen identifiziert (z. B. KE "81" für LV-Übergabe). In der UN/edifact-Nachricht wird die Art des Dokumentes im BGM-Segment angezeigt. Das Datenelement 1001 enthält den Dokumenten-/Nachrichtennamen in codierter Form, es ist äquivalent zum GAEB Datenelement "DP". Die Information zur Datenaustauschphase kann somit in diesem Datenelement abgebildet werden. Den Kennungen werden Codes aus der Codeliste der deutschen Bauindustrie zugeordnet. Diese Codes werden dem UN/edifact-Board vorgelegt, damit sie offiziell anerkannt und damit in die internationale Codeliste aufgenommen werden.

Sind sämtliche Inhouseinformationen auf diese Weise in UN/edifact-Segmenten abgebildet worden, muß eine Segment-Struktur gefunden werden, die den fachlichen Anforderungen gerecht wird; das bedeutet, daß Angaben, die zu einer Teilleistung gehören, auch an die Ordnungszahl gekoppelt werden, die eine Teilleistung kennzeichnet.

Leistungsverzeichnisse können bis zu sieben ineinander verschachtelte Ebenen aufweisen, die in den GAEB-Regelungen mit Hilfe der OZ-Maske eindeutig identifiziert werden können. Ein Leistungsverzeichnis kann aus Losgruppen bestehen, die sich wiederum aus Losen zusammensetzen können. Ein Los kann dabei mehreren Losgruppen zugeordnet werden. Auf der nächsten Ebene können LV-Gruppen aufgeführt sein, die in maximal vier Hierarchiestufen (S1 bis S4) gegliedert sind. Ein **Leistungsverzeichnis, z. B. für das Gewerk "Schreinerarbeiten",** kann folgende Unterteilung aufweisen:

Tabelle 10: Beispiel einer LV-Unterteilung

Los:	Fensterarbeiten
LV-Gruppen: S1 S2 S3 S4	 Innenfenster, Außenfenster Holzfenster, Kunststoffenster 2fach-Glas, 4fach-Glas Fenster mit aufgesetzten Sprossen, Fenster mit durchstemmten Sprossen

Auf der untersten Ebene befinden sich die Beschreibungen der Teilleistungen. Im oben genannten Beispiel kann in einer Teilleistung die genaue Ausführung des Fensterrahmens beschrieben sein.

Die Unterteilung in Losgruppen, Lose und LV-Gruppen ist nicht zwingend, das bedeutet, daß Leistungsverzeichnisse auch lediglich aus Teilleistungen bestehen können. Sofern LV-Gruppen verwendet werden, ist es durchaus möglich, nur die LV-Gruppe Stufe 1 zu verwenden und die Stufen 2 bis 4 auszulassen. Die Teilleistung ist dann direkt der LV-Gruppe Stufe 1 zugeordnet.

OZ-Maske

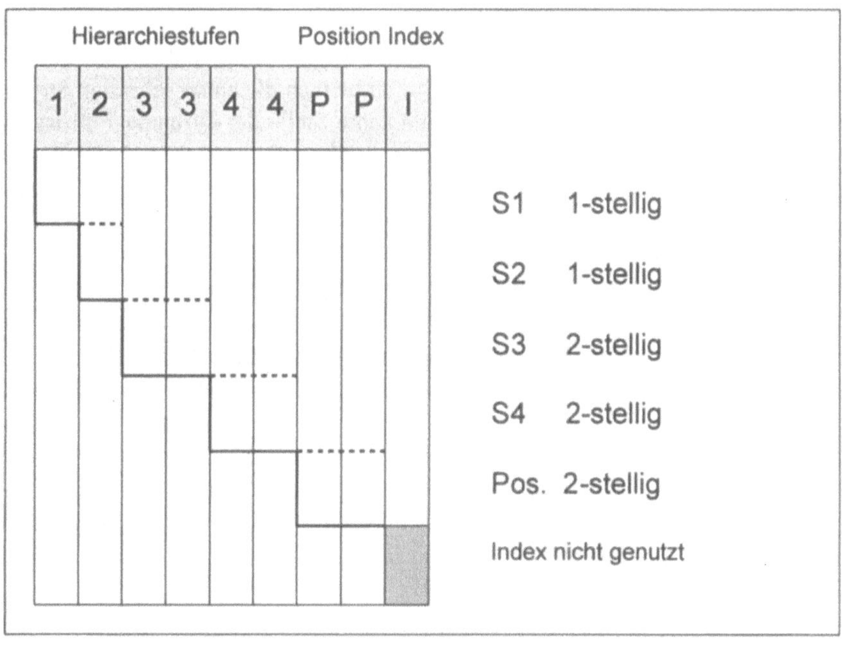

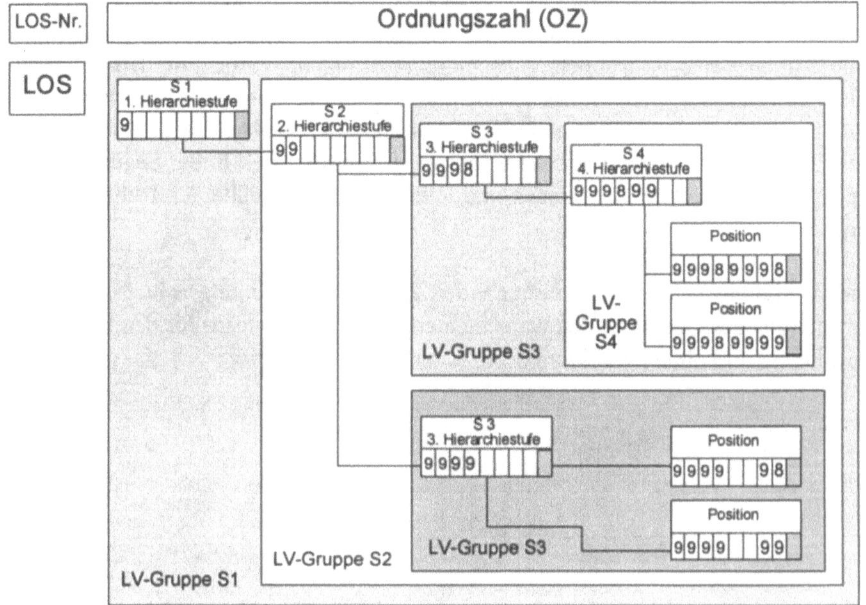

Abb. 18: Beispiel zur Ordnungszahl mit einer 4stufig gewählten Gliederung

Die Beschreibung einer Teilleistung (Position) ist durch eine **Ordnungszahl** gekennzeichnet. Die Ordnungszahl muß aufsteigend sein und umfaßt maximal 9 Stellen. Die erste Stelle kennzeichnet die LV-Gruppe S1, die zweite Stelle die LV-Gruppe S2, die dritte und vierte die LV-Gruppe S3, die fünfte und sechste die LV-Gruppe S4. Bei fehlenden LV-Gruppen Stufen bleiben die entsprechenden Stellen der Ordnungszahl unbelegt. Die siebte und achte Stelle der Ordnungszahl ist für die Positionsnummer reserviert. An neunter Stelle befindet sich ggf. der Positionsindex. Die Kennzeichnung der Lose erfolgt durch Losnummern außerhalb der Ordnungszahl.

Die hierarchische Struktur eines Leistungsverzeichnisses ist im nächsten Schritt in der UN/edifact-Nachricht durch entsprechende Ebenenkennzeichnungen einzelner Segmente eindeutig abzubilden. Die UN/edifact-Nachricht "CONEST", die Leistungsverzeichnisdaten enthält, ist im wesentlichen in zwei Bereiche gegliedert. Der Kopfteil beinhaltet allgemeine Angaben zum Leistungsverzeichnis und seiner Struktur. Er beginnt mit dem "Nachrichtenkopf-Segment" UNH und endet mit der Segmentgruppe 21. Die eigentlichen Teilleistungstexte, die nach der Ordnungszahl gegliedert werden, sind im Positionsteil (Teilleistungsteil) enthalten (Segmentgruppen 22 - 34).

Die Stellen der Ordnungszahl, die die Hierarchiestufen der LV-Gruppen kennzeichnen sowie die Losnummer finden sich im Kopfteil im Segment BII "Leistungspositions-Identifikation" wieder. Sie führen die allgemeinen Angaben an und steuern deren Aufschlüsselung. Um den LV-Aufbau mit Losen und Hierarchiestufen der LV-Gruppen vollständig abzubilden, wurden im BII-Segment Hierarchiestufen (Ebene 1 bis Ebene 6) geschaffen. Hier kann die nach den GAEB-Richtlinien erforderliche Ordnungszahlstruktur abgebildet werden. Die Positionsnummern werden das erste Mal im Teilleistungsteil in der Segmentgruppe 22 im BII-Segment eingetragen und leiten somit die Inhalte der Teilleistungen ein.

Die Abbildung zeigt die Zuordnung der Ziffern der Ordnungszahl gemäß den Regelungen des GAEB zu den Datenelementen im BII-Segment für den Fall einer Losbildung und ohne Losbildung.

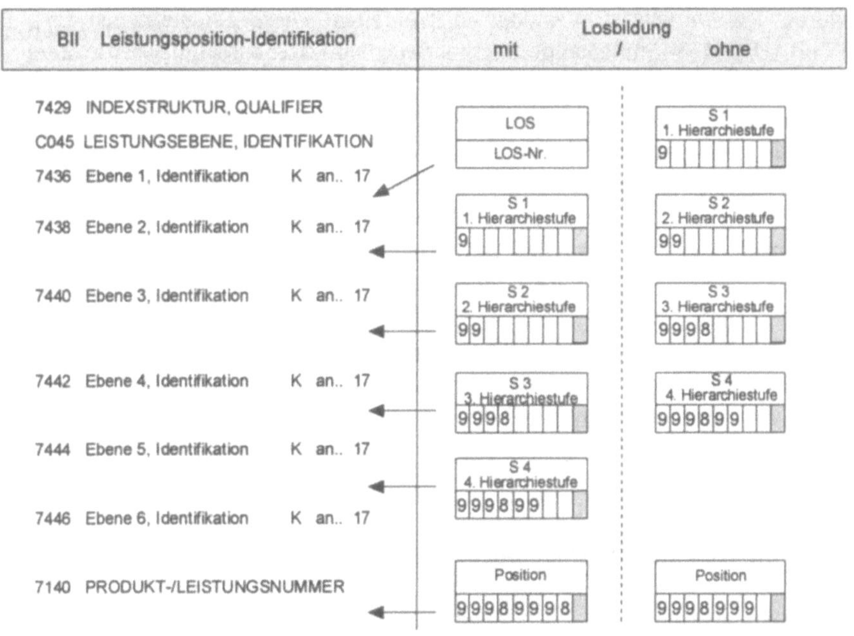

Abb. 19: Zuordnung der Ordnungszahl im BII-Segment

Der Kopfteil läßt sich weiter untergliedern in die Segmentgruppen 1 bis 3, die die Definition und Beschreibung des Indexes sowie die Einheitspreisbeschreibung enthalten und die Segmentgruppen 4 bis 21, die genaue Informationen zu den verschiedenen Ebenen des Leistungsverzeichnisses (Leistungsverzeichnis, Losgruppe, Los, LV-Gruppen) enthalten.

Die Segmentgruppe 4 leitet die näheren Beschreibungen zu den jeweiligen Ebenen ein. Die Segmentgruppe 4 beginnt wiederum mit einem BII-Segment, das die jeweilige Hierarchieebene identifiziert. Auf Leistungsverzeichnisebene enthalten die weiteren Segmente z. B. Angaben über LV mit Preisen/ohne Preise, Lohnänderungen sind vorgesehen etc., zum Auftraggeber und Währungskennzeichen. Für die Ebenen Losgruppe, Los und LV-Gruppen beinhalten die folgenden Segmente Informationen zu Zahlungsfristen, Prozentangaben des Preisnachlasses, Umsatzsteuer usw.

Erst im Teilleistungsteil wird das Datenelement 7140 im BII-Segment verwendet (Segmentgruppe 22). Die Beschreibung der Teilleistungen erfolgt in den darauf folgenden Segmenten. Die tabellarische Segmentübersicht der UN/edifact-Nachricht "CONEST" ist im Anhang enthalten. Eine detaillierte Darstellung des Nachrichtenaufbaus und der relationalen Verknüpfung der einzelnen Segmente würde den Umfang des Buches überschreiten. Diese Erläuterungen sind im ISYBAU/EDISY-Implementierungshandbuch umfassend dokumentiert worden.

Sofern sich im Laufe der Nachrichtenentwicklung gezeigt hat, daß Informationen nicht in vorhandenen UN/edifact-Bausteinen untergebracht werden können, sind neue UN/edifact-Elemente beim UN/edifact-Board zu beantragen. Die fehlenden Dateninhalte sind entweder durch Änderungen in anderen, bereits bestehenden Segmenten oder durch Entwurf und Beantragung eines neuen Segmentes einzubringen.

Die Ergebnisse der Nachrichtenentwicklung werden im **Normdatenentwicklungssystem (NES)** dokumentiert. Die semantische Beschreibung der Nachrichten auf Nachrichten-, Segment-, Datenelement- und Codeebene erfolgt ebenfalls softwaregestützt im **UN/edifact-Dokumentationssystem**.

2.5.2 Implementierungshandbuch

Die Arbeitsergebnisse der Nachrichtenentwicklung wurden in einem Implementierungshandbuch zusammengefaßt, um den EDI-Partnern im Bauwesen einen Leitfaden für die EDI-Einführung bereitzustellen und somit wertvolle Hilfestellungen für die weitere Verbreitung von EDI in diesem Bereich zu liefern.

Im Zuge der UN/edifact-Nachrichtenentwicklung haben sich drei Gruppen von Nachrichten herauskristallisiert:

Tabelle 11: UN/edifact-Nachrichten im Projekt ISYBAU/EDISY

CONEST-Gruppe	Nachrichten, die Leistungsverzeichnisdaten enthalten (Angebotsabgabe, Geprüftes Angebot, Auftrags-Leistungsverzeichnis)
CONPVA-Gruppe	Nachrichten der Bauabrechung (Abschlagsrechnung, Geprüfte Rechnung, Schlußrechnung)
CONWQD	Mengenermittlung

Für die UN/edifact-Nachrichten der CONEST-Gruppe und die Mengenermittlung liegen detaillierte Beschreibungen des Aufbaus und der Semantik aus bauspezifischer Sicht, sogenannte **Branchen-Guidelines**, vor. Es hat sich durch zahlreiche Pilotprojekte aus anderen Branchen gezeigt, daß für eine einwandfreie Implementierung von UN/edifact-Nachrichten eine genaue Festlegung der auszutauschenden Nachrichten wichtig ist. Bedenkt man, daß in jedem Land die Vereinbarungen im Bauwesen und die Dateninhalte und -formate unterschiedlich sind und diese durch Interpretation anders in den UN/edifact-Nachrichten abgelegt werden, dann ist zu ermessen, wie wichtig eine genaue und interpretationsfreie Nachrichtendokumentation ist. Die im offiziellen UN/edifact-Normungsprozeß vorgesehene Dokumentation der Nachrichten (**"Boiler Plate"**) ist jedoch allgemein gehalten und interpretationsbedürftig. Aus diesem Grund wurden im Projekt ISYBAU/EDISY Branchen-Guidelines für den Bereich AVA geschaffen, die die Beschreibung der einzelnen UN/edifact-Nachrichten für das deutsche Bauwesen enthalten. Diese Dokumentation kann von dem einzelnen Anwender weitergehend verfeinert werden, indem seine firmen- oder behördenspezifischen Besonderheiten ergänzt werden (**Firmen-Guidelines**).

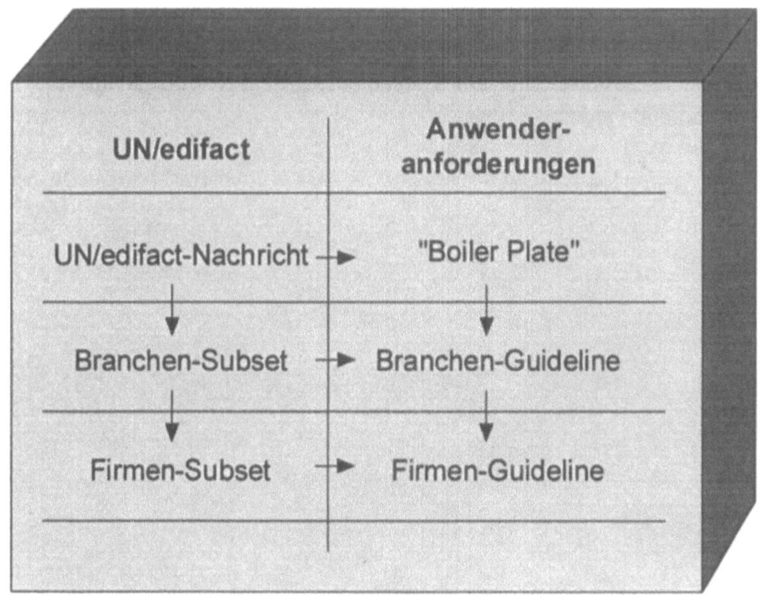

Abb. 20: Einordnung des Begriffs: Guideline

Die Branchen-Guidelines für das deutsche Bauwesen enthalten neben den Zuordnungen der Datenfelder aus dem Bereich AVA zu den UN/edifact-Nachrichten auch eine Referenz zum GAEB-Standard und eine fachtechnische Erklärung der Inhalte und Zusammenhänge. Auf Segmentebene erfolgt zunächst eine Funktionsbeschreibung des Segmentes, die auf Datenelementebene weiter verfeinert wird.

Die Erläuterung folgt einem dreistufigen Aufbau. Begonnen wird mit der semantischen Darstellung, d. h. der Klärung, wozu das Datenelement dient (Semantik). Anschließend folgt eine genaue Inhaltserläuterung mit Hinweisen auf zugehörige Codes zur genauen Verwendungsklassifizierung (Inhalt). Abschließend finden sich Abhängigkeiten zu anderen Datenelementen, etwa inwiefern eine Festlegung die Belegung eines anderen Datenelementes beeinflußt, und zu anderen GAEB-Elementen, sofern diese eindeutig eingepaßt werden können (Verwendungszusammenhang).

Die Segmentbeschreibung wird abgeschlossen mit einer „Bemerkung", einem „Hinweis" und einem „Beispiel". In der **„Bemerkung"** findet sich die offizielle UN/edifact-Beschreibung des Segmentes. Unter **„Hinweis"** finden sich Angaben zu besonderen Teilen des Segmentes, wie z. B. zu Zusammenhängen zwischen Segmenten und Datenelementen. Unter **„Beispiel"** werden zur Veranschaulichung Beispiele für den Aufbau eines Segmentes unter Berücksichtigung der UN/edifact-Syntax angegeben.

Die semantische Beschreibung auf Datenelement-Ebene soll anhand eines Beispiels verdeutlicht werden:

Tabelle 12: Semantische Beschreibung des Datenelements 1001 im BGM-Segment

Bezeichner				
BGM	Beginn einer Nachricht			
Beschreibung	Zur Anzeige der Art und Funktion einer Nachricht und zur Übermittlung der Identifikationsnummer.			
Kennung	Datenelement-/ DE-Gruppen-Name	Status	Darstellung	Belegung
C002	DOKUMENTEN-/NACHRICHTENNAME	K		
1001	Dokumenten-/Nachrichtenname, codiert	K	an..3	**Semantik:** Code für die Art des Dokumentes: **Inhalt:** Erlaubt: "15" LV-Übergabe (KE 81) "20" Kostenanschlag (KE 82) "25" LV-Freigabe "30" Angebotsanforderung (KE 83) "35" Angebotsabgabe, Hauptangebot (KE 84) "40" Angebotsabgabe, Nebenangebot (KE 85) "45" Geprüftes Angebot "50" Auftragspositionsverzeichnis (KE 86) **Verwendungszusammenhang:** GAEB: DP ZA 00 Dieses Datenelement ist äquivalent zu dem GAEB-Datenelement (s. o.).
....				

Die Dokumentation der Nachrichten bietet den EDI-Anwendern eine Implementierungshilfe bei der Zuordnung der Nachrichten im EDI-System. Ziel der Nachrichtendokumentation war es darüber hinaus, Software-Herstellern eine Anleitung für die Organisation von AVA-Applikationen an die Hand zu geben.

Neben der Dokumentation der Nachrichten enthält das Implementierungshandbuch als zweiten großen Bereich die Konzeption für die EDI-Einführung mit der Erläuterung der DV-technischen Verfahren, zu denen im einzelnen die Telekommunikationsverfahren, Archivierungsverfahren, Referenzierungsverfahren, Informationsfluß und Fehlerbehandlungsverfahren sowie die Sicherheits- und Kontrollaspekte gehören. Zudem enthält das Implementierungshandbuch, das um das EDI-Organisationshandbuch ergänzt wurde, konkrete Empfehlungen zur Durchführung von EDI im Bauwesen.

Auf der Basis dieser Implementierungsrichtlinien wurden die EDI-Pilotprojekte und werden die EDI-Projekte durchgeführt. Die praktischen Erfahrungen fließen in die theoretische Ausarbeitung der nächsten Version des Implementierungshandbuches ein. Diese Dokumentation wird von ISYBAU/EDISY dem Verein EDIBAU zur Weiterverbreitung übergeben.

2.5.3 Vertretung in den Normungsgremien

Ein wesentlicher Bestandteil des ISYBAU/EDISY-Projektes ist die Mitarbeit in den europäischen Normungsgremien, um die internationale Gültigkeit der Nachrichten sicherzustellen. Die neu entwickelten UN/edifact-Nachrichten werden den Arbeitsgruppen zur Verabschiedung vorgelegt, umgekehrt fließen die Ergebnisse der Gremienarbeit in die Projektarbeit ein. Durch die Beteiligung an der Nachrichtenentwicklung wird sichergestellt, daß das deutsche Bauwesen EDI und UN/edifact als wichtiges Arbeits- und Rationalisierungsinstrument im Bauwesen einsetzt und damit unmittelbaren Einfluß auf das wirtschaftliche Potential von EDI nimmt.

Die internationalen EDI-Entwicklungsaktivitäten für das Bauwesen begannen Mitte 1988 mit der Gründung der Nachrichtenentwicklungsgruppe Construction (MD5-Gruppe) im Rahmen des WE/EBs. Seit 1990 nehmen Experten im Auftrag von ISYBAU/EDISY die Interessen des deutschen Bauwesens dort wahr. Weiterhin sind die Länder Großbritannien, Frankreich, Finnland, Dänemark, Schweden, Niederlande, Schweiz und Spanien in den Entwicklungsgremien (Baubranche) vertreten.

Die Teilnahme der deutschen Repräsentanten in der MD5 hat die internationale Nachrichten-Entwicklung im Bauwesen beeinflußt. Für den Bereich AVA wurden Verbesserungsvorschläge unterbreitet und Änderungen in den vorhandenen Nachrichten vorgenommen. Innerhalb des Projektes EDISY wurden von deutscher Seite die bauspezifischen Anforderungen der staatlichen Bauverwaltungen analysiert und als Anforderungen an einen zukunftsorientierten Datenaustausch formuliert. Die ersten Erkenntnisse aus dem EDISY-Projekt und die Anforderungen, die sich aus den Erfahrungen des GAEB-Datenaustausches ergaben, wurden in die MD5-Entwicklung eingebracht. Die einheitliche und interpretationsfreie Dokumentation der Arbeitsergebnisse der Nachrichtenentwicklung im Projekt EDISY hat erheblich dazu beigetragen, daß die deutschen Belange für alle Beteiligten verständlich gemacht wurden und so in die internationale Arbeit einfließen konnten. So wurde die Entwicklung der Nachricht Mengenermittlung "CONWQD" ausschließlich von deutschen Vertretern durchgeführt. Umgekehrt hat der Nachrichtenentwicklungsprozeß der MD5-Gruppe die Arbeit der deutschen Entwicklungsgruppe erheblich beeinflußt, insbesondere bei der Festlegung der Struktur der Nachrichten. Nach einer Entwicklungszeit von 2,5 Jahren wurden die ersten MD5-Nachrichten im September 1991 in den Status 0 gebracht. Zwischenzeitlich liegen sechs Nachrichten im Status 2 (UN/ECE Empfehlung) und fünf Nachrichten im Status 1 (Probebetrieb) vor.

Zur Durchsetzung der deutschen Interessen bei der Entwicklung der Baunachrichten ist eine Teilnahme an allen national und international relevanten Organisationen und Gremien notwendig. Aus diesem Grund hat ISYBAU/EDISY auch Vertreter in die entsprechenden DIN-Arbeitsausschüsse "Bauwesen-Nachrichten" und "EDI-Prüfung und Überwachung" entsandt. Auf europäischer Ebene ist die staatliche Bauverwaltung in der technischen Überprüfungsgruppe (TAG) und der internationalen Anwendergruppe des europäischen Bauwesens (EDIBUILD) sowie in der deutschen Anwendergruppe EDIBAU vertreten.

3 Vorgehensweise zur EDI-Implementierung

3.1 EDI-Funktionsprofil

3.1.1 EDI-Komponenten im Überblick

EDI-Implementierungen werden im allgemeinen aufgrund ihres meist noch prototypischen Charakters für die Bauverwaltung bzw. das Unternehmen im Rahmen von Projekten abgewickelt. Die Realisierung innerhalb von Projekten ist damit zu erklären, daß bei der Umsetzung neuer Kommunikationsverfahren eine Vielzahl von zumeist noch nicht exakt definierten Komponenten zu berücksichtigen ist. Diese lassen sich erst bei näherer Betrachtung des organisatorischen Umfeldes und seiner Restriktionen genauer bestimmen.

Wie ist nun der Begriff des Projektes zu definieren? Projekte sind einmalige Vorhaben mit einem bestimmbaren Start- und Endtermin. Innerhalb von Projekten sind Planungs-, Steuerungs- und Kontrollmechanismen notwendig. Inwiefern Projekte nach Projektende als erfolgreich einzustufen sind, ist davon abhängig, ob die angestrebten Projektziele unter Berücksichtigung wirtschaftlicher Aspekte erreicht wurden. Für eine effiziente EDI-Anwendungsrealisierung ist eine Vielzahl sich gegenseitig beinflussender Komponenten zu berücksichtigen, die parallel zu betrachten und durchzuführen sind und daher einer zielgerichteten Steuerung durch den Anwender bedürfen.

Grundsätzlich lassen sich die EDI-relevanten Komponenten in drei Themengebiete einordnen, die sowohl technischer, organisatorischer als auch anwenderinterner bzw. -externer Art sind. Dies sind zum einen die **technischen EDI-Funktionen** innerhalb der DV-Welt, zum anderen die internen **organisatorischen Veränderungsprozesse** in der Bauverwaltung bzw. im Unternehmen. Darüber hinaus beeinflußt die **Umwelt** durch Restriktionen und Prämissen, die sich aus der bestehenden Gesetzgebung und Normung ergeben, von außen die internen Organisationsstrukturen.

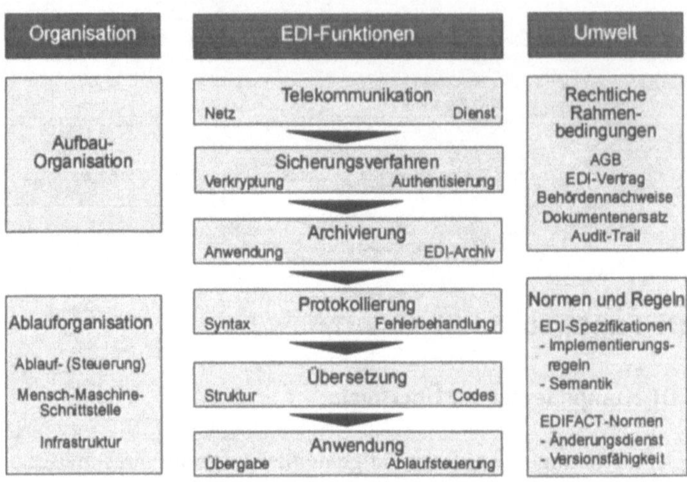

Abb. 21: EDI-Funktionsprofil

Beschäftigen wir uns zuerst mit der mittleren Spalte des Schaubildes, welche die technischen Aspekte eines EDI-Projektes behandelt:

EDI-Funktionen

Die EDI-Funktionen betreffen im wesentlichen die technischen Komponenten eines EDI-Systems und sind von daher datenverarbeitungsspezifisch zu klärende Fragestellungen. Aus der Übersicht der EDI-Komponenten lassen sich die Anforderungen an eine EDI-Software bereits weitgehend ableiten.

Grundsätzlich ist das benötigte EDI-Funktionsprofil vor der Anwendungsrealisierung durch den Anwender eindeutig zu definieren, da sich hieraus die erforderlichen Funktionsbausteine für die betroffenen Anwendungen ableiten. Gleichzeitig erhält der Anwender eine Entscheidungshilfe, um zu prüfen, welche Funktionen er überhaupt benötigt und inwiefern eigene Lösungen besser entwickelt oder am Markt verfügbare Standard-EDI-Software eingesetzt werden soll (Make-or-Buy Entscheidung). Je mehr EDI-Funktionsbausteine benötigt werden, desto eher erfolgt eine Tendenz, vorhandene EDI-Softwarelösungen vom Markt auszuwählen und produktiv einzusetzen. Dies läßt sich in der Mehrzahl der Fälle damit begründen, daß aufgrund der bestehenden Interdependenzen der Einzelfunktionen eine dauerhafte Softwarepflege bzw. -modifikation seitens des Anwenders ab einer gewissen Anwendungskomplexität wirtschaftlich nicht mehr darstellbar ist.

An dieser Stelle sei allerdings auch erwähnt, daß in der Praxis aufgrund unternehmenspolitischer und interpersoneller Strömungen innerhalb der Fachbereiche der Unternehmen sehr häufig nicht nach wirtschaftlichen, sondern nach emotionalen personenbezogenen Gesichtspunkten entschieden wird, ohne die Folgewirkungen entsprechend zu berücksichtigen. Hierunter ist zu verstehen, daß DV-Abteilungen großer Unternehmen mit Softwareentwicklungskapazitäten trotz überproportional hohen Ressourceneinsatzes für Eigenentwicklungen votieren, um eine zumindest kurz- bis mittelfristige Rechtfertigung ihrer Existenz zu erreichen. Bei erfolgreichem Projektverlauf wird diese Vorgehensweise auch nicht in Frage gestellt, weist eventuell sogar Vorteile auf. Meist werden aber die geplanten Zeit- und Finanzbudgets aufgrund von Fehleinschätzungen überzogen und den Unternehmen schwer quantifizierbare Schäden zugefügt. Diese Verfehlungen werden meist, wenn überhaupt, erst nach Jahren durch das Controlling aufgedeckt und lassen sich dann nicht mehr revidieren.

Ist das erforderliche EDI-Funktionsprofil vom Anwender definiert, so ist zu evaluieren, ob die gewünschte Lösung auf der präferierten DV-Plattform des Anwenders heute bzw. zukünftig verfügbar ist. Nicht alle EDI-Lösungen sind in gleicher Funktionsausprägung auf allen Systemplattformen (z. B. UNIX, MS-DOS, BS2000, MVS u. a.) in gleicher Qualitätsausprägung verfügbar.

Bei der Nutzung von EDI als Zeitraumentscheidung ist die Erörterung von Migrationsstrategien von existentieller Bedeutung. Die vom Anwender als Einzellizenz gekaufte Software sollte um die vom Anwender im Zeitablauf geforderten zusätzlichen Funktionen modular erweiterbar sein, ohne daß eine komplett neue Investition zu tätigen ist. Aus diesem Grund ist bei der Auswahl der EDI-Software zu berücksichtigen, daß die EDI-Infrastruktur je nach Anforderungsgrad optional ausbau- und wachstumsfähig ist. Hieraus resultiert, daß es durchaus sinnvoll ist, sich auch mit der Philosophie und den Entwicklungsmethoden des externen Softwarelieferanten auseinanderzusetzen, da hierdurch die eigenen Entscheidungskriterien beeinflußt werden. Schließlich werden vom Anwender Investitionen getätigt, die zumindest über den Zeitraum der Bilanzierungsrichtlinien zu schützen sind.

Nach Beantwortung der grundlegenden Fragestellungen sind für die EDI-Funktionsbausteine zeitliche Realisierungsmeilensteine festzulegen, die den Aufbau eines aus Anwendungssicht horizontal einsetzbaren EDI-Kommunikationsgateway ermöglichen, d. h. über ein Kommunikationsgateway kann Kommunikation von mehreren Anwendungen (Fachbereichen) mit einer Vielzahl von Kommunikationspartnern abgewickelt werden.

Organisation

Inwieweit organisatorische Umstellungen erforderlich sind, ist in erster Linie von der Größe des Unternehmens abhängig. Für ein Architektur- oder Ingenieurbüro mit wenigen Mitarbeitern werden mit der EDI-Einführung keine gravierenden organisatorischen Veränderungen verbunden sein. Anders stellt sich die Situation jedoch für mittelständische und große Unternehmen, zu denen viele bauausführende Firmen, die Baustoffindustrie und andere Zulieferanten (Unternehmen der Sanitär-, Elektro-, Möbelindustrie etc.) gehören, sowie für die Bauverwaltungen dar. Verschiedene Fachabteilungen und Unternehmensbereiche sind von der EDI-Einführung betroffen. Die gesamte interne Struktur ist an die neuen technischen Möglichkeiten des EDI anzupassen. Die durch EDI mögliche Automatisierung der Teilaufgaben (z. B. kaufmännische Rechnungsprüfung) muß in die Betriebsabläufe eingebunden werden.

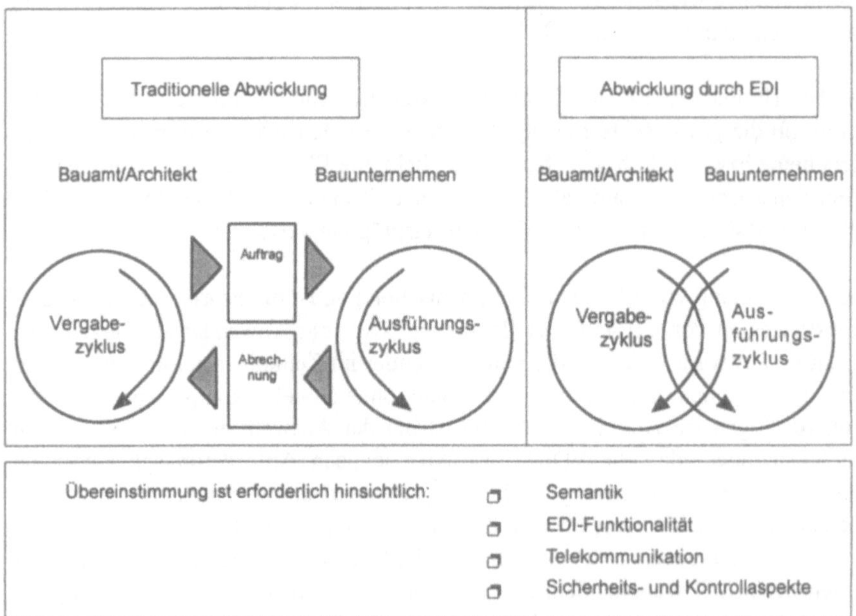

Abb. 22: Verbindung der Business-Cycles

Sind die Geschäftsvorfälle (z. B. Vergabezyklus und Ausführungszyklus) der einzelnen Kommunikationspartner bis heute noch aufgrund der Papierschnittstelle getrennt, so werden die Geschäftsprozesse, die sogenannten Business-Cycles, der jeweiligen kommunizierenden EDI-Partner durch die Abwicklung mittels EDI zumindest in Teilbereichen miteinander verbunden. Ursache hierfür ist die durch EDI bedingte Kopplung der unternehmens- und behördenspezifischen Anwendungen. Die Verknüpfung der Business-Cycles führt zu grundlegenden organisatorischen Veränderungen der unternehmens- bzw. behördeninternen Abläufe. Dies ist zum einen durch die technisch veränderten Abläufe bedingt, zum anderen müssen sich die Organisatoren des Unternehmens auch mit Organisationsaspekten des EDI-Partners beschäftigen, soweit die eigene Organisation dadurch beeinflußt wird.

Die veränderten Prozeßabläufe reduzieren die Verwaltungsarbeiten eines Geschäftsvorfalls. Teilweise können Transaktionen sogar vollständig entfallen. So ist die Rechnung heute nur noch aus rechtlichen Gründen der Beweispflicht erforderlich. Die für die Zahlung benötigten Daten sind bereits im System vorhanden, so daß zum Beispiel der Zahlungsauftrag an die Bank unmittelbar an den Eingang der Ware gekoppelt werden kann.

Im Rahmen der Aufbauorganisation ergeben sich durch den EDI-Einsatz neue Aufgabengebiete. Funktionen, Zuständigkeiten und Verantwortung sind neu zu definieren und zu verteilen. Auf Managementebene bzw. höherer Hierarchieebene ist je nach Kommunikationsintensität und Partneranzahl die Stelle eines EDI-Koordinators zu besetzen, der sämtliche EDI-Aktivitäten leitet, steuert und die Verantwortlichkeit für die Funktionalität und Wirtschaftlichkeit der Lösung übernimmt. Diese Stelle ist je nach Unternehmensgröße und -verzweigung sehr detailliert zu beschreiben und sollte sich bei weltweit tätigen Konzernen sinnvollerweise auf mehrere Personen hierarchisch geordnet verteilen. Schließlich werden durch die unternehmensweite Verfügbarkeit von Informationen auch Dezentralisierungsbestrebungen begünstigt, die zu einer Flexibilitätssteigerung führen können.

Im operativen Bereich reduzieren sich einfache Sachbearbeitertätigkeiten in erheblichem Maße. Dafür entstehen neue DV-spezifische Anforderungen. Je nach Komplexität und Umfang des EDI-Vorhabens sind die Aufgaben eines EDI-Operators und eines EDI-Administrators zu unterscheiden. Die Ausgestaltung der genannten Positionen ist allerdings auch davon abhängig, ob gewisse EDI-Komponenten nicht als Outsourcing-Dienstleistung vom Markt eingekauft werden.

Aufgabe des EDI-Operators ist es, die EDI-Produktionstätigkeit und -bereitschaft aufrechtzuerhalten, ohne in die eigentlichen EDI-Anwendungsprozesse aktiv einzugreifen. Diese werden lediglich passiv in Form einer Warn- bzw. Meldefunktion an seinen Fachvorgesetzten von ihm betreut. Auf der anderen Seite sind von ihm die für den Ablauf der EDI-Anwendung relevanten technischen Instrumente bzw. DV-Infrastrukturen professionell zu beherrschen und zu betreiben.

Im Gegensatz hierzu besteht die Aufgabe des EDI-Administrators in der Analyse und Vorbereitung der EDI-Anwendungsplattform für die EDI-Produktion. Vom EDI-Administrator werden die relevanten Zuordnungstabellen der Inhouse-Strukturen zu den auszutauschenden Normen (z. B. UN/edifact, GAEB) definiert, getestet und für die Produktion freigegeben. Des weiteren werden bei Veränderung der unternehmensspezifischen Rahmenbedingungen Anwendungsmodifikationen durchgeführt und mehrere Geschäftsvorfälle zu Abläufen zusammengefaßt. Der EDI-Administrator ist der Ansprechpartner für den EDI-Operator und muß deshalb, wenn auch nicht im Detail, mit den technischen Voraussetzungen vertraut sein.

Rechtliche Rahmenbedingungen

Neben den innerbetrieblichen Unternehmens- und Verwaltungsstrukturen stellt die außerbetriebliche Umwelt Anforderungen an die Gestaltung der EDI-Einführung, die bei der Planung und Realisierung zu berücksichtigen sind. Die Hauptanforderungen des Staates, der Behörden und des Rechtssystems richten sich auf die Sicherheit und die rechtliche Eindeutigkeit des EDI-Verfahrens. Durch den Wegfall der Papierdokumente und damit der eigenhändigen Unterschrift sind rechtliche Restriktionen beim EDI-Einsatz zu berücksichtigen, um sicherzustellen, daß die elektronisch übermittelte Nachricht als Dokumentenersatz anerkannt wird. Jede EDI-Nachricht ist aus Beweisgründen vollständig zu archivieren. Die Archivierungsfristen richten sich dabei nach den allgemein bestehenden gesetzlichen Vorschriften, die des Bauwesens nach den entsprechenden Sondervorschriften. Parallel zur Archivierung muß der Weg der Nachrichten durch die Protokollierung sämtlicher Nachrichteneingänge und -ausgänge im Streitfall eindeutig für einen neutralen Dritten nachvollziehbar sein.

Mit den Behörden ist über die Möglichkeit zu verhandeln, Behördennachweise elektronisch zu übermitteln, wie es bei der Sammelabrechnung bereits geschehen ist. Die rechtliche Anerkennung der EDI-Nachrichten ist zudem durch vertragliche Vereinbarungen, den sogenannten EDI-Vertrag, zwischen den Partnern zu gewährleisten. Der EDI-Vertrag beinhaltet eine Reihe anwendungsspezifischer Regeln zwischen den Partnern. Da die Belegrückseiten für die "Allgemeinen Geschäftsbedingungen" nicht mehr zur Verfügung stehen, ist eine Aussage über die Gültigkeit ebenso zu treffen wie über die Verfahren zur Authentizitätssicherung. Grundsätzlich existiert eine Vielzahl im EDI-Vertrag zu berücksichtigender Aspekte, da der Gesetzgeber vor Jahren bei der Verabschiedung der unterschiedlichen Gesetzesvorlagen nicht davon ausgegangen war, daß Geschäftsnachrichten in zunehmendem Maße auf elektronischem Wege ausgetauscht werden. Deshalb bestehen in einigen Bereichen Gesetzeslücken, die zwar im Zeitablauf sukzessive beseitigt werden, aufgrund des langwierigen Verfahrens jedoch durch einen EDI-Vertrag zwischen den Kommunikationspartnern zu schließen sind. Dies kann bilateral bzw. behörden- oder branchenspezifisch erfolgen. Aufgrund der Marktnachfrage wurden in den letzten Jahren unterschiedliche Musterverträge von Gremien erarbeitet. Nachdem das DIN 1989 einen ersten nur sehr allgemein gefaßten Vertragsentwurf veröffentlicht hatte, wurde von der Arbeitsgemeinschaft für wirtschaftliche Verwaltung (AWV e.V.) im Juni 1994 ein wesentlich erweiterter und überarbeiteter nationaler EDI-Mustervertrag entwickelt, der allerdings auch nur einen Vertragsrahmen darstellen kann, nicht aber die Anwendung der EDI-Partner im Detail berücksichtigt. Diese Arbeit muß seitens der Anwender jeweils noch projektspezifisch erbracht werden.

Bereits der kurze Überblick über die Komponenten einer EDI-Anwendung verdeutlicht sicherlich ihre Komplexität und Vielschichtigkeit, so daß im folgenden auf die einzelnen Aspekte vertiefend eingegangen werden soll.

3.1.2 DV-technische Verfahren

3.1.2.1 EDI-Software

3.1.2.1.1 Einführung

Durch die Auswahl und den Einsatz der datenverarbeitungsspezifischen Verfahren sind die zwingend notwendigen technischen Voraussetzungen zu schaffen, um eine höchstmögliche qualitative Verfügbarkeit und Bereitstellung der Informationen zu gewährleisten.

Allerdings ist bei der Bereitstellung von technischen Lösungen (Hardware und Software) seitens des Anwenders zu berücksichtigen, daß aufgrund bereits existierender EDI-Verfahren eventuell gewisse Grundprämissen zu erfüllen sind. Heute gibt es eine Reihe von Branchenstandards (GAEB, DATANORM, ELDANORM, SEDAS, GDV u. a.), die in die Bewertung des einzusetzenden Systems miteinzubeziehen sind. Schließlich müssen sie durch die EDI-Software abgedeckt werden und sind dabei noch um die UN/edifact-Normierung und die anderen EDI-Funktionsbausteine zu ergänzen.

Durch das starke Wachstum der Telekommunikationsbranche und der EDI-Branche, im besonderen während der letzten fünf Jahre, ist die Zahl der System- und Komponentenanbieter stark gestiegen. Allein in Deutschland gibt es zur Zeit etwa 40 EDI-Dienstleister und -Softwareanbieter mit einem sehr heterogenen Leistungsspektrum. Allerdings ist davon auszugehen, daß hiervon lediglich eine Handvoll Anbieter überregionale Bedeutung haben.

Für den mit EDI relativ unerfahrenen Anwender ist es sehr schwierig, aus dem bestehenden Angebot die optimale Lösung, die seinen Bedürfnissen entspricht, herauszufinden. Unterschiedliche EDI-Beurteilungskriterien werden hierzu herangezogen: nationaler - internationaler Datenaustausch, geringe - hohe Anzahl der Anwendungen, geringes - hohes Belegvolumen, zentrale - dezentrale Organisation, DV-Infrastruktur und ihre Verfügbarkeit an unterschiedlichen Lokationen, Qualifikation des Personals, verfügbares Budget, Anwendungsschnittstellen etc.

Je nach Anwender existieren vielfältige Evaluierungskriterien, die hinsichtlich ihrer Gewichtung sehr unterschiedlich ausfallen und daher auch zu sehr heterogenen Entscheidungskriterien bei der Systemauswahl führen.

3.1.2.1.2 EDI-Systemanforderungen

Welche EDI-Funktionalität benötigt nun der Anwender? Bei der Beantwortung dieser Frage sind viele Lösungsalternativen denkbar. Wir wollen an dieser Stelle lediglich einen funktionalen Abriß geben, der aus den Erfahrungen der Praxis resultiert, ohne Anspruch auf Vollständigkeit zu erheben.

Allgemein steht außer Frage, daß eine effiziente wohldurchdachte EDI-Anwendungsrealisierung weit über die reine Konvertierungsfunktion hinausgeht und neben den Funktionen Archivierung, Sicherungsverfahren, Protokollierung, Partnerprofilierung und Telekommunikation auch die Einhaltung der Normen und Regeln durch die Integration der UN/edifact-Normdatenbank und die Verwendung von Dokumentationssystemen beinhalten sollte.

Die Auflistung der umfangreichen Funktionen macht deutlich, daß sich an dieser Stelle bereits die grundsätzliche Frage stellt, ob es überhaupt sinnvoll ist, die EDI-Infrastruktur im eigenen Hause aufzubauen oder EDI als Outsourcing-Thema ("Dienstleisterfunktion") zu betrachten und sich der relevanten Funktionsbausteine nur als Kunde zu bedienen.

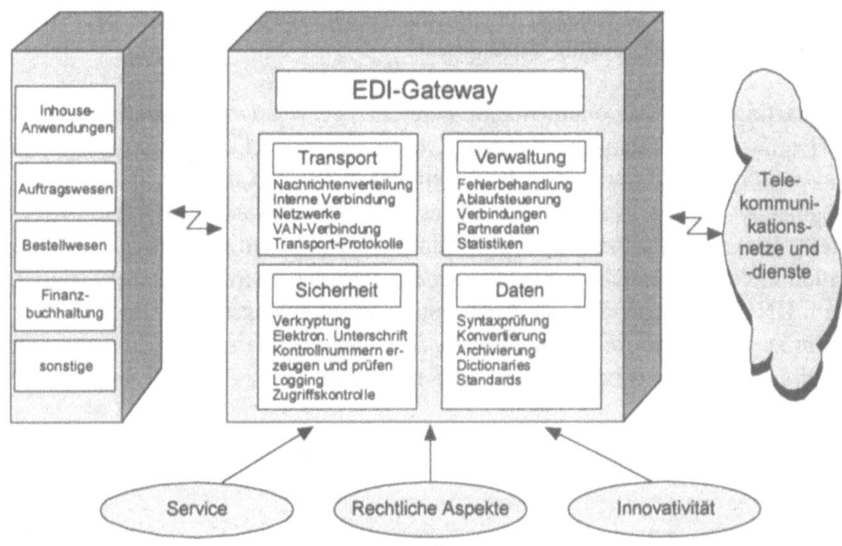

Abb. 23: EDI-Systemkonzept

Die folgenden Ausführungen befassen sich mit den unterschiedlichen Funktionen eines EDI-Systems, die als Auswahlkriterien zu berücksichtigen sind.

Dokumentations- und Entwicklungsfunktionen

Bei der Auswahl von EDI-Produktionssystemen haben praktische Erfahrungen der Vergangenheit gezeigt, daß der Einsatz von Entwicklungs- und Dokumentations- funktionen für den Know-How-Aufbau und als allgemeine Unterstützung bzw. Organisationshilfe sinnvoll ist. Dies gilt gerade für umfangreichere Anwendun- gen.

Die Beschreibung der UN/edifact-Nachrichten auf internationaler Ebene ist sehr allgemein gehalten und liefert für die Implementierung der Nachrichten im EDI- System keine ausreichende Unterstützung. Um sicherzustellen, daß z. B. Partner A die empfangene UN/edifact-Nachricht auch so versteht, wie Partner B sie inter- pretiert, ist eine weitergehende Beschreibung der UN/edifact-Nachrichten auf Anwendungsebene erforderlich. So gibt es beispielsweise das Datenelement "Rabatt", welches als solches erst einmal nicht aussagt, ob es sich um einen Men- gen-, Saison- oder Treuerabatt handelt. Hinzu kommt, daß Mengenrabatt in ver- schiedenen Ausprägungsformen denkbar ist (Maßeinheit: Geld und Gewicht, Stückzahl). Um hier für Eindeutigkeit zu sorgen, werden für die Beschreibung der Geschäftsnachrichteninhalte EDI-Dokumentationsfunktionen eingesetzt. Gerade vor dem Hintergrund der zunehmend entstehenden UN/edifact-Subsets ist diesem Aspekt vermehrt Bedeutung beizumessen.

Wie erfolgt nun die Dokumentation einer EDI-Anwendung? Basierend auf einer UN/edifact-Normdatenbank werden in entsprechenden Dokumentationssystemen anwendungsspezifische sowie brancheninterne Spezifikationen zu Nachrichten, Segmenten, Datenelementen und Codes hinterlegt sowie Nachrichtensubsets erstellt. Diese je nach Anwendung positionsabhängige und mehrstufige Dokumentation bildet die Grundlage für die Generierung der Zuordnungstabelle zwischen dem UN/edifact- und dem anwenderindividuellen Inhouseformat. Der Vorteil ist darin zu sehen, daß durch die semantisch eindeutige Darstellung Interpretationsspielräume eingeengt bzw. ausgeschlossen werden.

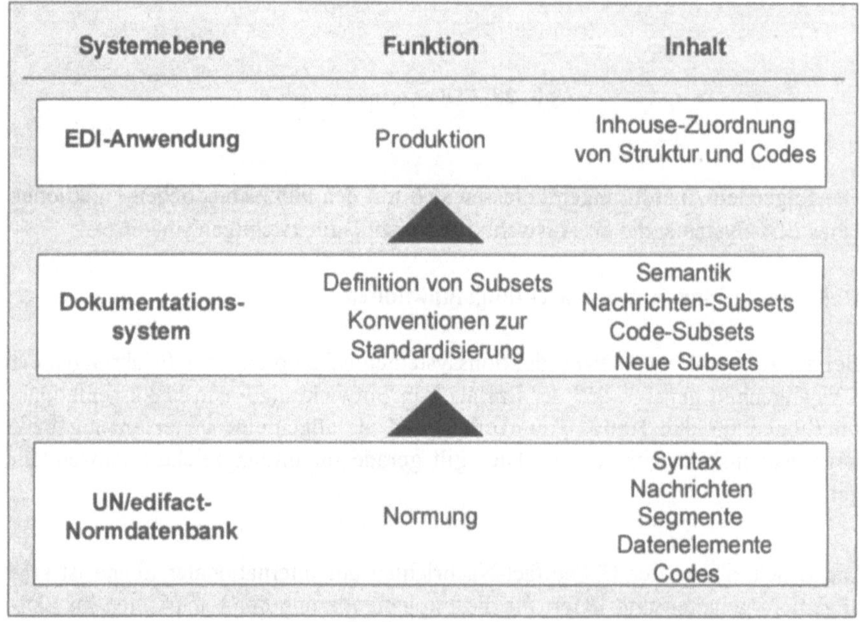

Abb. 24: Dokumentationsfunktionen

Im Praxisbetrieb hat sich eine dreistufige Dokumentation bewährt. In der ersten Stufe der Dokumentation sind die Textbeschreibungen der jeweiligen UN/edifact-Nachricht hinterlegt. Die zweite Stufe der Dokumentation sieht branchenspezifische Semantikbeschreibungen vor. Diese können in der dritten Stufe um die anwendungsspezifischen Kommentare erweitert werden.

Noch einmal zum Beispiel des Rabatts: Auf der ersten Stufe wird die UN/edifact Nachricht INVOIC (Rechnung) für eine Branche ausgewählt. Für die zweite Stufe wird festgelegt, daß innerhalb der Rechnung das Element Rabatt verwendet wird, und zwar als Mengenrabatt in Geldwert. Auf der dritten Ebene, der Anwendungsebene, kann dann der jeweilige Anwender festlegen, ab welcher Geldsumme er einen Mengenrabatt gewährt (z. B. Unternehmen A schon ab DM 5.000,-; Unternehmen B erst ab DM 100.000,-).

Alle Spezifikationen zu Subsets sollten im Dialog oder auf Papier abrufbar sein. Über integrierte Reportgeneratoren ist das Layout der Dokumentationsausgabe frei zu wählen. Aufgrund der softwaregestützten Verteilungsmöglichkeiten der Dokumentation (z. B. von einer Zentrale in verschiedene Niederlassungen oder innerhalb eines Gremiums/Arbeitskreises vom Vorsitzenden an die anderen Mitglieder) erreicht man eine Informationstransparenz, die auf herkömmlichem Weg nur schwer erreichbar ist. Meist werden Dokumente in Papierform mit hohem Bearbeitungsaufwand verschickt.

Dokumentationssysteme sind grundsätzlich mit verschiedenen Berechtigungsstufen für die einzelnen Funktionen zu versehen, damit die verschiedenen Anwender (z. B. EDI-Koordinator, EDI-Operator) lediglich auf den ihnen zugewiesenen Ebenen Erläuterungen hinterlegen bzw. modifizieren können.

Die genannten Funktionen werden heute bereits als separate Softwaremodule am Markt angeboten. Einige Hersteller erfüllen sogar schon den zunehmend geäußerten Wunsch der Anwender, Dokumentationssysteme als integralen Bestandteil des EDI-Produktivsystems anzubieten.

Normenkonformität und Versionsfähigkeit

Die Existenz einer Datenbank bildet die Voraussetzung für die Verfügbarkeit der verwendeten Normen und Standards. Da mit UN/edifact bereits eine Welt-Norm definiert wurde, ist es aus Anwendersicht sinnvoll, auch die anderen Branchenstandards in der UN/edifact-Normdatenbank zu hinterlegen, da dort bereits alle UN/edifact-Nachrichten in den verschiedenen Versionen verfügbar sind.

Die Norm UN/edifact wird ständig weiterentwickelt und um weitere Nachrichtentypen ergänzt. Die Integration der UN/edifact-Normdaten in die EDI-Anwendung ist die Basis für eine versionsfähige Verwaltung der UN/edifact-Nachrichten sowie für die Zuordung der anwendungsrelevanten Nachrichten.

UN/edifact-Normdatensystem und UN/edifact-Normdatendienst

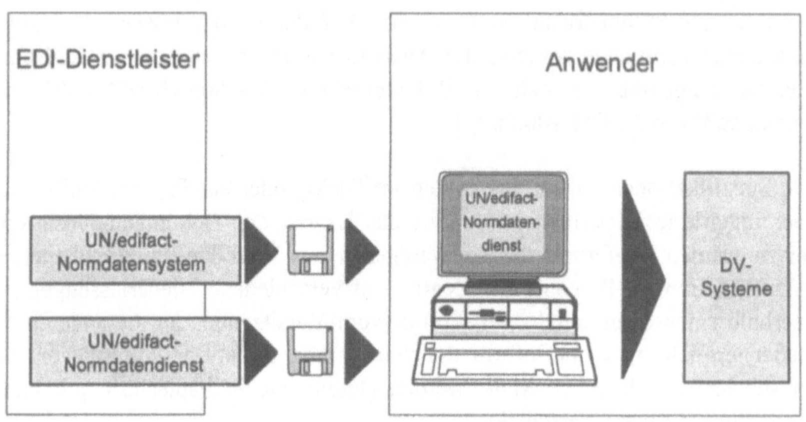

Abb. 25: Normenkonformität

Um die jeweils neuesten Versionen verwenden zu können, ist eine Anbindung an einen Normdatenänderungsdienst zu realisieren. Dadurch können die aktuellsten UN/edifact-Nachrichten-Versionen in das EDI-System importiert werden. Dies kann auf nationaler (DIN) oder internationaler Ebene (EU) geschehen. Neben der Verringerung des Zeitaufwandes durch den Wegfall der manuellen Erfassung der UN/edifact-Nachrichten wird hierdurch Normenkonformität gewährleistet.

Über welche Institution man letztlich als Anwender die Normdaten bezieht, ist abhängig von dem Servicegrad der Norm-bereitstellenden Institution und der dafür zu entrichtenden Kosten. Hier müssen zukünftig auf nationaler Ebene sicherlich die allgemeinen Verfahren kostengünstiger sowie dienstleistungsorientierter und damit zeitnäher erbracht werden.

Konvertierung

Der Konverter als Basiselement des EDI-Systems dient zur Umsetzung der Inhouse-Daten in die verlangte Datenstruktur und umgekehrt. Je nach Flexibilität der Konvertierungsfunktion können verschiedene Standards und Formate mit dem Konverter verarbeitet werden. Welche Standards abzudecken sind, ist im Vorfeld der Realisierung durch den Anwender zu klären (z. B. GAEB, UN/edifact, UN/edifact-Subsets, ANSI X.12, SEDAS, GDV und anwendereigene Standards).

Neben UN/edifact existieren bereits heute viele branchenspezifische Standards, die eine "kritische Masse" hinsichtlich der Anwenderzahl erreicht haben, aber sehr pflegeintensiv sind. Obwohl sich seit etwa zwei Jahren ein eindeutiger Trend in Richtung UN/edifact abzeichnet, sind die unterschiedlichen Formate für einen Übergangszeitraum zu unterstützen, ohne daß dafür parallel laufende Infrastrukturen aufgebaut werden müssen. Hieraus folgt, daß der EDI-Anwender verschiedene Standards über ein System als Sender und Empfänger abdecken sollte.

Der Nachrichten- bzw. Satzaufbau aller eingesetzten Normen und Standards sowie die Formate sämtlicher Inhouse-Strukturen sind im EDI-System zu hinterlegen und zu speichern. Auf Basis der Zuordnung der Inhouse-Strukturen zu den UN/edifact-Nachrichten bzw. den anderen relevanten Datenaustauschformaten wird die Konvertierung vorgenommen. Hierbei ist darauf zu achten, daß sich die Strukturen flexibel zuordnen lassen (N:M) und nicht in einer fest definierten Reihenfolge erscheinen (1:1). Die Flexibilität der Zuordnungslogik trägt bei einer existenten Funktionsvielfalt in erheblichem Maße zu einer vereinfachten Handhabung der EDI-Produktionsumgebung bei, da bei zunehmender Anzahl der EDI-Partner die Handhabung des Systems benutzerfreundlich bleibt und im Zeitablauf keine unnötigen Programmierarbeiten anfallen.

Archivierung

Durch den EDI-Einsatz entfällt das Papierdokument und wird durch die jeweilige UN/edifact-Nachricht ersetzt. Die vollständige und unveränderte Archivierung einer Nachricht wird durch die Speicherung aller eingehenden und ausgehenden UN/edifact-Nachrichten im Originaldatenstrom der Übertragung direkt vor Versand bzw. unmittelbar nach Empfang im EDI-System realisiert. Die Archivierung der gesamten Nachricht im EDI-System ist auch vor dem Hintergrund erforderlich, daß Dokumente Informationen enthalten können, die in der Inhouse-Anwendung nicht verarbeitet, aber trotzdem gespeichert werden müssen. Gemäß den gesetzlichen Vorschriften (Grundsätze ordnungsgemäßer Buchführung, Grundsätze ordnungsgemäßer Speicherbuchführung sind Dokumente vollständig im Original über Jahre zu archivieren, wobei jederzeit eine Reproduktion und offizielle Interpretation zu gewährleisten ist. Durch die Anbindung an einen UN/edifact-Normdatendienst und die Speicherung sämtlicher auch in der Vergangenheit verwendeten UN/edifact-Versionen ist Vorsorge dafür zu tragen, daß auch Nachrichten reproduziert werden können, die in einer früheren UN/edifact-Version verwendet und archiviert wurden.

Archivierung und Dokumentenersatz	
Ziel	☐ Dokumentenersatz
Problem	☐ Wegfall des Papierbelegs
	☐ Übermittelte elektronische Nachricht repräsentiert Dokument
	☐ Anwendungssysteme können den Datenumfang einer maximal angelegten Standardnachricht nicht aufnehmen
Lösung	☐ Vollständige Nachrichtenarchivierung
	☐ Archivierung eingehender und ausgehender Nachrichten, da bei vielen Anwendungssystemen die Versionsfähigkeit fehlt
	☐ Aufbewahrung der Programmversionen

Abb. 26: Archivierung der EDI-Nachricht

Sicherungsverfahren

Allgemein sind Sicherheitsmechanismen wie Audit-Trail, Paßwort- und Berechtigungsschutz bereits heute integrierter Bestandteil der angebotenen EDI-Standardsoftware, womit ein Mindestmaß an Sicherheit gewährleistet wird. Je nach Nachrichtensensibilität ist jedoch zu prüfen, inwieweit darüber hinausgehende Sicherungsverfahren einzusetzen sind. So existieren beispielsweise Mechanismen wie Verkryptung (DES-, RSA-Verfahren) oder die elektronische Unterschrift, die schwerpunktmäßig im Finanzdienstleistungsbereich bzw. bei Nachrichten im Bereich des elektronischen Rechtsverkehrs eingesetzt werden. Die Sicherungsverfahren sind über entsprechende Schnittstellen in das EDI-System einzubinden. Technisch gesehen sind diese Sicherungsverfahren sowohl als reine Softwarelösung oder als kombinierte Lösung aus Hard- und Softwarekomponenten umsetzbar. In der Praxis wird zur Zeit die kombinierte Lösung präferiert. Zu berücksichtigen ist beim Einsatz von Security-Funktionen weiterhin, daß durch die bestehende Rechtsordnung die rechtliche Anerkennung von elektronischen Unterschriftsverfahren noch nicht umfassend abgedeckt ist. Dies ist um so bedeutsamer, wenn es sich um internationalen Datentransfer handelt. So fallen z. B. die Softwarelösungen für verschiedene Verkryptungsverfahren in den Ländern der Europäischen Union derzeit unter die jeweiligen nationalen Gesetzgebungen und unterliegen somit den daraus resultierenden Restriktionen. Daß der Einsatz von

Sicherungsverfahren in Projekten sich hierdurch nicht gerade vereinfacht, versteht sich von selbst.

Protokollierung

Wie bereits beim heutigen Papierbetrieb praktiziert ist eine Nachverfolgung der einzelnen Arbeitsschritte seitens des Anwenders sinnvoll und wünschenswert. Aus externen und internen Beweispflichten, aber auch zur Fehleranalyse, ist eine Protokollierung der Bearbeitungsschritte und deren Ergebnisse erforderlich. Hiervon sind die Funktionen Syntaktische Prüfung, Ver- und Entkryptung, Konvertierung, Archivierung und Weiterleitung der Daten an die Inhouse-Systeme betroffen. Darüber hinaus sollte eine Fehlerbehandlungsfunktion mit Kennzeichnung auf Nachrichtenebene die eventuell auftretende Fehlerposition anzeigen und eine abschließende Dokumentation ermöglichen.

Protokollierung		
Prüfung der EDIFACT-Syntax	☐	Aufbau
	☐	Muss-Segmente und -Elemente
	☐	Formate und Kontrollangaben
Fehlerbehandlung	☐	Kennzeichnung auf Nachrichtenebene
	☐	Anzeigen der Fehlerpositionen
	☐	Dokumentation
Ablaufprotokoll	☐	Audit-Trail
	☐	Historie

Abb. 27: Protokollierung

Eine korrekte syntaktische Prüfung vor dem Versand der EDI-Nachrichten stellt eine problemlose Weiterverarbeitung beim Empfänger sicher, sofern die EDI-Empfangssoftware normenkonform arbeitet. Beim Empfang der Daten werden Fehler bereits vom EDI-System erkannt und gegebenenfalls korrigiert. Ist eine

Korrektur nicht möglich, sind die Nachrichten abzuweisen und an den Sender zurückzuschicken.

Partnerprofil

Bei einer hohen Anzahl von Kommunikationspartnern stellt sich für den Anwender das Problem der partnerspezifischen Stammdatenverwaltung (W-Fragen: Wer, Wo, Wie, Was, Wann u. a.). EDI-Systeme sollten die funktionale Voraussetzung erfüllen, über Partnerprofile partnerspezifische Informationen, z. B. Angaben zu ausgetauschten Nachrichten, Versionen, Formaten, Kommunikationsverfahren, Netzadressen, Ansprechpartnern, Paßworten und sonstigen Stammdaten, zu hinterlegen. Diese Funktion wird um so wichtiger, da im Zeitablauf von einem Anwender eine Vielzahl von Kommunikationspartnern verwaltet werden muß.

Die Identifikation der Partner erfolgt im EDI-Produktivbetrieb über die hierfür vorgesehenen Möglichkeiten bei den unterschiedlichen Standards oder über die Partnerkennung in den Inhouse-Dateien. Hierbei können innerhalb einer Anwendung beliebige Partner angesprochen werden. Systemsteuerungen sind auf der Basis von Partnerprofilen zu realisieren. So läßt sich beispielsweise je Partner ein unterschiedlicher Ablauf realisieren (Mit einem Partner werden Nachrichten im 24-Stunden-Betrieb ausgetauscht, mit dem anderen nur während der normalen Arbeitszeit). Dies gilt auch für das gesamte Message-Handling und die Archivierung.

Anbindung der Inhouse-Anwendung

Jeder EDI-Anwender kann seine EDI-Infrastruktur nur dann optimal nutzen, wenn die Schnittstelle vom EDI-System zur Inhouse-Anwendung realisiert ist und damit die Kommunikationsvorgänge automatisiert als "Black-Box-Betrieb" ablaufen können. Eine Übertragung der Daten zwischen Inhouse-Anwendung und EDI-System kann dabei über File-Transfer oder Programm-zu-Programm Kommunikation (API) erfolgen. Bei der Flexibilität der Inhouse-Schnittstellen unterscheiden sich die heute am Markt verfügbaren EDI-Systeme gravierend. Hier ist genau zu prüfen, inwieweit die jeweiligen unternehmensspezifischen Prämissen durch den Softwareanbieter berücksichtigt werden. Die Ablaufsteuerung für den automatischen Empfang und Versand der EDI-Nachrichten sollte mittels eines Arbeitsplans erstellt werden bzw. in Form von Interactive-EDI erfolgen können. Grundsätzlich ist auch die vorherrschende DV-Infrastruktur beim Anwender als Entscheidungsmerkmal zu berücksichtigen, da sicherzustellen ist, daß die EDI-Lösung von den zuständigen Datenverarbeitungsmitarbeitern beherrschbar ist.

Kommunikationsanbindung

Flexibilität und Wahlfreiheit ist für die externe Kommunikationsanbindung gefordert. Das EDI-System sollte über Kommunikationsschnittstellen zu allen gängigen öffentlichen (DBP Telekom) und privaten Netzanbietern (MEGANET, I.N.A.S., SITA, AT & T, IBM, Teleport Europe, SPRINT, GEIS u. a.) verfügen. Bei der Realisierung mehrerer Anbindungen wirkt sich negativ aus, daß je Netzanbieter eine eigene Netzzugangssoftware, d. h. ein sogenanntes proprietäres Netzwerkprotokoll, an das EDI-System anzubinden ist. Hier ist seitens des Anwenders dafür Sorge zu tragen, daß nicht unnötig proprietäre Insellösungen der einzelnen VAN (Value Added Network)-Anbieter unterstützt werden, sondern daß soweit wie möglich Standards eingesetzt werden, um die laufenden Kosten gering zu halten, die aufgrund der Wartungsintensität anfallen würden. Diese Standards sind heute in Form der OSI-Standards verfügbar. Offene OSI (Open Systems Interconnection)-konforme Standards wie FTAM, X.400, X.435 bzw. X.500 sind zu unterstützen, wobei sich je nach Versionsstand Funktionsunterschiede ergeben (z. B. X.400 - 1984er Standard; X.400 - 1988er Standard). Die OSI-Lösungen haben den Vorteil, daß sie grundsätzlich netzunabhängig sind, sofern der Netzwerkanbieter sie unterstützt. Dies hat für den Anwender den Vorteil, daß er beispielsweise mit einer X.400-Anbindung über die verschiedenen o. g. Netze kommunizieren kann. Werden die offenen Lösungen nicht unterstützt, sollte sich hieraus für den Anwender bei der EDI-Systemauswahl bereits ein K.O.-Kriterium ergeben. Allerdings sei an dieser Stelle erwähnt, daß bereits heute alle nennenswerten nationalen und internationalen Netzwerkanbieter aufgrund des Nachfragemarktes OSI-Protokolle unterstützen.

TeleService

Bei der Auswahl des EDI-Systems ist neben der Funktionalität auf die Gewährleistung sowie die Wartungs- und Pflegeunterstützung durch den Systemanbieter zu achten. Für eine reibungslose EDI-Produktion ist ein professioneller TeleService bzw. Pflegeservice durch den Softwareanbieter erforderlich, der eine schnelle und effiziente Störungsbeseitigung über die Telekommunikation sicherstellt. Der Dienst des TeleService sollte in der Lage sein, das gesamte EDI-Spektrum von der Anwendung des Senders bis zur Anwendung des Empfängers einschließlich aller EDI-Funktionen und der Telekommunikation abzudecken. Hierunter fallen neben der reinen Telefon-Hotlinefunktion Serviceleistungen wie Ferndiagnose, TeleNorm (automatische Bereitstellung von Normen), TeleSoftware (automatische Bereitstellung von Software) oder auch TeleClearing. Die Servicefunktionen sind bereits heute bei einigen Unternehmen im 24-Stunden-Betrieb verfügbar.

3.1.2.1.3 EDI-Systemarchitektur

Nach der Definition der relevanten Softwarefunktionen ist natürlich auch die Frage der Systemarchitektur von Bedeutung. Grundsätzlich ist zwischen der HOST- (Großrechner) und der Server-Architektur (PC, Workstation) zu unterscheiden.

Während vor einigen Jahren die Meinungen darüber, welche Architektur die effektivere sei, noch geteilt waren, hat sich inzwischen die Server-Architektur bei den Anwendern mehrheitlich in einem Verhältnis von etwa 9:1 durchgesetzt. Bei der Server-Lösung wird zwischen dem Host und der externen Telekommunikationsschnittstelle ein Server vorgeschaltet (Front-End-Lösung). Dieser Realisierungsansatz bietet sich insbesondere in heterogenen Systemumgebungen an. Hinzu kommen Sicherheitsaspekte, da bei besonders schutzbedürftigen Systemen während der externen Kommunikation mit anderen Partnern die physische Verbindung zwischen dem EDI-Server und dem Host entkoppelt werden kann.

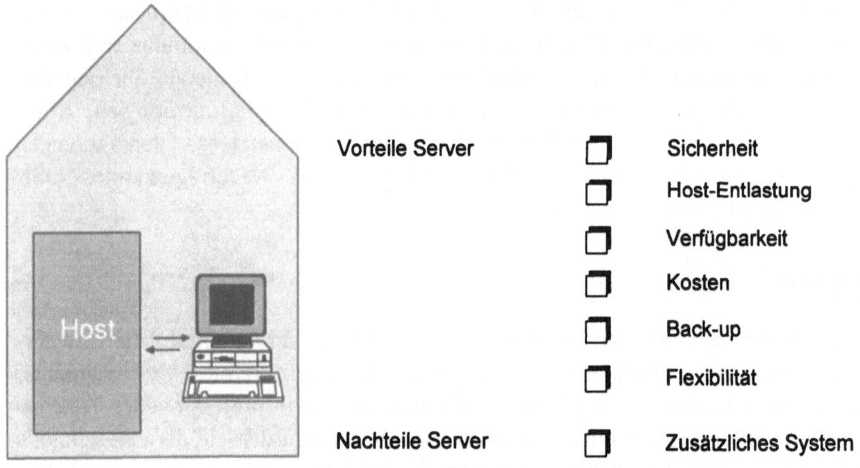

Abb. 28: EDI-Systemarchitektur

Daneben sprechen aber auch Gründe der Verfügbarkeit, des einfacheren Back-up, der Wirtschaftlichkeit und Flexibilität für diese Lösung.

Andererseits kann es aus Anwendersicht durchaus sinnvoll sein, gewisse EDI-Funktionen in die eventuell bestehenden Host-Welten zu integrieren.

3.1.2.1.4 MS-DOS versus UNIX

Geht man davon aus, daß mehrheitlich Server-Systeme zum Einsatz kommen, so spielt neben der Funktionalität die Wahl des Betriebssystems bzw. die Upgrade-fähigkeit bei der Auswahl des EDI-Systems eine entscheidende Rolle.

Aktuell werden zumeist aus Kostengründen und aufgrund des in der Pilotierungs-phase relativ geringen Datenvolumens vorwiegend MS-DOS Lösungen eingesetzt. Die Grenzen dieses Betriebssystems werden jedoch nach der Testphase bei zu-nehmendem Datenaustauschvolumen und einer steigenden Anzahl von Kommu-nikationspartnern schnell erreicht. Während der Anwendermarkt vor Jahren noch primär die kostengünstige "Erprobung" des EDI-Einsatzes bezweckte, ist die strategische Bedeutung von EDI mittlerweile erkannt und die langfristige Strate-gie in den Mittelpunkt der Entscheidung gerückt. Anforderungen an eine Steige-rung der Performance, Multitasking- und Multiusing-Fähigkeit können dabei nur durch den Einsatz von EDI-Systemen unter verschiedenen UNIX-Systemplattformen erreicht werden.

UNIX hat sich auf der Ebene der Großrechner und Minicomputer eindeutig durchgesetzt. Experteneinschätzungen zufolge wird eine Verdopplung des UNIX-Marktanteils in den nächsten drei Jahren und damit ein überproportionalesWachs-tum erwartet. Der Anwender sollte also beim Start unter MS-DOS prüfen, ob sein EDI-System upgradefähig ist, d. h. bei gleichbleibender Funktionalität gegen eine UNIX-Lösung austauschbar ist. Dies ist insofern sinnvoll, als die bestehende An-wendungsumgebung vollständig weitergenutzt werden kann.

3.1.2.1.5 Operative Kostenaspekte

Der Erfolg oder Mißerfolg eines jeden Projektes wird nicht zuletzt durch die Ein-haltung des geplanten Projektbudgets bzw. der Kostenseite erreicht. Einmalige Investitionskosten ergeben sich primär auf der Hardwareseite. Eine allgemeine Aussage über die Hardwarekosten läßt sich jedoch aufgrund der Heterogenität der unterschiedlichen Hardwareplattformen nicht treffen. Allerdings ist ein allgemei-ner Preisverfall im Hardwarebereich erkennbar, so daß für eine zeitraumbezogene Planung davon ausgegangen werden kann, daß die Hardwarekosten bei steigender Funktionalität und Leistungsfähigkeit relativ gesehen sinken werden.

Ähnlich verhält es sich mit den Kosten für ein EDI-System. Je nach Funktionalität und Betriebssystem variieren die Preise zwischen DM 1.000,- und weit über DM 100.000,-. Hieraus ergeben sich verständlicherweise gravierende Funktions- und Leistungsunterschiede der am Markt befindlichen EDI-Systeme. Allerdings sind nicht immer die teuersten EDI-Lösungen die effizientesten. Hier ist seitens der Anwender sehr differenziert zwischen den Einsatzgebieten zu unterscheiden.

Großkonzerne mit einer Vielzahl von EDI-Anwendungen haben ganz andere Anforderungen an ein EDI-System als zum Beispiel ein Handwerksbetrieb, der in der Baubranche tätig ist und dessen überschaubare Geschäftsprozesse genau definiert sind und sich über Jahre hinweg auch nicht verändern.

Des weiteren sind die Kosten des EDI-Projektes zu beachten, die hinsichtlich der Systeminstallation, der Implementierung des EDI-Systems sowie der Anbindung an die interne und externe Kommunikation entstehen, zuzüglich der laufenden Betriebskosten.

3.1.2.1.6 Entwicklungstendenzen bei EDI-Systemen

Die Entwicklung innerhalb der EDI-Branche ist nach wie vor sehr dynamisch. Immer neue Anforderungen und Optimierungsansätze werden propagiert. Während sich heute der parallele Betrieb des EDI-Servers zur laufenden Anwendung im Begriff der Marktdurchsetzung befindet, wird schon über neue Anwendungssoftwaregenerationen nachgedacht, welche unmittelbar aus der Inhouseanwendung UN/edifact Strukturen erzeugen.

Bezüglich zukünftiger Anwendungssoftwareentwicklung wird UN/edifact schon im Rahmen der Datenmodellierung berücksichtigt. Dies bedeutet, daß das Inhouse-Data-Dictionary des Anwenders der UN/edifact-Syntax auf Code- und Datenelementebene entspricht. Konvertierungsfunktionen würden damit zukünftig entfallen. Die Anwendungen produzieren direkt UN/edifact-Nachrichten. Da eine Umstellung des Inhouse-Data-Dictionary bei bestehenden Anwendungen wirtschaftlich und organisatorisch nur mit erheblichem Aufwand realisiert werden kann, ist diese Alternative nur bei der Entwicklung neuer Anwendungsgenerationen als zukunftsweisende Lösung bedeutsam. In der Baubranche sollte diese Möglichkeit bei der Entwicklung neuer AVA-Systeme berücksichtigt werden.

Ebenso von Bedeutung bei der Neuentwicklung von EDI-Software ist der zunehmende Einsatz von softwarebasierten Entwicklungswerkzeugen, mit denen die gewünschte Organisation des EDI-Anwenders modelliert und vor allem auch simuliert wird. Hierdurch wird die EDI-Anwendung widerspruchsfrei in eine optimierte Organisation eingebunden. Dies ist auch insofern sinnvoll, als die Informationsverarbeitung der Organisation dienen soll und nicht umgekehrt.

Für den Anwender bedeutet dies, daß man schon heute die unterschiedlichen Konzepte der EDI-Systemanbieter auf Offenheit, Wirtschaftlichkeit und Zukunftsorientierung untersuchen sollte. Schließlich kann der Anwender erwarten, daß zukünftige Anforderungen vom EDI-Systemhersteller vorgesehen und dem Anwender in Form von Updates bzw. Upgrades zur Verfügung gestellt werden.

3.1.2.2 Telekommunikationsverfahren

3.1.2.2.1 Allgemeine Verfahren

Da EDI prinzipiell unabhängig von Übertragungsnetzen und -diensten ist, kann
der Anwender zwischen den unterschiedlichen Netzen und Diensten öffentlicher
oder privater Anbieter wählen. Zur Beurteilung der Alternativen können Auswahlkriterien wie Leistung, Kosten und Sicherheit zugrunde gelegt werden.

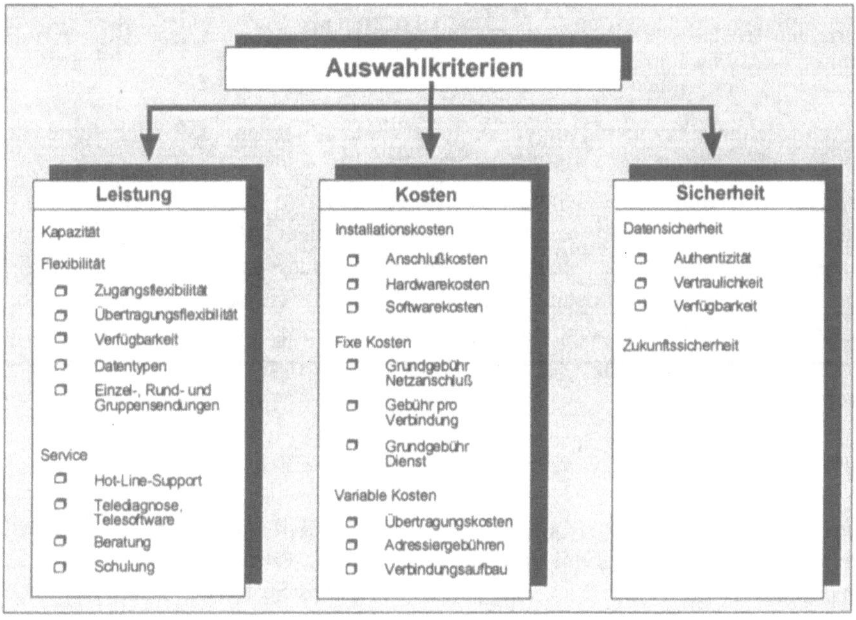

Abb. 29: Kriterien für die Auswahl von Netzen und Diensten

Die **Leistungsfähigkeit** richtet sich nach der Kapazität, der Flexibilität und dem
Serviceangebot der Netzwerk- bzw. Dienstanbieter. Netzzugänge können je nach
Netz bzw. Dienst mit unterschiedlichen Übertragungsgeschwindigkeiten gestaltet
werden. Diese Zugangsflexibilität sollte sich aus dem Verhältnis von Übertragungsvolumina, Verbindungshäufigkeit und räumlicher Entfernung zum Empfänger bestimmen. Ein weiteres Merkmal für die Zugangsflexibilität ist das Angebot
unterschiedlicher Dienste und Zugangsprotokolle. Zudem sollte die technische
Netzinfrastruktur möglichst rund um die Uhr und an sieben Tagen der Woche
verfügbar sein, d. h., der Anwender kann frei und flexibel wählen, wann er Nachrichten sendet bzw. empfängt. Die Begrenzung auf eine zeitliche Netzverfügbar-

keit bringt zwangsläufig Restriktionen für die eigene Ablaufsteuerung mit sich. Zudem können durch die Verfügbarkeit während der Nachtstunden günstigere Tarife in Anspruch genommen werden. Bezüglich der räumlichen Verfügbarkeit ist eine flächendeckende, internationale Verbreitung der Lösung anzustreben. Weiterhin muß es möglich sein, Einzel-, Rund- und Gruppensendungen sowie verschiedene Datentypen zu übertragen. Das Serviceangebot erstreckt sich auf die Betreuung und laufende Unterstützung bei der Erstinstallation und während des Telekommunikationsbetriebes.

Bei der Beurteilung der **Kosten** sind die Grundgebühren für den Netzanschluß, die Grundgebühren für den Dienst bzw. Gebühren pro Verbindungsaufbau und die variablen Kosten wie Übertragungs- und Verbindungskosten sowie Adressiergebühren zu berücksichtigen.

Durch **Sicherheitsvorkehrungen** soll verhindert werden, daß Unbefugte in Kommunikationsvorgänge eindringen. Die Sicherung von Netzen gegen den Zugriff durch unautorisierte Benutzer kann unter anderem durch Mechanismen für eine strikte Zugriffskontrolle und Protokollierung der Abläufe erreicht werden. Sicherheit bedeutet jedoch nicht allein Datensicherung, sondern auch Zukunftssicherheit. Nur wenn die Lösung über einen längeren Zeitraum Bestand hat, d. h. technisch dem aktuellen Stand entspricht und eine große Anzahl von Teilnehmern ("Kritische Masse") vorhanden ist, wird eine Amortisation der Investitionen sichergestellt.

Öffentliche Netze

Die DBP Telekom bietet neben dem Telefonnetz im Rahmen ihres Integrierten Text- und Datennetzes (IDN) die Datenübermittlung über Telexnetz, Direktrufnetz, Datex-L und Datex-P an. Das ISDN (Integrated Services Digital Network) mit seinen leistungsfähigen Basiskanälen wird das IDN nach und nach substituieren. Bis dahin werden die bisherigen Dienste im IDN parallel zum ISDN angeboten und die Kommunikation zwischen beiden Netzen durch Netz- und Dienstübergänge ermöglicht.

Bei der analogen Datenübertragung im **Telefonnetz** werden Modems unterschiedlicher Leistungsstärke eingesetzt, die mit Übertragungsraten von derzeit bis zu maximal 19.200 bit/s arbeiten. Von der International Telecommunications Union (ITU, früher CCITT) wurde der erste Spezifikationsentwurf für einen Standard für High-speed-Modems (V.34-Standard) zur schnellen Datenübertragung bis zu 28,8 Kbit/s veröffentlicht, der noch 1994 verabschiedet werden soll. Größter Vorteil des Telefonnetzes ist die weltweite Verfügbarkeit mit direkten Verbindungsmöglichkeiten in alle Länder.

Das **Telexnetz** wurde für den Austausch schriftlicher Daten geschaffen. Die Übertragungsgeschwindigkeit beträgt 50 bit/s. Wegen der geringen Übertragungsgeschwindigkeit und seines eingeschränkten Zeichenvorrats besitzt es für EDI jedoch keine Bedeutung.

Beim **Direktrufnetz** handelt es sich um festgeschaltete Verbindungen für die Übertragung digitaler Daten. Es setzt sich aus einem digitalen Netz und Hauptanschlüssen für den Direktruf (HfD) zusammen. Die Kosten für einen Direktanschluß sind hoch, so daß der Einsatz für EDI nur bei einem hohen Datenaustauschvolumen mit einem Partner wirtschaftlich sinnvoll ist.

Im Gegensatz zum Direktrufnetz handelt es sich beim **Datex-L** Netz um ein Datennetz mit Leitungsvermittlung. Das Datennetz besteht aus Datenvermittlungsstellen, die untereinander über breitbandige Datenkanäle verbunden sind.

Das **Datex-P** Netz ist ein digitales Netz mit Paketvermittlung. Die Daten werden in Form genormter und mit Zieladresse versehener Datenblöcke übertragen. Die Kommunikation beruht auf dem "Store-and-Forward"-Prinzip. Die Datenpakete werden unabhängig voneinander zum Netzknoten gesandt und dort über einzelne Stationen zur empfangenden Datenendeinrichtung übermittelt.

ISDN ist das dienstintegrierende digitale Fernmeldenetz. Die digitale Telefonleitung stellt eine Kapazität von 144 kbit/s bereit. Das bedeutet, daß zwei Dienste gleichzeitig mit einer Bitrate von 64 kbit/s bedient werden können. Damit wird es möglich, unterschiedliche Informationsarten (Daten, Sprache) gleichzeitig auszutauschen. Die Übertragung von Sprache, Texten, Daten und Bildern wird in einem Netz integriert. Zudem wird die internationale Verfügbarkeit durch den Einsatz des Euro-ISDN erreicht.

Die weitere Entwicklung der Telekommunikation ist auf die Einführung der Breitband-Kommunikation gerichtet. Ein ausgedehntes **Glasfasernetz** soll die Nachfrage nach breitbandigen Kommunikationsanwendungen, z. B. die Rechner-Rechner-Kommunikation, die grafische Datenverarbeitung, das Fernsehtelefon, Videokonferenzen etc. abdecken. Die Planungen der DBP Telekom sehen vor, daß die Glasfasernetze als Breitband-ISDN mit einer Kapazität von 2 MBit/s auf den Funktionen des ISDN aufbauen. Das Breitband-ISDN ist somit eine natürliche Weiterentwicklung des ISDN. Die hohen Übertragungsraten, die das zugrundeliegende Glasfasernetz ermöglicht, werden die Qualität der Telekommunikation nochmals erheblich verbessern. Darüber hinaus wird die internationale Datenkommunikation über Satellit künftig einen bedeutenden Stellenwert einnehmen.

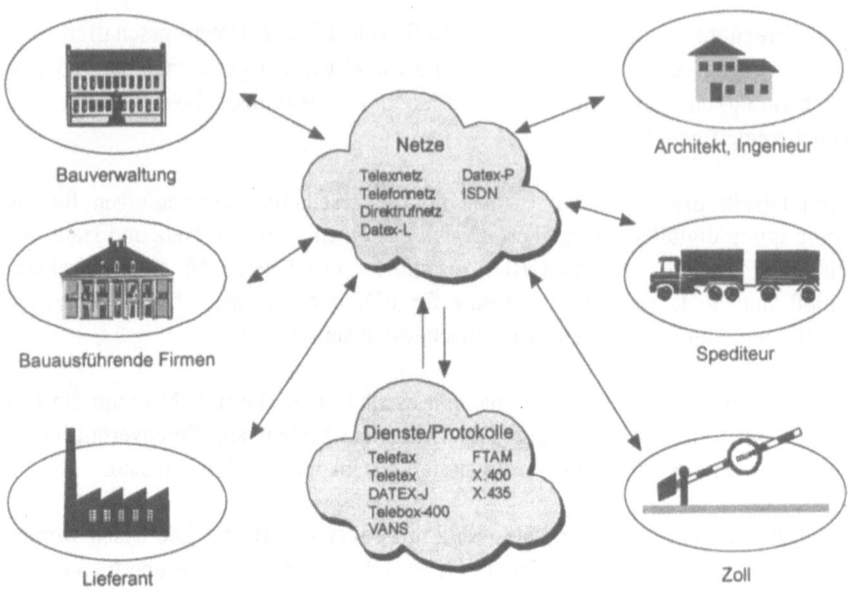

Abb. 30: Netze und Dienste

Öffentliche Dienste

Auf Basis der beschriebenen Netze bietet die DBP Telekom Dienste als Zusatz-
leistungen zur normierten Datenübertragung an. Die Dienste Telefax, Teletex,
Datex-J (früherer Name: Btx) und Telebox-400 werden nachfolgend auf ihre Eignung für den EDI-Einsatz hin untersucht.

Die beim **Telefax** übertragenen Daten werden heute noch primär in Papierform
empfangen und können nur unter Berücksichtigung spezifischer Voraussetzungen
automatisch weiterverarbeitet werden. Für die Übertragung von UN/edifact-
Nachrichten ist Telefax daher nicht geeignet.

Teletex ist ein komfortabler Textübertragungsdienst, der mit einer Übertragungsgeschwindigkeit von 2.400 bit/s arbeitet. Obwohl UN/edifact-spezifische Proto-
kollergänzungen vorgenommen wurden, ist die Eignung des Dienstes für EDI
aufgrund der geringen Teilnehmerzahl, der hohen Kosten und der geringen
Durchsatzrate nur begrenzt.

Der Bildschirmtext (**Datex-J**) wurde als Massendienst konzipiert und bietet neben
dem interaktiven Dialogdienst für den Abruf von Informationsseiten auch den
Versand von Mitteilungs- und Antwortseiten. Anwendungsmöglichkeiten für EDI

ergeben sich dadurch, daß Datex-J die Anschlußmöglichkeit von privaten Rechnern über das Datex-P Netz oder das Fernsprechnetz mittels eines Wählmodems oder eines ISDN-Zugangs bietet. Der Teilnehmer kann über Datex-J mit Anwenderprozessen auf externen Rechnern kommunizieren und Datex-J somit zur Übertragung von EDI-Nachrichten nutzen. Zu den entsprechenden Diensten anderer Länder werden Übergänge angeboten. Neben der hohen Anzahl an Datex-J-Teilnehmern sprechen auch die vergleichsweise niedrigen Kosten für diese Alternative.

Bei dem Dienst der DBP Telekom - **Telebox-400** IPM (interpersonelle Mitteilungsübermittlung) - handelt es sich um eine asynchrone Meldungsübermittlung (Store-and-Forward-Verfahren) nach dem X.400-Verfahren. Es können Mitteilungen in einem Zentralcomputer der DBP Telekom abgelegt werden, die dort zum Abruf durch den Empfänger bereitstehen. X.400 bietet die Möglichkeit, verschiedene Nachrichten oder Dateien in einem Umschlag zu versenden. Neben UN/edifact-Nachrichten können Texte und Daten jeder Art ebenso wie Programme oder Grafiken übertragen werden. Hierzu wird für jeden Benutzer eine Mailbox eingerichtet, aus der er empfangene Mitteilungen abfragen und Mitteilungen an andere Benutzer senden kann. Die Mailbox kann über das Telefonnetz, Datex-P Netz und ISDN erreicht werden. Ein Beispiel ist die Elektronische Fernmelderechnung (ELFE). Hierbei handelt es sich um einen Dienst der DBP Telekom. Kunden mit mehr als 100 Fernmeldeanschlüssen werden auf Wunsch die monatlichen Rechnungen im UN/edifact-Format zur Verfügung gestellt. Die Daten der Fernmelderechnung werden im UN/edifact-Format in die Box des Empfängers gestellt und stehen dort zum Abruf bereit. Die Rechnungsprüfung und Weiterverarbeitung beim Kunden kann dann automatisch erfolgen. Die Telebox bietet als X.400-Lösung im Hinblick auf die internationale Kommunikation eine große Durchgängigkeit, da die Benutzer der Telebox-400 mit allen Benutzern anderer öffentlicher Versorgungsbereiche (ADMDs) für X.400-Systeme sowohl national wie international (X.400-Schnittstellen zu anderen europäischen PTTs) kommunizieren können.

Value-Added-Network-Services (VANS)

Neben den öffentlichen Netzen und Diensten der DBP Telekom können Netze und Dienste unterschiedlicher Mehrwertdienst-Anbieter für die Übertragung von EDI-Nachrichten in Anspruch genommen werden. Bei der Nutzung eines VANS wird eine Verbindung zu einem Netzwerkanbieter hergestellt, der die Weiterleitung an die Partner vornimmt. Ein Value Added Network (VAN) bietet die Verteilung der Daten an alle angeschlossenen Geschäftspartner (Clearing). Es arbeitet nach dem Mailbox-Prinzip, d. h., jeder Teilnehmer hat eine Mailbox, in der für ihn bestimmte Nachrichten zum Abruf abgelegt werden. Neben der Clearingfunktion werden zusätzliche Leistungen angeboten wie Konvertierungs-, Prüf-, Überwachungs-

und Supportfunktionen. Die Kriterien für die VAN-Auswahl sind neben der EDI-Erfahrung des Anbieters, den angebotenen Leistungen und den Kosten vor allem die internationale Erreichbarkeit sowie die Anzahl der angebundenen Geschäftspartner.

3.1.2.2.2 Proprietäre Netzwerkprotokolle

Der Einsatz proprietärer Netzwerkprotokolle hat heute nur noch aufgrund der historischen Entwicklung des EDI-Marktes eine Bedeutung. Massendaten wurden zwischen Unternehmen bereits seit vielen Jahren ausgetauscht, bevor überhaupt an eine Vereinheitlichung und Standardisierung im Sinne des OSI-Referenzmodells gedacht wurde. Um nun für den Anwender den Netzzugang überhaupt zu ermöglichen, wurde von allen VAN-Anbietern eine eigene Kommunikationssoftware als Netzzugang angeboten (z. B. EDI*Connect von GEIS oder PC-BOX von DBP Telekom). Mit Hilfe dieser Kommunikationssoftware wurde allerdings nicht nur der Netzzugang ermöglicht, sondern gleichzeitig auch der Kommunikationsstrom des Anwenders gelenkt. Wollte der Anwender nämlich über ein anderes Netz kommunizieren, so war die Kommunikationssoftware und Netzanbindung des gewünschten Netzwerkanbieters zusätzlich anzubinden. Dies war im Zeitablauf für die Kunden mit hohen laufenden Kosten (Personal, EDI-Produktion) verbunden und auch von den EDI-Standardsoftwareherstellern aufgrund des hohen Anpassungs- und Pflegeaufwands nicht gewünscht. Mit dem steigenden VAN-Angebot der letzten drei Jahre und dem daraus resultierenden Wettbewerb hat sich jedoch der Angebotsmarkt zum Nachfragemarkt gewandelt. Der Kunde verlangt heute wenige OSI-genormte Schnittstellen, mit denen unterschiedliche Kommunikationswege realisierbar sind. Dieser Anforderung werden die VAN-Anbieter zunehmend gerecht, so daß davon auszugehen ist, daß in wenigen Jahren die proprietären Netzwerkprotokolle nur noch eine rudimentäre Bedeutung im EDI-Markt spielen werden. Nur bei Einsatz offener und genormter Protokolle ist eine freie Netzwahl für den Anwender möglich.

Kommunikationsprotokolle

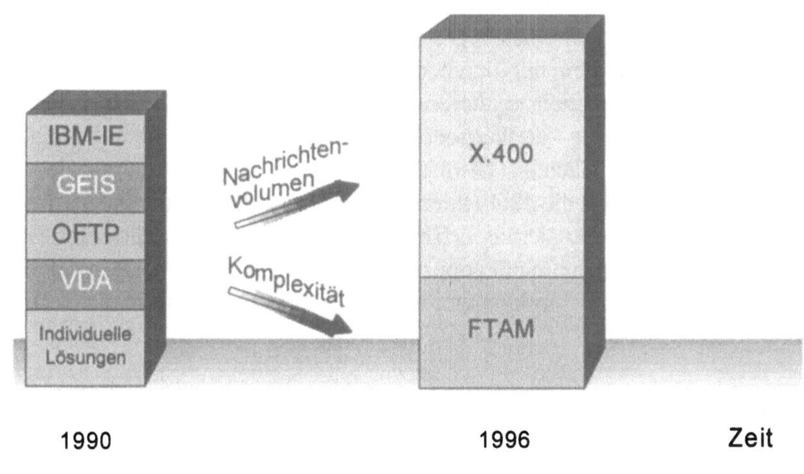

Abb. 31: Übertragungsprotokolle

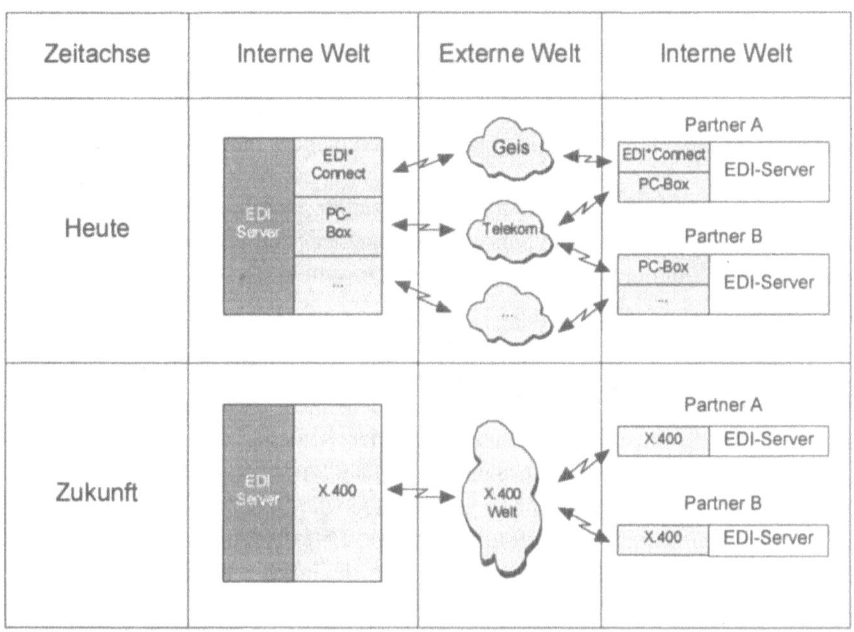

Abb. 32: Zukünftig: Vereinfachte, standardisierte Kommunikationswege

3.1.2.2.3 OSI-Kommunikation

Die Zielsetzungen des EDI lassen sich nicht durch herstellerspezifische Systemar-
chitekturen, die lediglich einer begrenzten Anzahl von Kommunikationspartnern
zugänglich sind, sondern nur durch offene Kommunikationssysteme erreichen.
Die offene Kommunikation ist die unverzichtbare Basis für einen reibungslosen
Informationsfluß entlang der Wertschöpfungskette innerhalb und außerhalb eines
Unternehmens. Das Thema Offenheit hat durch die Erarbeitung des OSI-
Referenzmodells durch die ISO (International Organization for Standardization)
eine wesentliche Konkretisierung erfahren. Im Zuge der Standardisierung werden
international gültige Kommunikations- und Anwendungsarchitekturen definiert,
für die eine vereinbarte Struktur und allgemein anerkannte Protokolle festgelegt
sind.

OSI-Referenzmodell

Das Architekturmodell für die Datenkommunikation wurde von der ISO, dem
Zusammenschluß aller nationalen Normungsinstitutionen, entwickelt. Dabei wurde das Ziel verfolgt, eine offene Kommunikation zwischen Computernetzen sicherzustellen.

Bislang führte das Bedürfnis nach neuen verteilten Anwendungen jeweils zu einer
neuen, spezifisch für diese Anwendung entworfenen Vorschrift für den Dialog
zwischen den beteiligten Rechnern. Die Entwicklung der Kommunikationssysteme war gekennzeichnet durch eine Vielzahl von Protokollen, welche sowohl an-
wendungs- als auch herstellerabhängig und untereinander inkompatibel waren.

Die Normierung von Kommunikationsschnittstellen, -protokollen und -diensten
durch die ISO ermöglicht nunmehr einen ungehinderten Informationsaustausch
zwischen den Kommunikationssystemen verschiedener Hersteller nach einheitlichen Verfahren.

Das OSI-Referenzmodell beschreibt ein abstraktes Modell für die Kommunikation
zwischen Datenstationen, das sich in sieben Schichten gliedert. Zwischen kommunizierenden Rechnern findet innerhalb jeder Schicht Informationsaustausch
statt, der jeweils auf der darunterliegenden Schicht basiert. Jede Schicht bietet als
Dienstanbieter der darüberliegenden Schicht über die Schnittstelle zwischen den
beiden Schichten bestimmte Dienste an. In zwei unterschiedlichen Schichten besteht keine Verbindung zwischen den Partnern, lediglich auf der unteren Ebene
(Ebene 1) existiert eine tatsächlich physikalische Verbindung.

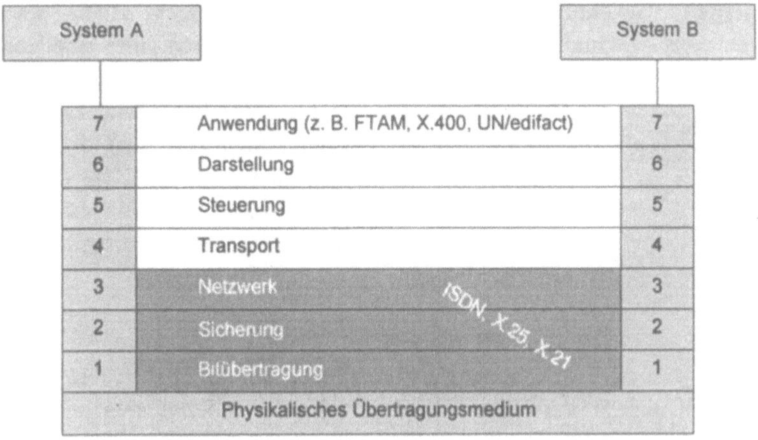

Abb. 33: OSI-7-Schichten Modell

Schicht 1: Die unterste Schicht ist die **Bitübertragungsschicht**. In ihr werden alle physikalisch-technischen Eigenschaften der Übertragungsmedien festgelegt.

Schicht 2: Die nächstübergeordnete Schicht, die **Sicherungsschicht,** verwaltet die Verbindungen. Sie hat die Aufgabe, die Bitübertragungsschicht gegen auftretende Übertragungsfehler abzusichern, d. h. aus einem potentiell fehlerbehafteten Kommunikationskanal einen fehlerfreien Übertragungsweg zu erzeugen.

Schicht 3: Die Bestimmung des optimalen Weges (Routing), über den eine Nachricht von einem Rechner des Netzes zum nächsten gelangen kann, übernimmt die **Vermittlungsschicht**. Der optimale Weg ist abhängig von der Anzahl, der Belastung und der Störanfälligkeit der Zwischenstationen und Verbindungen.

Schicht 4: Mit den Funktionen der **Transportschicht** wird der gesamte Transport abgeschlossen. Die Endsystemverbindungen, die mit Hilfe der unteren drei Schichten hergestellt wurden, werden den Anwendungsschichten zur Verfügung gestellt. Die Transportschicht gewährleistet eine optimale Ausnutzung der verfügbaren Kommunikationsmittel zu minimalen Kosten. Sie sorgt für den Verbindungsaufbau, den Transfer, den Verbindungsabbau, die Fehlerbehandlung und Datensicherung.

Schicht 5:   In der **Kommunikationssteuerungsschicht** sollen Sprachmittel zur Verfügung gestellt werden, mit deren Hilfe eine Kommunikationsbeziehung gesteuert wird. Die Kommunikationsssteuerungsschicht errichtet eine logische Verbindung zwischen zwei Arbeitseinheiten der obersten Schicht (Sitzung), die miteinander kommunizieren wollen. Zu diesem Zweck ermittelt sie die Adresse der entsprechenden Sitzungs-Arbeitseinheit des Partner-Rechners und fordert eine entsprechende Verbindung von der Transportschicht an.

Schicht 6:   Die **Darstellungsschicht** führt in erster Linie anwendungsspezifische Formattransformationen durch. Anzusiedeln sind hier z. B. Verschlüsselungen und Formatbestimmungen.

Schicht 7:   In der **Anwendungsschicht** werden die eigentlichen anwendungspezifischen Funktionen der Kommunikation vereinbart. Die nachfolgend beschriebenen X.400, X.435 und X.500-Empfehlungen sowie FTAM sind in diese Schicht einzuordnen.

X.400-Empfehlungen

X.400-Dienste werden bei der zukünftigen Datenübertragung eine wesentliche Rolle spielen. Mit der X.400-Serie der Empfehlungen wurden 1984 erstmals umfassende, weltweit gültige Standardisierungen bis zur Ebene 7 des OSI-Referenzmodells definiert. 1988 wurde das Modell erweitert (X.400 (88)) und die Mängel der ersten Fassung beseitigt.

X.400 dient der zukünftigen offenen Kommunikation und stellt quasi die elektronische Variante zur heutigen Briefpost dar. Durch die Offenheit einer auf X.400 basierenden Kommunikation wird es möglich, daß Partner aus unterschiedlichen Systemumgebungen nach einem einheitlichen Verfahren kommunizieren können und ein Wechsel auf andere Anbieter oder Dienste ohne aufwendige Anpassungen durchführbar ist.

Die X.400-Empfehlungen definieren den von physikalischen Datennetzen unabhängigen Austausch elektronisch erzeugter Mitteilungen im sogenannten "Store-and-Forward"-Verfahren, bei dem es keine direkte Verbindung zwischen den Teilnehmern gibt. Wie beim Brief besteht nach X.400 eine Nachricht aus Umschlag und Inhalt. Der Inhalt wiederum ist in einen Kopf (Heading) und einen Körper (Body) unterteilt. X.400 legt zum ersten Mal fest, wie Format und Beschriftung des Umschlags auszusehen haben und nach welchen Regeln die Informationen zu behandeln sind. Außerdem bestimmen die X.400-Empfehlungen die organisatorischen Richtlinien des Mitteilungstransfers, d. h. was geschehen soll, wenn eine Mitteilung nicht zugestellt werden kann. Welches Netz für die Übertragung der Mitteilungen verwendet wird, spielt für X.400 keine Rolle.

Voraussetzung für eine fehlerfreie Mitteilungs-Übermittlung sind eindeutige Namen von Benutzern und Instanzen. Die X.400-Empfehlungen geben entsprechende Regeln über die Gestaltung der Namenskomponenten (Originator/Recipient-Adressen) vor. Zwingend vorgeschrieben sind der Landesname, der Name des öffentlichen und privaten Versorgungsbereiches und der Personenname. Darüber hinaus sind weitere Namen, z. B. der Organisationsname oder ein allgemeiner Name, frei wählbar. Dieses Adressierungs-Schema wird auf dem Umschlag zur Angabe der X.400-Teilnehmer-Adressen (Absender, Empfänger) verwendet.

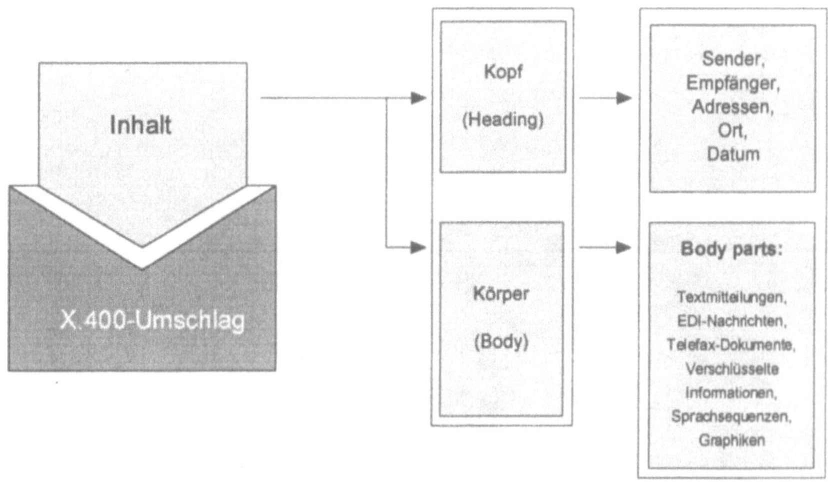

Abb. 34: Struktur einer X.400-Mitteilung

X.400 sieht als Option eine auf Verteilerlisten basierende Form der Gruppenkommunikation vor. Verteilerlisten repräsentieren eine definierte Menge von Teilnehmern, die alle unter einer Adresse erreicht werden können. Meldungen, die an eine Verteilerliste geschickt werden, werden an alle Mitglieder verteilt.

Die wesentlichen Bestandteile eines elektronischen Mitteilungssystems (IPM, Interpersonal Messaging) nach X.400 sind ein oder mehrere User Agents (UA) sowie der Message Transfer Agent (MTA).

Unter UA versteht man ein Benutzerprogramm, das die technischen Einrichtungen für das Erstellen, Adressieren, Empfangen und Bearbeiten einer konventionellen Nachricht nachbildet. Der MTA entspricht dem Postdienst mit den Funktionen zur Sammlung, Weiterleitung und Zustellung der Nachrichten.

Die Nachricht wird von dem UA an den MTA übergeben. Dieser bildet den Briefumschlag nach, versieht ihn mit Absenderangaben und Zeitstempel, vervollständigt ggf. die Empfängerangaben und leitet die Nachricht dann weiter. Befindet sich der Empfänger im selben X.400-System wird die Nachricht an einen UA weitergeleitet, befindet er sich in einem anderen X.400-System, wird die Nachricht an den MTA des anderen Systems weitergeleitet.

Umgebung des MHS

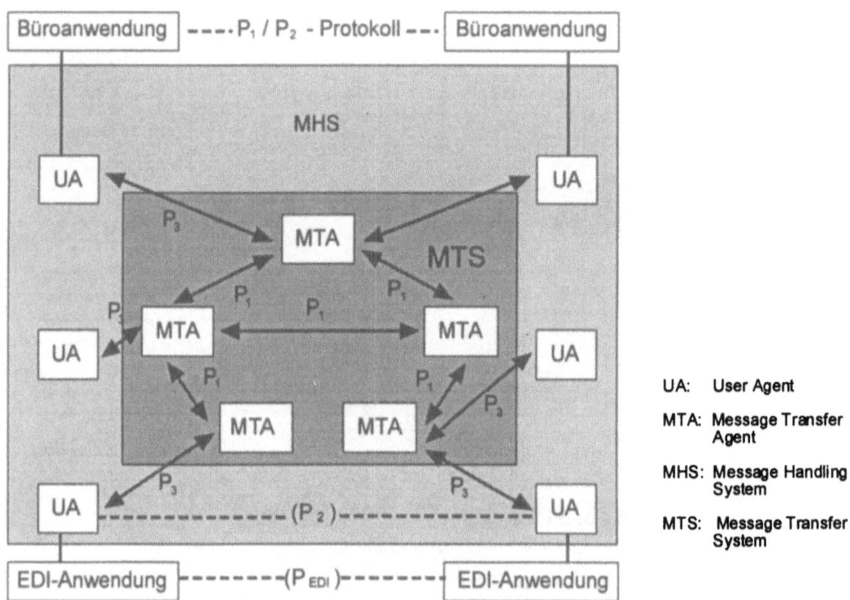

Abb. 35: X.400 - Das funktionale Modell

X.400 definiert zugleich die globale Struktur eines weltweiten MHS (Message Handling System). Zu diesem Zweck ist ein hierarchisch strukturiertes System von Versorgungsbereichen entwickelt worden. Man unterscheidet öffentliche und private Versorgungsbereiche. Die öffentlichen Versorgungsbereiche (ADMD), die von Administrationen gebildet werden, die der International Telecommunications Union (ITU, ehemals CCITT) angeschlossen sind (z. B. die nationalen Postver-

waltungen), sind weltweit vernetzt. Jeder private Versorgungsbereich (PRMD, z.
B. große Unternehmen), der sich an einen ADMD anbindet, ist an das weltweite
X.400-Netz angeschlossen. Die ADMDs sind also verantwortlich für die Überga-
be von Mitteilungen zwischen verschiedenen PRMDs.

Die Protokolle von X.400 (84) sind Teil der Anwendungsschicht. Das P1 Protokoll regelt den Nachrichtenaustausch zwischen Message Transfer Agents, P3
definiert den Zugang eines User Agent zum Message Transfer Agent. Das P2
Protokoll (Interpersonal Messaging Protocol) dient dem Austausch von Mitteilungen zwischen User Agents. Mit den X.400 (88)-Empfehlungen wurde der Message Store und das P7-Protokoll eingeführt, das den Zugriff auf den Meldungsspei-
cher ermöglicht.

Verzeichnisdienste (X.500)

Ein wichtiges Hilfsmittel zur Vereinfachung der Meldungsübermittlung sind die
Verzeichnisdienste (X.500). Die steigende Anzahl der Kommunikationspartner
und die komplexen Strukturen großer Informationssysteme erfordern umfangreiche Adreßdatenbanken, in denen Leitungsadressen, Anwendungsnamen, Part-
neranschriften etc. gespeichert werden. X.500 definiert einheitliche Dienste und
Protokolle für universelle Verzeichnisse, die alle Informationen aufnehmen können.

Die X.500-Empfehlungen wurden 1988 von der ITU (ehemals CCITT) verabschiedet. Sie umfassen im wesentlichen:

❑   eine Struktur für einen hierarchischen Namensraum
❑   Richtlinien für eine sinnvolle Gestaltung des Namensraumes
❑   Spezifikationen von Abfrage-, Such- und einfachen Änderungs-
      operationen

Hauptaufgabe des Verzeichnisdienstes ist es, dem Namen eines realen Objektes
(Person, Organisation, elektronischer Briefkasten etc.) Werte zuzuordnen. Diese
Werte umfassen neben der Adresse grundsätzlich alle wissenswerten Informationen. Die Objekte sind in einem Verzeichnis hinterlegt, das als Baum strukturiert
ist. Jedes Objekt hat mehrere Namen, über die es identifiziert wird.

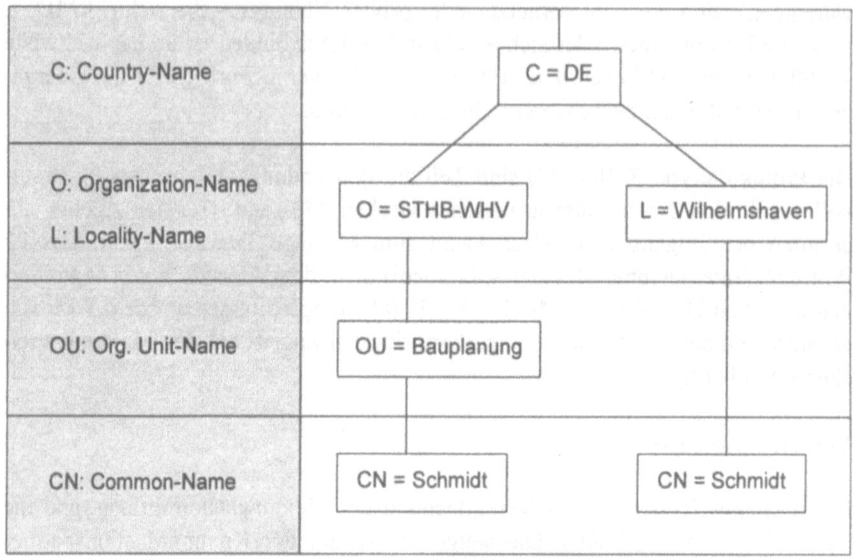

Abb. 36: X.500-Verzeichnis: Beispiel

Das Beispiel, das exemplarisch einen Auszug aus einem X.500-Verzeichnis abbildet, stellt Herrn Schmidt durch zwei verschiedene Objekte dar. Der linke „Ast" definiert Herrn Schmidt als Angestellten des Staatshochbauamtes (STHB) Wilhelmshaven (WHV), Abteilung Bauplanung, der rechte „Ast" als Privatperson mit Wohnsitz in Wilhelmshaven.

Der X.400-Benutzer kann den Verzeichnisdienst direkt konsultieren, um Empfänger und ihre Adressen zu finden. Mit Hilfe des Verzeichnisdienstes können Operationen für die Abfrage und die Änderung des Verzeichnisses durchgeführt werden. Die Abfrageoperationen lassen sich grob in zwei Klassen unterteilen: White-Pages-Abfragen liefern die zu einem Namen gespeicherten Informationen, Yellow-Pages-Abfragen liefern die Namen derjenigen realen Objekte, welche den in der Abfrage definierten Kriterien entsprechen.

EDI Message System (X.435)

Die X.400-Empfehlungen wurden zunächst für Mitteilungen, die von Personen stammen und für Personen bestimmt sind, geschaffen (IPMS, Interpersonal Messaging System). Um zu einer effizienteren Unterstützung des elektronischen Datenaustausches durch X.400 zu gelangen, sind Standards für Inhalte von maschinell erstellten elektronischen Meldungen zu entwickeln.

Im November 1990 wurden die ITU (ehemals CCITT)-Empfehlungen F.435 und X.435 verabschiedet, die die EDI-spezifischen Anforderungen und Funktionalitäten einer Rechner-zu-Rechner-Kommunikation über X.400 abdecken sollen. F.435 (EDI Message Service) beschreibt die Service-Aspekte, X.435 (EDI Message System) die technische Seite des EDI-Messaging-Systems (EDIMS). Im EDI-Messaging-System (EDIMS) werden EDI-User Agents und relevante Protokollelemente spezifiziert, die sowohl die Kommunikation zwischen EDI-UAs als auch zwischen EDI-UA und Message Store (EDI-MS), einem Zwischenspeicher für EDI-Nachrichten, regeln. Benutzer im EDIMS sind stets EDI-Applikationsprozesse. Zur Übertragung der Nachrichten werden wie im IPMS die Dienste des Message Transfer Systems in Anspruch genommen. Das P2-Übertragungsprotokoll, das zur Zeit zur Übertragung von EDI-Nachrichten zwischen UAs eingesetzt wird, wird durch "P-EDI User Agent Protokoll X.435" ersetzt, das speziell für die Übertragung von EDI-Nachrichten entwickelt wurde. Zudem stellt X.435 zusätzliche Funktionen wie Kennzeichnung der Nachrichten und definierte Weiterleitungs- und Empfangsbestätigungen zur Verfügung. Da UN/edifact über X.400 eine Migrationsoption zu X.435 enthält, können Anwender, die EDI-Nachrichten über X.400/IPMS austauschen, ihre Applikationen auf den EDI Messaging Standard umstellen, sobald X.435 Systeme verfügbar sind.

File Transfer, Access and Management (FTAM)

Ein weiterer international gültiger Standard ist die ISO-Norm FTAM, die ebenso wie X.400 der 7. Schicht (Anwendungsebene) des OSI-Referenzmodells zuzuordnen ist.

Mit dieser universellen und standardisierten Lösung werden einheitliche Verfahren für den Austausch von Dateien in entfernten Systemen geschaffen.

FTAM unterstützt die Punkt-zu-Punkt-Kommunikation zwischen Anwendungsprogrammen über standardisierte Datenaustauschformate in herstellerunabhängigen Netzen. Es können beliebige Daten ausgetauscht werden. Sowohl UN/edifact- und Office Document Architecture (ODA)-Dokumente als auch Produktions- und Grafikdaten lassen sich als FTAM-Dateien übertragen.

Eine zentrale Bedeutung kommt dem Konzept des "Virtual File Store" (VFS) zu. Das VFS beschreibt ein abstraktes Dateisystem, in dem sich alle über die FTAM-Dienste zugänglichen realen Dateien befinden. Jede Datei ist durch bestimmte Attribute (Dateilänge, Menge der zulässigen Änderungen etc.) einheitlich beschrieben und mit einem Namen eindeutig identifiziert. Auf diese Weise wird den im Netz verteilten Anwendungen eine gemeinsame Sicht dieser Datei und der darauf erlaubten Aktionen ermöglicht.

Mittels des FTAM-Dienstes besteht die Möglichkeit eines Verbindungsauf- und -abbaus und der Ausführung von Aktionen auf entfernten Dateien. Diese Aktionen erlauben das Lesen und Schreiben einer Datei, den Zugriff auf einzelne Elemente des Dateiinhaltes sowie die Dateiverwaltung (Erzeugen, Löschen einer Datei, Ändern von Attributen einer Datei). Über Mechanismen der Zugangskontrolle wird festgelegt, wer welche Aktionen ausführen darf. Darüber hinaus existieren Schutzmechanismen, wenn mehrere Initiatoren gleichzeitig auf eine Datei zugreifen.

FTAM sieht für die Realisierung ein Initiator/Respondermodell vor. Ein Benutzer oder ein Anwendungsprogramm greifen als Initiator auf das Dateisystem des Responders zu. Der Initiator (aktive Anwendung) löst die Aktionen auf der entfernten Datei aus und initiiert den Verbindungsaufbau, der Responder (passive Anwendung) verwaltet die Datei und führt die Aktionen im Auftrag des FTAM-Initiators aus.

Für den Verbindungsauf- und -abbau zwischen FTAM-Benutzern nimmt FTAM die Dienste eines Serviceelements der Anwendungsschicht, des Association Control Service Element (ACSE), in Anspruch. Der ACSE-Dienst ist Bestandteil der ISO-Normierungen. Er stellt die Grundfunktionen für den Auf- und Abbau der Verbindungen bereit. Den Benutzern wird die Verwendung von Namen ermöglicht, die vom ACSE in die Schicht-6-Adressen umgesetzt werden.

Da es sich bei einer FTAM-Aktivität immer um eine Kommunikation zwischen zwei Endpunkten handelt, ist FTAM für Kommunikationsbeziehungen, bei denen ein Absender mehrere Empfänger mit einer Nachricht erreichen möchte (Rund- und Gruppensendungen), nicht geeignet. Ein weiterer Nachteil der Punkt-zu-Punkt-Kommunikation liegt in der Notwendigkeit, die Übertragungszeiten mit jedem einzelnen Kommunikationspartner abzustimmen. Je größer die Anzahl der Kommunikationspartner, desto schwieriger werden genaue Abstimmungen, desto eher treten Datenstaus auf. Werden dagegen mit wenigen Kommunikationspartnern große Datenvolumen ausgetauscht, können Kostenüberlegungen und Geschwindigkeitsaspekte für den FTAM-Einsatz sprechen. Aufgrund der Möglichkeit, direkt auf Anfragen zu reagieren (interactive EDI), bietet sich der Einsatz der Punkt-zu-Punkt-Kommunikation über FTAM bei zeitkritischen Anwendungen an. Ein Beispiel ist der EDI-Einsatz im Zusammenhang mit der Übertragung von CAD-Nachrichten oder Finanznachrichten.

3.2 Organisatorische Aspekte

3.2.1 Aufbau- und Ablauforganisation

Das Thema Organisation gewann in den siebziger Jahren vor allem aufgrund ständig ansteigender Personalkosten zunehmend an Bedeutung. Während die Fertigungsbereiche in den Unternehmen systematisch immer weiter rationalisiert wurden, gestaltete sich der Verwaltungsapparat zunehmend personal- und damit kostenintensiver. Bei rezessiv orientierter Wirtschaftslage sind jedoch Kosteneinsparungen in ineffizienten Bereichen unbedingt erforderlich, um die gewünschten Unternehmensergebnisse unter Berücksichtigung von Rentabilitätsaspekten erzielen zu können. Hinzu kommt, daß der allgemeine Weltmarkt sich von einem Verkäufermarkt zu einem Käufermarkt mit einem Überangebot an internationalen Produkten entwickelt hat. Um bei dieser Entwicklung vom "National Business" zum "International Business" zzgl. der europäischen Binnenmarktkomponente wettbewerbsfähig zu bleiben, reichen Kosteneinsparungen allein nicht aus. Oftmals gehen Sparmaßnahmen zu Lasten der Kompetenz und Qualität des Unternehmens, wenn die Fertigungstiefe ausschließlich kostenbedingt verringert wird oder Forschungs- und Entwicklungsausgaben gekürzt werden. Aus diesem Grund sind Umstrukturierungsmaßnahmen erforderlich, die sich in einer stärkeren Markt- und Kundenorientierung äußern.

Einen wichtigen Beitrag leisten hier Managementkonzepte, die auf die Verwirklichung einer hohen Qualität in kürzerer Zeit und mit günstigen Kostenstrukturen abzielen. Die Durchsetzung dieser Konzepte, die mit Schlagworten wie "Lean Management", "Lean Production" und "Total Quality Management" belegt werden, sind stark mit Veränderungen der Unternehmens- und Arbeitsorganisation und den damit einhergehenden sich verändernden Denkschemata verbunden. Die angestrebte Struktur- und Prozeßoptimierung läßt sich nur durch den Einsatz neuer innovativer Informations- und Kommunikationstechnologien erreichen. Die unternehmensinterne Integration und zwischenbetriebliche Kopplung der Anwendungssysteme über EDI ist dabei von essentieller Bedeutung, denn nur hierdurch ergeben sich ablauforganisatorische Konsequenzen, die Wertschöpfungspotentiale in sich bergen.

Organisatorisch relevante Merkmale, die sich aus der Anwendungskopplung mittels EDI und der automatischen Weiterverarbeitung der Daten ergeben, resultieren im wesentlichen aus der schnellen und exakten datenverarbeitungsgestützten Informationsbereitstellung sowie der dezentralen Verfügbarkeit aller relevanten Informationen auf jeder Ebene der Unternehmenshierarchie bei verringertem Papieraufkommen. Hinzu kommt die Option, den Service- und Qualitätsgrad gegenüber den Geschäftspartnern nachweislich zu verbessern.

Der Einsatz von EDI und daraus resultierende Automatismen können unter Umständen zu einer umfassenden Reorganisation der betrieblichen Abläufe führen. Dies ergibt sich durch die Veränderung der von den jeweiligen Mitarbeitern zu erbringenden Tätigkeiten, die zum jetzigen Zeitpunkt der Technik vom Einzelnen ein höheres Maß an technischem Verständnis erfordern. Sofern dies nicht erbracht werden kann, werden sich personelle Konsequenzen ergeben müssen, die im jeweiligen Vorgesetztenverhältnis nur ungern durchgesetzt werden. Schließlich haben sich in vielen Unternehmen und den jeweiligen Bereichen teamorientierte Strukturen mit zwischenmenschlichen Komponenten gebildet, die aufgrund neuer technischer Prämissen nur ungern verändert werden. Aus diesem Grund ist die Entscheidung für einen EDI-Einsatz auf höchster Unternehmensebene zu treffen, da hier in der Regel anonyme Entscheidungen getroffen werden, die sich unter Berücksichtigung der horizontalen Prozesse eher den Sachzwängen unterwerfen, als sich von emotionalen Aspekten steuern zu lassen.

In der Praxis wird die EDI-Einführung heute noch sehr häufig als primär technisches DV-Problem betrachtet, dessen Lösung und Bewertung vorwiegend den DV-Spezialisten allein überlassen wird. Der erfolgreiche Einsatz neuer Informations- und Kommunikationstechnologien ist jedoch in erster Linie ein organisatorisches Problem. Die Arbeitsvorgänge und Entscheidungsabläufe sind neu zu gestalten bzw. an die EDI-Abläufe anzupassen. Das bedeutet, daß die gesamten Nutzenpotentiale durch die EDI-Einführung nicht durch eine reine "Elektrifizierung" der bestehenden Organisation, sondern nur durch eine Reorganisation des Unternehmens ausgeschöpft werden können. Im Fall der Elektrifizierung bleibt die bisherige Organisationsstruktur unverändert bestehen, und es kommt durch den EDI-Einsatz lediglich zu einer effizienteren Abwicklung grundsätzlich unveränderter Aufgaben, ohne die eigentlichen Nutzenpotentiale überhaupt im Ansatz ausgeschöpft zu haben. EDI ist lediglich ein Mittel zum Zweck, ein Gradmesser für die Effizienz der bestehenden Organisationsstrukturen.

Baut ein Unternehmen eine leistungsfähige und komplexe elektronische Infrastruktur auf, ohne die gewünschten Arbeitsabläufe und Entscheidungsprozesse entspechend definiert und umgestaltet zu haben, besteht die Gefahr, vor allem hohe Kosten zu verursachen und dabei wertvolle Teile des Entwicklungspotentials zu verschenken. Notwendige Veränderungen werden so häufig eher verhindert als unterstützt. Ob die Möglichkeit der Reorganisation genutzt wird, ist oftmals mit der Intention der EDI-Einführung eng verbunden, das heißt abhängig von der Frage, ob das Unternehmen eher einen strategischen Wettbewerbsvorteil durch den EDI-Einsatz erlangen will, oder ob aufgrund des Drucks eines starken Geschäftspartners die operative Notwendigkeit besteht, EDI einzuführen (Eine große Baufirma kann z. B. von ihrem Zulieferanten aus der Sanitärbranche verlangen, EDI einzusetzen). Im letzteren Fall tendieren Unternehmen eher dazu, den EDI-Einsatz nur mit einem Minimum an technischen, personellen und finanziellen

Ressourcen durchzuführen und von umfassenden organisatorischen Maßnahmen abzusehen.

Ziel der Reorganisation des Unternehmens sollte es sein, eine Organisationsstruktur zu schaffen, die die Infrastruktur für eine möglichst rationelle Erfüllung von EDI-gestützten arbeitsteiligen Entscheidungs-, Informations- und Kommunikationsaufgaben bereitstellt. Obwohl EDI zu grundlegenden Änderungen in der Aufbau- und Ablauforganisation führt, sind die Auswirkungen auf die Gestaltung der Organisationsstruktur nicht vorab schon festgelegt. Vielmehr existieren aufgrund der potentiellen Fähigkeit von EDI-Systemen, mit sämtlichen Geschäftspartnern branchenübergreifend und weltweit Informationen auszutauschen und diese automatisch weiterzuverarbeiten, beachtliche neue organisatorische Gestaltungsspielräume. Allerdings muß den jeweiligen Entscheidern klar sein, welche Reorganisationstiefe gewünscht ist und was eventuell unter Berücksichtigung verschiedener Prämissen im Unternehmen auch tragbar bzw. umsetzbar erscheint. Auch hier wird wieder die Bedeutung der Managementunterstützung für die EDI-Thematik deutlich.

Unbestritten ist die Vielfalt der unterschiedlichen Organisationsansätze und -lösungen, die eine Ausschöpfung der technischen und anwendungsspezifischen Nutzenpotentiale ermöglichen. Die parallele Anpassung der organisatorischen Prozesse an die technologischen Veränderungen muß sich daher vor allem nach den angestrebten Zielen der Organisationsgestaltung richten.

Zu den grundlegenden organisatorischen Gestaltungsaufgaben gehören neben der Stellenbildung die Zuordnung von Kompetenzen und die Regelung der Kommunikationsbeziehungen. Durch die Zuordnung von Entscheidungskompetenzen werden der Aufgabeninhalt und der Aufgabenspielraum festgelegt. Hiervon sind sowohl interne wie externe Beziehungen betroffen. Durch den Einsatz automatisierter Verfahren ergeben sich völlig neue Möglichkeiten in der Beziehungsgestaltung mit Kommunikationspartnern, die auf herkömmlichem Wege nur noch marginal verbessert werden könnten. Durch eine Veränderung der Kommunikationsverfahren und einer daraus resultierenden Optimierung der Kommunikationswege können die **Leistungsfähigkeit eines Unternehmens** sowie die **Qualität der Partnerbeziehungen** erheblich **gesteigert** werden.

EDI ermöglicht sowohl die innerbetriebliche als auch die zwischenbetriebliche Integration und Kommunikation verschiedener Anwendungssysteme. Damit sind Informationen schnell, umfassend und flexibel verfügbar, so daß die Aufgabenerfüllung beschleunigt werden kann. Zusätzlich zu der weitaus flexibleren und schnelleren zwischen-, aber auch innerbetrieblichen Kommunikation ermöglicht EDI je nach technischer Realisierung (z. B. X.400 - store-and-forward) eine zeitliche Entkopplung der Kommunikationspartner. Damit werden asynchrone Kom-

munikationsvorgänge ermöglicht, die nicht mehr die gleichzeitige Präsenz des
Nachrichtensenders und -empfängers erfordern. Die ablauforganisatorische Syn-
chronisation des Informationssaustausches entfällt. Auf der anderen Seite steigen
bei der technischen Realisierung synchroner Kommunikationsvorgänge die Anforderungen an die Organisationsgestaltung durch die Prämisse, Arbeitsabläufe
parallel auszuführen. Die Komplexität der Gestaltungsparameter, die in die Orga-
nisationsplanung einzubeziehen sind, nimmt zu.

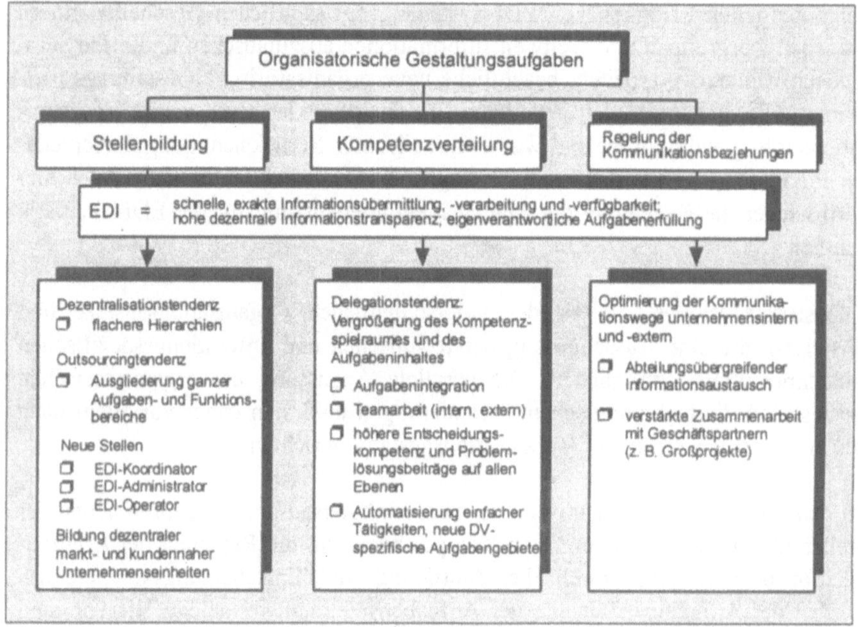

Abb. 37: Einflußmöglichkeiten von EDI auf die organisatorischen Gestaltungsaufgaben

Die verbesserte Bereitstellung von Informationen und Problemlösungshilfen für
die beteiligten Organisationseinheiten durch EDI führt tendenziell zu **einer Ver-
größerung des Kompetenzspielraums** und einer **Verbreiterung des Aufga-
beninhaltes**. Verschiedene Formen der **Aufgabenintegration** und **Teamarbeit**
werden durch EDI unterstützt, da jeder Mitarbeiter durch die schnelle zwischenbetriebliche Übertragung und interne automatisierte Weiterverarbeitung von Informationen durch das EDI-System einen direkten Zugang zu relevanten Daten hat,
soweit dies nicht durch Zugriffsberechtigungssysteme oder andere Sicherheitsmaßnahmen bewußt unterbunden werden soll. Dadurch wird die verrichtungsori-
entierte Arbeitsteilung immer ineffizienter. Tätigkeiten wie z. B. das Sortieren und
Verteilen der Post, die manuelle Erfassung der empfangenen Daten im Inhouse-

System oder die kaufmännische Rechnungsprüfung werden durch EDI automatisiert. Auf der anderen Seite entstehen neue datenverarbeitungsspezifische Aufgabengebiete. Durch die dezentrale Verfügbarkeit der Informationen und die damit verbundene höhere Transparenz der Unternehmensprozesse lassen sich die Aufgabeninhalte durch das Zusammenfassen unterschiedlicher Tätigkeiten vergrößern. So können z. B. im Rahmen der Vergabe und Abrechnung von Bauleistungen einer Abteilung sämtliche Kontroll- und Prüfungsaufgaben (wie Leistungs- und Terminkontrolle sowie Rechnungsprüfung), die einen Auftrag betreffen, übertragen werden. Voraussetzung für die Aufgabenintegration ist ein verstärkter abteilungsübergreifender Informationsaustausch.

Andere Aufgaben lassen sich durch die verstärkte Zusammenarbeit und Vernetzung mit den Geschäftspartnern effektiver durchführen. Ein Ansatz ist der Austausch von Konstruktionsdaten über EDI zwischen bauausführenden Firmen und den Lieferanten bzw. Herstellern der benötigten Bauteile, um eine schnelle, flexible und auftragsspezifische Ausführung der Fertigung dieser Bauteile zu erreichen. Eine unternehmensübergreifende Teamarbeit zwischen allen am Bauprozeß beteiligten Kommunikationspartnern wird vor allem auch bei Großprojekten durch die Intensivierung zwischenbetrieblicher Kommunikationsbeziehungen über EDI unterstützt.

Darüber hinaus begünstigt EDI **Dezentralisierungs- und Delegationstendenzen**. Dadurch, daß ein EDI-System alle Hierarchieebenen in die Lage versetzt, eine elektronische direkte Kommunikation mit externen Geschäftspartnern durchzuführen, ist es möglich, selbst den Mitarbeitern auf der untersten Ebene Verantwortung für die Ausführung von Aufgaben zu übertragen. Dies setzt allerdings voraus, daß für alle Teilnehmer am Kommunikationsprozeß die entsprechenden Berechtigungsstufen vergeben worden sind, mit denen unterschiedliche Prozesse angestoßen werden können. In der Regel ist jedoch davon auszugehen, daß hier hierarchische Unterschiede in Abhängigkeit von der Verantwortung vorgenommen werden.

Sachbearbeiter können z. B. nach Eingabe der Rechnungsdaten in die Inhouse-Anwendung die EDI-Kommunikationsprozesse anstoßen und damit die Kommunikations- bzw. Transportabläufe mit dem EDI-Partner abwickeln. Der heute bekannte Weg "Posteingang und Postausgang" wird durch Automatismen substituiert. Voraussetzung sind jedoch je nach Komplexität des Anwendungsprofils datenverarbeitungsspezifische Kenntnisse, die durch entsprechende Schulungsmaßnahmen vermittelt werden sollten. Die Tendenz zur Aufgabendelegation wird noch verstärkt, wenn softwaregestützte Kontrollsysteme eingesetzt werden, die eine höhere Transparenz der einzelnen Arbeitsschritte und -ergebnisse bewirken und damit das Delegationsrisiko verringern. Auf allen Hierachieebenen werden größere Problemlösungsbeiträge geleistet, was zu einer Abflachung der Hierarchie führen kann. Einfache Sachbearbeitertätigkeiten, die durch EDI wegfallen, können durch höherwertige Aufgaben ersetzt werden. Auf die direkt betroffenen operativen Ebenen können strategische Aufgaben wie Qualitätsüberwachung der beauftragten Leistungen oder Kontrollaufgaben (Einhaltung der Fristen und der im Auftrags-Leistungsverzeichnis angegebenen Preise) durch die dezentrale Verfügbarkeit der relevanten Informationen übertragen werden, die für eine eigenverantwortliche Aufgabenerfüllung (z. B. für die Rechnungsprüfung) erforderlich sind.

Außerdem wird durch die direkte zwischenbetriebliche EDI-Schnittstelle und EDI-Kommunikationsbeziehungen zwischen den jeweils betroffenen ausführenden Stellen die strenge, oftmals unzweckmäßige Regelung der Informationsflüsse über mehrere Hierarchieebenen von oben nach unten unnötig. Der Wissensvorsprung der Managementebene wird durch die Verfügbarkeit der Informationen am Arbeitsplatz aufgehoben. Die ausführenden Stellen empfangen auf direktem Weg die Daten, die sie für die Aufgabenerfüllung benötigen. Voraussetzung ist eine entsprechende Umverteilung von Entscheidungs-, Mitsprache- und Informationsrechten auf die betroffenen Einheiten und Abteilungen. Hinzu kommt, daß die Mitarbeiter adäquate Qualifikationen aufweisen müssen, wie z. B. die Fähigkeit zur Übernahme von erhöhten Entscheidungskompetenzen. Neben den fachspezifischen Kenntnissen ist vor allem die Fähigkeit, in Gesamtzusammenhängen zu denken, gefordert. Hier liegt die eigentliche Problematik der praktischen Umsetzbarkeit. Darüber hinaus ist der Erfolg dieser organisatorischen Maßnahmen in hohem Maße davon abhängig, inwieweit die betroffenen Mitarbeiter selber an dieser aktiven Prozeßveränderung mitwirken wollen.

Ein weiterer organisatorisch relevanter Aspekt ist der Wegfall bzw. die **Ausgliederung ganzer Aufgabenbereiche** durch den EDI-Einsatz. Prinzipien des Lean Management werden durch EDI unterstützt, da Effizienzgewinne durch die Möglichkeit, bestimmte Aufgaben oder ganze Funktionsbereiche auszugliedern, realisiert werden können. In erster Linie betrifft dies die Bereiche Fertigung, Forschung und Entwicklung, Lagerhaltung, Verwaltung und Transport.

In der Fertigung kann die enge Anbindung an Zulieferfirmen über EDI in Verbindung mit Just-in-Time-Konzepten und der Möglichkeit, Entwicklungs- und Konstruktionsdaten auszutauschen, zu einer Zunahme der Zulieferungen statt Eigenfertigung führen.

Die aufgeführten Dezentralisierungstendenzen und Outsourcing-Strategien werden durch EDI unterstützt und ermöglichen es dem Unternehmen, sich vermehrt auf strategisch wichtige Kernbereiche zu konzentrieren. Durch die **Bildung dezentraler Einheiten** kann eine größere Markt- und Kundennähe erreicht werden, die für eine stärkere Serviceorientierung und eine Verringerung der Reaktionszeiten unbedingt notwendig ist. Dabei sollte die reine Funktionalorganisation, bei der die Vertriebs- und Marketingabteilungen die klassische Schnittstelle zum Kunden bilden, durch **eigenverantwortliche, produktorientierte Geschäftsbereiche** ersetzt werden. Auf diese Weise werden alle am Wertschöpfungsprozeß Beteiligten von der Entwicklung und Produktion bis zum Vertrieb hin in die Produktplanung einbezogen. Voraussetzung ist die Transparenz der Abläufe, die durch EDI wesentlich erhöht wird. Diese auf den Markt ausgerichteten Unternehmensbereiche oder Profitcenter sollten durch horizontale Synergieeffekte die unternehmerische Gesamtstrategie bestmöglich verwirklichen. Ein Unternehmen, das in produktbezogene Teilbereiche nach dem Spartenprinzip gegliedert ist, kann z. B. durch die bruchlose interne Weiterleitung der EDI-Daten eine wesentlich höhere Serviceorientierung und damit einen höheren Kundennutzen durch einen horizontalen, d. h. spartenübergreifenden Kunden- oder Dienstleistungsverbund erzielen.

3.2.2 EDI-Projektmanagement: Aufgabe und organisatorische Einordnung

Die Komplexität der EDI-Einführung, die aus der Anpassung der Organisation und der Datenverarbeitungsabläufe an die neu entstehenden Informationsflüsse und den zwischenbetrieblichen Abstimmungsprozessen resultiert, erfordert ein strukturiertes schrittweises Vorgehen in Form eines Projektes. Kennzeichnend für Projekte ist die zeitliche Befristung, die relative Neuartigkeit und die Komplexität der Aufgaben. Diese Merkmale sind heute bei allen sich im EDI-Anfangsstadium befindlichen Unternehmen charakteristisch für Kommunikationsprojekte, die mit einem konkreten Ergebnis, z. B. der EDI-Einführung im Unternehmen bzw. der Behörde oder der EDI-Anbindung weiterer Kommunikationspartner, abgeschlossen werden sollen. EDI-Projekte sind zudem, wie reine Organisationsprojekte auch, dadurch gekennzeichnet, daß unterschiedliche Fachbereiche von den Auswirkungen betroffen sind und darüber hinaus auch eine enge Abstimmung und Koordination mit den EDI-Partnern erforderlich ist.

Das gesamte Aufgabenfeld zur Durchführung der Projekte von der Planung, Steuerung bis zur Kontrolle sowie die Definition der beteiligten Stellen wird unter dem Begriff Projektmanagement zusammengefaßt. Die planenden Aufgaben beinhalten die Benennung eines Projektleiters und die Bestimmung der Projektziele, aus denen wiederum die Teilaufgaben sowie die einzelnen Bearbeitungsschritte abgeleitet werden. Weiterhin wird anhand des Personal-, Hilfsmittel- und Zeitbedarfs das benötigte Budget geplant und der Endtermin sowie wichtige Zwischentermine festgelegt. Besteht das Projektziel in einer EDI-Partneranbindung, sollten in dieser Phase alle EDI-Partner bereits feststehen und in den Planungsprozeß von Anfang an mit einbezogen werden. Die Anforderungen an das Projektergebnis sollten als Resultat der planenden Aktivitäten in funktionaler, quantitativer und qualitativer Hinsicht festgelegt worden sein. Diese Aufgabe kann durch den Einsatz DV-gestützter Projektinformations- und Dokumentationssysteme, die während des gesamten Projektablaufs u. a. für Kontrollzwecke eingesetzt werden können, wesentlich effizienter durchgeführt werden. Diese Hilfsmittel erleichtern die Planung erheblich und vermeiden logische Fehler, indem z. B. Abhängigkeiten vernetzter Teilaufgaben dargestellt und gleichzeitig Termin- und Budgetverschiebungen bei Veränderungen der Prämissen sichtbar gemacht werden können.

Die **Projektplanung** kann dabei zentral ausgeführt werden, d. h., von zentraler Stelle wird ein vollständiger Projektplan erstellt, in dem alle Projektaktivitäten bis ins Detail festgelegt sind. Der Projektleiter hat dann die Aufgabe, die Ausführung der einzelnen Schritte zu überwachen und zu koordinieren. Eine andere Möglichkeit der Projektplanung besteht darin, in Absprache mit der Unternehmensleitung, den betroffenen Fachbereichen und der Projektleitung einen Rahmenplan zu erstellen, der von der Projektleitung weiter detailliert wird. Diese Form der Planung hat sich bei EDI-Projekten bewährt, da die Fachbereiche ihr Wissen einbringen können und durch die Erarbeitung der Planwerte eher bereit sind, bei der Projektdurchführung bzw. Zielerreichung mitzuwirken.

Das Ergebnis der EDI-Projektplanung ist eine EDI-Rahmenkonzeption, die anhand einer Aufgaben-, Anwendungs- und Kommunikationsanalyse die organisatorischen und technischen Anforderungen und Aufgabenstellungen für die EDI-Einführung definiert. Darüber hinaus bildet diese Konzeption die Basis für die Investitionsentscheidung in Hardware und Software sowie personelle Ressourcen. Die Inhalte der EDI-Projektplanung mit den einzelnen auszuführenden Teilaufgaben werden bei der Darstellung der EDI-Rahmenkonzeption an anderer Stelle des Buches noch näher spezifiziert.

Die **Steuerung der Projektaktivitäten** erstreckt sich auf die Überwachung des geplanten Projektablaufs und gegebenenfalls der korrigierenden Maßnahmen, da bei zunehmender Konkretisierung der Projektarbeit im Regelfall Planabweichungen entstehen. Aufgabenschwerpunkte sind zudem die Motivation der Mitarbeiter und die Koordinierung der beteiligten Stellen bzw. Fachbereiche im Unternehmen und der Projektaktivitäten beim EDI-Partner. Aus der zeitlichen Begrenzung eines Projektes resultieren besondere Anforderungen an die Mitarbeitermotivation. Der Fachbereichsleiter muß Mitarbeiter und Kompetenzen gegenüber diesen Mitarbeitern für die Dauer des Projektes abgeben. Der Projektleiter kann seine Mitarbeiter in erster Linie nur über die Aufgabe motivieren, nicht über Beförderungsoptionen, da die Personalverantwortung bei dem Fachbereichsleiter liegt. Aus diesem Grund sind Mitarbeiter in EDI-Projekten, die nicht durch die Bewältigung innovativer Aufgaben, sondern lediglich durch den hierarchischen Status motiviert werden, wenig geeignet. Aus dem kurzen Umriß der steuernden Aufgaben wird bereits deutlich, daß ein guter Projektleiter Fach- und Managementkompetenz besitzen muß. Hier wird oft der Fehler gemacht, EDI-Projektleiter ausschließlich aufgrund ihres datenverarbeitungstechnischen Fachwissens auszuwählen.

Im Rahmen der **Projektkontrolle** werden die Plan-Werte mit den Ist-Werten verglichen. Um rechtzeitig Abweichungen zu erkennen, sollten die Projektfortschritte in regelmäßigen Abständen kontrolliert werden.

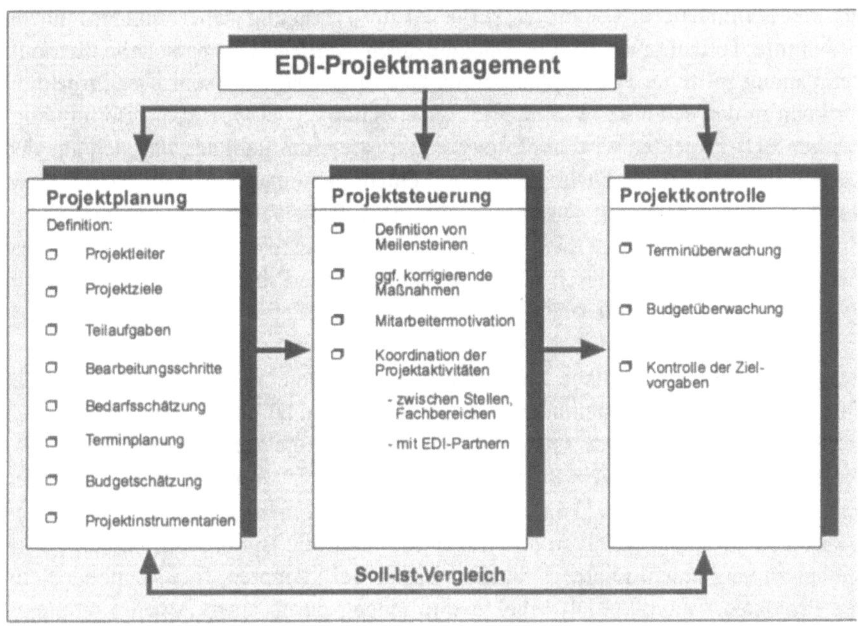

Abb. 38: Aufgaben des EDI-Projektmanagements

An der Durchführung der oben genannten Projekt-Aufgaben sind im allgemeinen unterschiedliche Personen bzw. Institutionen beteiligt. Die Projektverantwortung hat der Projektleiter, bei dem es sich um einen unternehmens- bzw. behördeninternen oder -externen Spezialisten handeln kann. In der Praxis werden zur Durchführung von EDI-Projekten interne Mitarbeiter als Projektleiter benannt, die die unternehmens- bzw. behördenspezifischen Gegebenheiten genau kennen und nach Projektende zumeist weiterhin die Verantwortung für die laufende EDI-Produktion tragen. Grundsätzlich sollte der Projektleiter über projektspezifische Grundkenntnisse der anderen Fachbereiche verfügen, um schon in der Anfangsphase mögliche Synergieeffekte im Auge zu behalten. Wichtiger als Detailwissen ist allerdings die übergeordnete Kenntnis, welche neben dem rein DV-technischen Wissen auch eine kaufmännische Qualifikation voraussetzt. Bei Bedarf und je nach Projektumfang erhält der Projektleiter Unterstützung von externen EDI-Beratern, die in technischer und organisatorischer Hinsicht ein breites Erfahrungsspektrum in verschiedenen EDI-Projekten erworben haben sollten.

Die Projektmitarbeiter sollten sich aufgrund der bereichsübergreifenden Relevanz der EDI-Projekte aus Organisationsspezialisten, Spezialisten aus anderen Fachbereichen (z. B. DV- und Anwendungsspezialisten) und Mitarbeitern der betroffenen Fachbereiche zusammensetzen. Es ist jedoch i. a. nicht erforderlich, daß alle Mitarbeiter permanent für alle Projektaufgaben zur Verfügung stehen, sondern nur für bestimmte Teilaufgaben jeweils hinzugezogen werden. Die personelle Ressourcenplanung sollte im Projektplan bereits detailliert festgelegt sein. Der Projektleiter kann in den seltensten Fällen alle Entscheidungen selber treffen. Bei umfangreichen EDI-Projekten wird ein Entscheidungsgremium gebildet, das sich aus den Leitern der betroffenen Fachbereiche und einem gemeinsamen Vorgesetzten bzw. der Unternehmensleitung zusammensetzt. Das Projektteam präsentiert, ggf. in Zusammenarbeit mit externen Beratern, dem Entscheidungsgremium wichtige Zwischenergebnisse. Dadurch wird eine Kontrolle des Projektablaufs möglich und gleichzeitig eine Basis für weitere Entscheidungen geliefert.

Es bestehen unterschiedliche Möglichkeiten, den Projektleiter organisatorisch in die Hierarchie des Unternehmens oder der Behörde einzubinden. Im wesentlichen lassen sich die drei Organisationsformen "Reine Projektorganisation", "Matrix-Projektorganisation" und "Stabs-Projektorganisation" unterscheiden. Darüber hinaus besteht die Möglichkeit, EDI-Projekte im Rahmen der bestehenden Organisation einem Fachbereich zu übertragen, d. h. auf die Bildung projektbezogener Stellen zu verzichten. Dieses Vorgehen ist nur bei kleineren, relativ unbedeutenden Projekten sinnvoll. EDI-Projekte sind jedoch durch einen hohen Komplexitätsgrad gekennzeichnet und haben erhebliche wirtschaftliche und organisatorische Auswirkungen für das Unternehmen. Aus diesem Grund sollten projektorientierte Organisationsformen zur Durchführung von EDI-Projekten eingesetzt werden.

Der Grad der Ausrichtung auf die Projektziele ist bei der **"Reinen Projektorganisation"** durch die Bildung selbständiger Projektbereiche bzw. Projektteams am höchsten. Der EDI-Projektbereich kann bei besonders bedeutsamen EDI-Projekten als eigenständiger Bereich unmittelbar der Unternehmensleitung bzw. dem Amtsleiter unterstellt sein oder als nachgeordneter Bereich der Organisations-/DV-Abteilung bzw. dem betroffenen Fachbereich mit der dazugehörigen Anwendung. Dem Projektleiter werden Mitarbeiter aus den Unternehmensbereichen bzw. unternehmensexterne Mitarbeiter zugeordnet. Gegenüber diesen Mitarbeitern hat er uneingeschränkte Weisungsbefugnis. Der Projektleiter plant, steuert und kontrolliert sämtliche EDI-Projektaktivitäten. Nachteilig wirken sich hier jedoch die hohen organisatorischen Umstellungskosten nach Beendigung des Projektes aus.

In der **"Matrix-Projektorganisation"** werden die Kompetenzen zwischen dem EDI-Projektleiter und den Fachbereichsleitern aufgeteilt. Die Projektmitarbeiter verbleiben in ihrem Fachbereich, erhalten jedoch sowohl von ihrem fachlichen Vorgesetzten als auch von dem Projektleiter Anweisungen. In diesem Fall kann es zu Konflikten bei der Aufgabenerfüllung kommen, wenn die Mitarbeiter parallel zu den EDI-Projektaufgaben ihre fachbereichsbezogenen Tätigkeiten ausführen müssen. Zum einen kann es zu einer Überlastung des Mitarbeiters kommen, zum anderen können EDI-Projektaktivitäten zugunsten fachlicher Aufgaben vernachlässigt werden, da der Fachbereichsleiter die Personalverantwortung besitzt, d. h. die Karriereplanung im wesentlichen beeinflussen kann. Stehen die Personalressourcen für die Durchführung des EDI-Projektes infolgedessen nicht mehr in ausreichendem Maße zur Verfügung, sind motivationsmindernde Wirkungen auf den Projektleiter möglich, da eine wichtige Einflußgröße für den Projekterfolg nicht mehr in seiner Kontrolle liegt. Auf der anderen Seite erlaubt diese Organisationsform eine enge Kooperation mit den beteiligten Fachbereichen. Die Berücksichtigung der unterschiedlichen Sichtweisen und Anforderungen der Fachbereiche verhindert Insellösungen. Allerdings zeigt diese Organisationsform schon, daß bei der Matrixprojektorganisation ganz andere Anforderungen an den Planungsdetaillierungsgrad und die Eintrittswahrscheinlichkeit des Ereignisses gestellt werden als bei der reinen Projektorganisation.

Die organisatorische Ausrichtung auf das EDI-Projekt ist bei der **"Stabs-Projektorganisation"** am geringsten. Der Projektleiter ist bei dieser Organisationsform in einer Projekt-Stabsstelle für die Informationssammlung und Entscheidungsvorbereitung zuständig. Er hat gegenüber den am Projekt beteiligten Unternehmensbereichen keine Weisungsbefugnis.

Die Wahl der optimalen Organisationsform für die Projektabwicklung ist in erster Linie von der Größe und dem Komplexitätsgrad des EDI-Projektes abhängig. Soll z. B. lediglich die elektronische Fernmelderechnung (ELFE) über EDI ohne umfassende Anpassungen der Software an die unternehmensspezifischen Anforderungen durchgeführt werden, kann diese Aufgabe unter Umständen vom betroffenen Fachbereich übernommen oder im Rahmen einer Stabs-Projektorganisation ausgeführt werden. Bei EDI-Projekten, die eine Anbindung weltweit verzweigter Niederlassungen mit hohem Datenaustauschvolumen zum Ziel haben, ist dagegen die Bildung eines selbständigen Projektteams oder eines Projektbereichs eine sinnvolle Organisationsform.

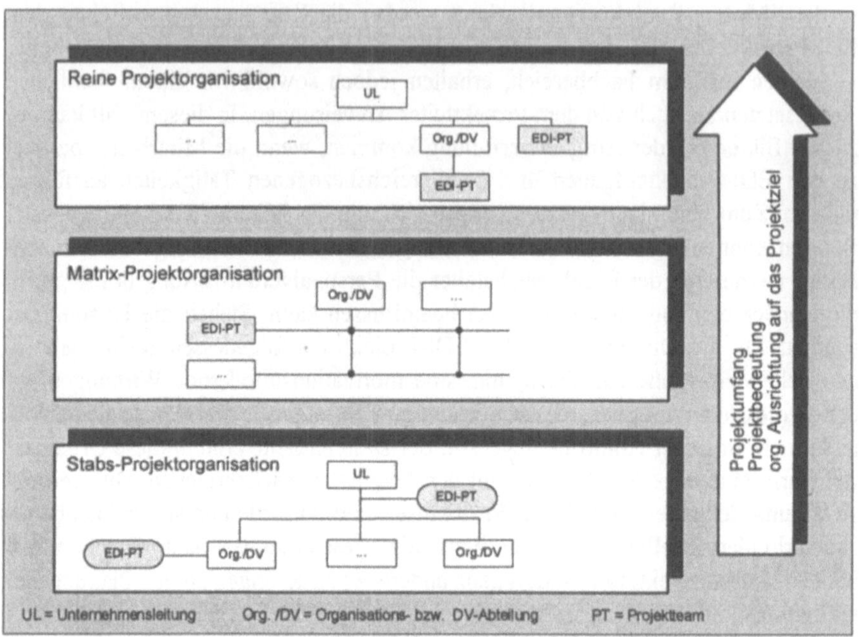

Abb. 39: Organisatorische Einordnung des EDI-Projektteams (EDI-PT)

Nach Abschluß des EDI-Projektes sind für den weiteren Verlauf auf Managementebene je nach Projektgröße die **EDI-Koordinationsfunktionen** zu definieren. Es gibt sowohl unternehmensintern als auch unternehmensextern unterschiedliche zu betreuende Funktionen, so daß in der Regel mehrere Personen mit der Ausübung dieser Aufgaben betraut werden. Eine leitende Stellung sollte hierbei der ehemalige Projektleiter einnehmen. Dies ergibt sich allein schon aus seinem umfassenden bereichsübergreifenden EDI-Wissen, das er sich im Projektverlauf erworben hat. Die EDI-Koordinationsfunktionen können wiederum in einem selbständigen EDI-Bereich, in der Matrixorganisation oder als Stabsstelle in der Aufbauorganisation verankert werden. Die Aufgaben können aber auch auf eine Person fokussiert werden, die in der DV-Abteilung tätig ist.

Entscheidend für die Ausgestaltung dieses Aufgabenbereichs ist der Umfang und die Bedeutung der EDI-Aktivitäten für den Unternehmenserfolg. Das zu erfüllende Aufgabenspektrum umfaßt die Leitung und Steuerung sämtlicher EDI-Aktivitäten. Verantwortlichkeiten werden hinsichtlich der Funktionalität, der Weiterentwicklung und der Wirtschaftlichkeit der laufenden Produktiv-Lösung vergeben.

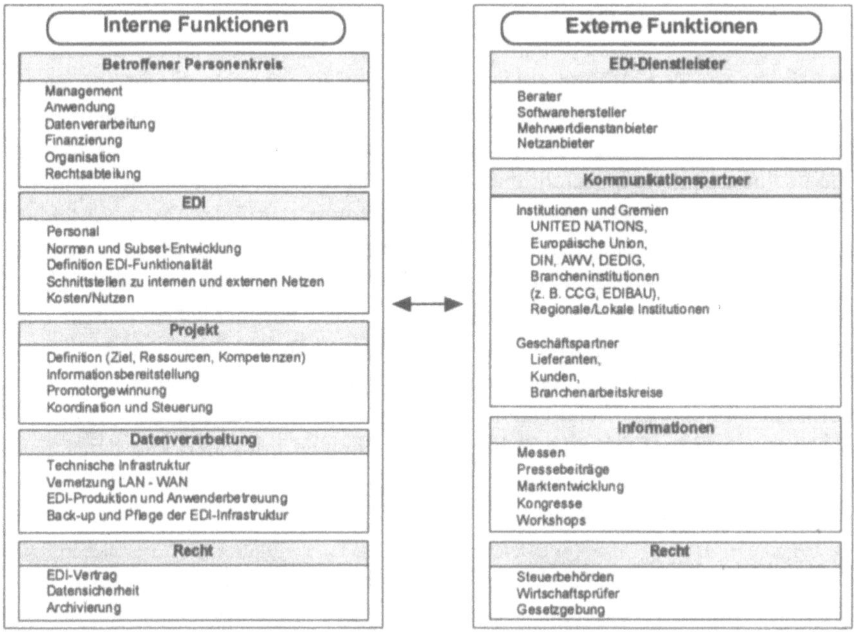

Abb. 40: EDI-Koordinationsfunktionen

Auf operativer Ebene sind die Positionen eines **EDI-Operators** und/oder **EDI-Administrators** zu besetzen, die dem **EDI-Koordinator** unterstellt sind. Die letztgenannten Positionen werden i. a. aus dem DV-Fachbereich rekrutiert. Der EDI-Operator sorgt für den reibungslosen Ablauf der EDI-Produktion auf ausschließlich technischer Ebene, in die eigentlichen EDI-Anwendungsprozesse greift er jedoch nicht ein. Die Analyse und Einrichtung der EDI-Anwendung gehört zum Aufgabenbereich des EDI-Administrators. Seine Arbeit beinhaltet alle Tätigkeiten, die zur Herstellung der EDI-Produktion erforderlich sind. Hierzu gehören u. a. die Definition der relevanten Datenstrukturen in Zuordnungstabellen im EDI-System sowie die jeweiligen unternehmensspezifischen Anwendungsmodifikationen. Um diesen Anforderungen gerecht zu werden, sind ggf. aufgrund des spezifischen Fachwissens auf dem EDI-Gebiet besondere Schulungsmaßnahmen für die EDI-Administratoren erforderlich.

3.2.3 Schulungsmaßnahmen

Der Erfolg der EDI-Einführung wird entscheidend davon mitbestimmt, inwieweit die EDI-Anwender in den Fachbereichen die theoretisch vermittelten EDI-Grundlagen in der Praxis technisch einwandfrei umsetzen können. Aus diesem Grund sollte parallel zur Durchführung der EDI-Projektaktivitäten eine Schulung der durch die EDI-Anwendung betroffenen Personen stattfinden. Nach Abschluß des EDI-Projektes ist eine permanente Anwenderunterstützung, die die laufende Betreuung und weitergehende, u. U. vertiefende Schulungsmaßnahmen beinhaltet, notwendig. Die intensive Benutzerbetreuung in den Fachbereichen fällt in den Aufgabenbereich des EDI-Koordinators, der die Abläufe in den Fachbereichen und die Potentiale der Kommunikationstechnologie genau kennen sollte. Der EDI-Koordinator bildet die Schnittstelle zwischen Fachbereich und der Org./DV-Abteilung, die er zu EDI-spezifischen Fragestellungen informiert und berät. Neben der Anwenderbetreuung liegt der zweite Aufgabenschwerpunkt des Benutzerservice in der EDI-Systempflege und -verwaltung.

Vor diesem Hintergrund muß der EDI-Koordinator zum Thema EDI und UN/edifact umfassendes Spezialwissen besitzen. EDI-Schulungsmaßnahmen richten sich daher auch an den EDI-Koordinator selbst sowie an die Mitarbeiter, welche die EDI-Produktion technisch betreuen (EDI-Operator, EDI-Administrator). Während bei der Anwenderschulung die Bedienung des EDI-Systems im Vordergrund steht, werden bei der Systemverwalterschulung die DV-technischen Komponenten des EDI-Systems, wie Anwendungs- und Netzintegration, EDI-Systempflege und -modifikation, mit den Arbeitsschritten Definition der Inhouse-Strukturen und der Zuordnungen sowie die Themengebiete Struktur der UN/edifact-Nachrichten, Archivierung, Datensicherung, interne und externe Kommunikation und Fehlerbehandlung eingehend behandelt.

Im Rahmen der Anwenderschulung wird dem EDI-Anwender das nötige Wissen vermittelt, um die Basisfunktionen des EDI-Systems mittels Hilfseinrichtungen und Handbüchern zu beherrschen, Systemreaktionen aufgrund von Bedienungsfehlern zu kennen und entsprechende Korrekturmaßnahmen einzuleiten. Neben Kenntnissen zum EDI-System sollte auch in rechtlicher und organisatorischer Hinsicht EDI-Know-How vermittelt werden, um den Mitarbeitern die Gesamtzusammenhänge aufzuzeigen und den Anwender zur aktiven Mitwirkung bei der Gestaltung technisch-organisatorischer Innovationen in seinem Arbeitsbereich anzuregen.

Schulungsinhalte

☐ Generelle EDI- und UN/edifact-Einführung

☐ Konsequenzen des EDI-Einsatzes für den Arbeitsablauf

☐ Rechtliches Hintergrundwissen (Datensicherung, Archivierung)

☐ Telekommunikationsverfahren, Netz- und Anwendungsintegration

☐ UN/edifact-Regelwerk, UN/edifact-Normdatenbank

☐ Schulung am EDI-System, Handhabung, Systempflege und -modifikation

☐ Fehlerbehandlungsverfahren

➡ Themenauswahl ist abhängig von der EDI-Position des Schulungsteilnehmers (z. B. Anwender, Systemverwalter)

Abb. 41: EDI-Schulung

3.3 EDI-Rahmenbedingungen

3.3.1 Sicherheits- und Kontrollaspekte

Mit der Abwicklung geschäftlicher Transaktionen über EDI und der damit verbundenen Integration, Dezentralisierung und Vernetzung von Systemen steigt die Anzahl der Kommunikationsverbindungen und damit auch die Möglichkeit eines unerwünschten Zugriffs auf Datenbestände.

Da bei der elektronischen Datenübermittlung rechtsverbindliche, wirtschaftlich bedeutsame Informationen mit externen Partnern über öffentliche Netze ausgetauscht werden, besteht generell ein ausgeprägtes Risikobewußtsein. Der Schutz der elektronisch gespeicherten, verarbeiteten und übertragenen Information gegen beabsichtigte oder unbeabsichtigte Risiken durch umfassende Sicherheitskonzepte gewinnt vor diesem Hintergrund immer mehr an Bedeutung, denn eine sichere und zuverlässige Kommunikation bildet die Basis für die elektronische Geschäftsabwicklung.

3.3.1.1 Gefährdungsgebiete

Sicherheit heißt, Bedrohungen gegen ein System abzuwehren. Neben externen Bedrohungen können auch von den internen Benutzern, die die innerbetrieblichen Schwachstellen kennen, Gefahren ausgehen. Sabotage und Manipulationen, aber auch Bedienungsirrtümer und Nachlässigkeit der Mitarbeiter, können die Sicherheit beeinträchtigen. Die regulären Benutzer können sich unloyal verhalten, indem sie Handlungen ableugnen. Der Absender kann beispielsweise leugnen, die Nachricht abgesendet zu haben, der Empfänger, sie erhalten zu haben, um sich so den rechtlichen Konsequenzen zu entziehen.

Zudem können technische Mängel zu Datenverlusten führen. Um sich bei einem technischen Systemausfall gegen den Verlust der Daten zu schützen, gewinnt das Thema Back-up-Konzept bei den EDI-Anwendern zunehmend an Bedeutung.

Bedrohungen beim EDI-Einsatz betreffen jedoch in erster Linie externe Angriffe, die sich sowohl gegen EDI-Anwendungsprozesse als auch gegen Verbindungen zwischen diesen richten können. Angriffe gegen eine Verbindung umfassen das Mitlesen oder Modifizieren von Datenpaketen auf der Leitung oder das Unterbrechen der Leitung. Angriffe gegen ein System umfassen das Lesen und Verändern von gespeicherten Meldungen oder Verwaltungsinformationen.

Einmal in die Verbindung oder ein System eingedrungen, stehen dem Angreifer verschiedene Möglichkeiten einer Manipulation offen. Er kann z. B.:

- [ ] durch Stören einzelner Systeme und Verbindungen den EDI-Betrieb einschränken oder vollständig unterbinden
- [ ] in das EDI-System oder die Verarbeitungssysteme eindringen
- [ ] Nachrichten falsch weiterleiten, mitlesen, duplizieren oder in ihrer Reihenfolge vertauschen
- [ ] Nachrichten abändern, löschen oder eigene Informationen hinzufügen
- [ ] scheinbar authentisierte Daten einschleusen
- [ ] Viren-infizierte Programme einschleusen

3.3.1.2 Sicherheitsmechanismen

3.3.1.2.1 Überblick

Die angesprochene Verletzbarkeit und Vertraulichkeit von Daten und Programmen erfordert die Sicherstellung einer ausreichenden und umfassenden Datensicherung. Wichtige Voraussetzung für die elektronische Übermittlung von Verträgen, Dokumenten oder Zahlungsanweisungen sind in diesem Zusammenhang überprüfbarer Absender, Zugriffskontrolle, garantierte Integrität der übermittelten Nachrichten, Absende- und Empfangsbestätigungen sowie die Vertraulichkeit übermittelter Daten und Schutz vor Verlust oder Verdopplungen.

Tabelle 13: Sicherheitsziele

Authentisierung	Echtheitsprüfung der behaupteten Identität eines Kommunikationspartners oder einer Datenquelle.
Zugriffskontrolle	Das von einer Person vorgelegte Recht wird überprüft mit der erforderlichen Berechtigungsstufe, auf bestimmte Daten zugreifen zu dürfen, um eine unauthorisierte Nutzung von Informationen zu verhindern.
Vertraulichkeit	Status von Daten, der bestimmt, daß die Informationen nur berechtigten Personen zur Kenntnis gelangen sollen. Die Vertraulichkeit gewährleistet den Schutz der Daten vor unautorisierter Aufdeckung.
Integrität	Zustand der Unversehrtheit von Daten.
Unwiderrufbarkeit	Gewährleistung, daß keiner der Kommunikationspartner seine Teilnahme an der Kommunikation bestreiten kann.

Die Sicherheitsziele werden durch den Einsatz effizienter und aufeinander abgestimmter Maßnahmen erreicht. Dazu gehören außer gesetzlichen Regelungen auch technische und organisatorische Vorkehrungen. Verfahren zur Sicherung von Informationen sind u. a. Verkryptung, elektronische Unterschrift und Audit-Trail-Funktionen. Persönliche Identifikationsnummern (PIN), Transaktionsnummern und Paßwörter schützen Informationen vor unbefugtem Zugriff.

Mechanismen zur Sicherstellung der Integrität sollen erkennbar machen, ob beim Datentransfer Daten modifiziert, eliminiert, verdoppelt, eingefügt oder in ihrer Reihenfolge verändert wurden. Die Identifizierung von Integritätsverletzungen wird durch verschlüsselte Paßworte, die der übermittelten Information hinzugefügt wurden, erreicht. Bei dem Erzeugen dieser Paßwörter sollten bestimmte Regeln beachtet werden. Zum Beispiel sollte eine Mindestlänge eingehalten und ein Algorithmus verwendet werden, der eine Zufallskombination aus Groß- und Kleinbuchstaben, Ziffern und Sonderzeichen zwingend vorschreibt.

Paßwörter dienen zudem der Zugangskontrolle. Um den unberechtigten Zugang zu EDI-Nachrichten zu verhindern, sollten im EDI-System Maßnahmen wie regelmäßige Paßwortänderungen, automatisches "Logoff" bei längerer Inaktivität sowie eine Mindestlänge des Paßwortes von acht Zeichen vorgesehen sein. Zusätzlich verhindert ein abgestuftes Berechtigungssystem für Anzeige- und Pflegeberechtigungen, daß nicht autorisierte Personen EDI-Nachrichten erstellen oder verändern können.

Für die Überprüfung der Reihenfolge von Dateneinheiten sind Mittel wie Zeitstempel oder Folgenummern erforderlich. Das EDI-System sollte in der Lage sein, automatisch einen Zeitstempel bei Versand der Nachrichten bzw. Dateien zu vergeben sowie fortlaufende Nummern für die übertragenen EDI-Nachrichten in die hierfür vorgesehenen UN/edifact-Segmente einzutragen. Durch eine automatische Empfangsbestätigung bei Eingang der Nachricht in das EDI-System kann dem Absender der Erhalt der Nachricht quittiert werden.

EDI-Systemanforderungen

Datensicherheit/ Integrität	◻ Übertragungsprotokoll ◻ Verkryptung
Zugriffsschutz/ Vertraulichkeit	◻ Identifizierung über Partnerprofil ◻ Paßwort ◻ Verkryptung
Zustellbeweis	◻ Empfangsbestätigung
Authentisierung	◻ Protokollierung ◻ Elektronische Unterschrift

Abb. 42: EDI-Systemanforderungen

Aber auch technische Systemlösungen selbst sowie leistungsfähige Übertragungsmedien wie Glasfaser und das Zusammenfassen von Übertragungswegen zu hochkanäligen Systemen verbessern den Schutz und die Sicherheit von Daten.

Grundsätzlich müssen sich Sicherheitsmaßnahmen auf die Eingabe/Ausgabe, Be-/Verarbeitung, Speicherung und den Transport der Daten erstrecken. Im Rahmen der EDI-Verfahren wird der Schwerpunkt der Betrachtung auf den Transport und die Speicherung der Informationen gelegt. Art und Umfang der eingesetzten Maßnahmen richten sich dabei nach spezifischen Gegebenheiten, beispielsweise der Sensitivität der ausgetauschten Daten sowie der unternehmensinternen Systemumgebung und -architektur. So werden z. B. die sicherheitstechnischen Möglichkeiten wesentlich durch die Wahl des Betriebssystems bestimmt. Bei Mehrbenutzer-Betriebssystemen sind Autorisierungsmechanismen mit gängigen Authentisierungsverfahren (User-ID und Paßwort) und einer Verwaltung differenzierter Benutzerrechte integrierte Grundbestandteile des Systemkerns. Im Gegensatz hierzu verfügt MS-DOS über keine Sicherheitsvorkehrungen. Darüber hinaus richten sich die Sicherheitsanforderungen auch nach der Branchenzugehörigkeit, wobei die qualitativen Anforderungen in der Finanzdienstleistungsbranche am stärksten ausgeprägt sind.

Auf einzelne Sicherheitsmaßnahmen, die für den EDI-Betrieb bedeutsam sind, wird im folgenden näher eingegangen.

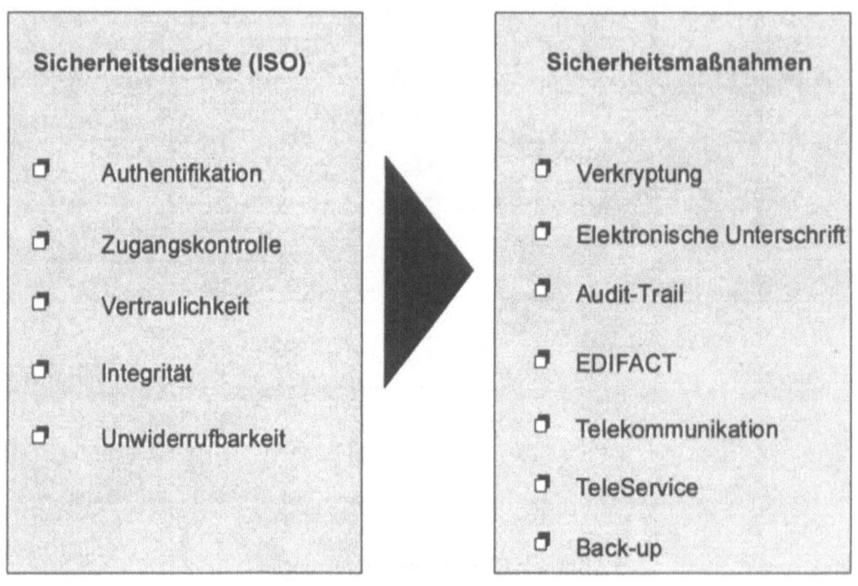

Abb. 43: Sicherheitsmaßnahmen

3.3.1.2.2 Verschlüsselung von Nachrichten (Verkryptung)

Der Einsatz kryptografischer Verfahren hat eine Transformation der Daten zum Ziel, um deren Inhalt zu verbergen sowie deren unbemerkte Modifizierung und unautorisierte Benutzung zu verhindern. Die Software für die Verkryptung der Daten wird über eine Schnittstelle in das EDI-System eingebunden.

Bekannte Kryptosysteme sind das DES (Data Encryption Standard)- und das RSA (Rivest, Shamir, Adleman)-Verfahren.

Symmetrische Kryptosysteme (z. B. DES-Algorithmus)

Bei symmetrischen Kryptosystemen wird zur Ver- und Entschlüsselung jeweils der gleiche, von beiden Kommunikationspartnern geheimzuhaltende Schlüssel verwendet.

Der Nachteil dieses Verfahrens besteht darin, daß beide Partner für die Geheimhaltung des Schlüssels verantwortlich sind. Einerseits stellt sich das Problem des

Verteilens der Schlüssel, andererseits muß darauf geachtet werden, daß der Kommunikationspartner den Schlüssel nicht weitergibt oder ihn mißbraucht. Das Schlüsselmanagement ist bei vielen Kommunikationspartnern sehr aufwendig, da für jeden Partner ein Schlüssel erzeugt und verwaltet werden muß. Die Verwaltung der Schlüssel wird noch aufwendiger, wenn man bei höheren Sicherheitsanforderungen mit häufig wechselnden Schlüsseln aus Schlüsselpools arbeitet. Elektronische Unterschriften sind nicht möglich. Der Empfänger kann nicht beweisen, daß eine Meldung von dem Partner stammt, da er eine beliebige Meldung selber erstellen und chiffrieren (verschlüsseln) kann.

Der Vorteil liegt in der relativ schnellen Ver- und Entschlüsselung.

Asymmetrische (Public Key) Kryptosysteme

Im Gegensatz dazu werden bei asymmetrischen Kryptosystemen getrennte Schlüssel für Chiffrierung und Dechiffrierung verwendet. Jeder Kommunikationspartner erhält ein Schlüsselpaar, das aus einem geheimen Schlüssel (secret key) und einem dazu passenden persönlichen Schlüssel besteht. Der Code wird mit einem nur dem Absender bekannten geheimen Schlüssel erzeugt. Die Prüfung des Codes geschieht beim Empfänger mit Hilfe des dazu passenden Schlüssels, der vom Absender - wie eine Telefonnummer - für alle EDI-Partner öffentlich bekannt gemacht wurde. Bei Verwendung des RSA-Verfahrens besteht ein solcher Schlüssel aus zwei Zahlen mit je über 100 Dezimalstellen.

Asymmetrische Kryptosysteme werden im Bereich der Datenkommunikation auf zwei Arten angewendet: zur Chiffrierung einer Meldung an einen bestimmten Empfänger und zur Erzeugung elektronischer Unterschriften.

Der große Vorteil dieses Verfahrens ist das einfache Schlüsselmanagement: unabhängig von der Zahl der EDI-Partner kommt man mit einem einzigen geheimen und dem dazugehörigen öffentlichen Schlüssel aus.

Jeder Kommunikationspartner ist für die Geheimhaltung seines Schlüssels allein verantwortlich. Die Sicherheit eines Systems hängt jedoch in hohem Maße davon ab, ob der Benutzer seinen privaten Schlüssel geheimhalten kann. Je nach Sicherheitsanforderung kann hierbei der Schlüssel auf einer Chipkarte gespeichert werden.

Zusätzliche Möglichkeiten zur Speicherung des Schlüssels sind das Abspeichern im chiffrierten Zustand auf einer Datei im Rechner oder in einem persönlichen Speichermodul. Der Benutzer aktiviert das Speichermodul durch Eingabe eines PIN-Codes.

Der Nachteil des asymmetrischen Kryptosystems besteht darin, daß der Algorithmus bei diesem Verfahren rechnerisch sehr aufwendig ist. Selbst sehr schnelle Rechner haben bei größeren Datenmengen erhebliche Zeitprobleme. Aus diesem Grund werden in der Praxis schnelle symmetrische und langsamere asymmetrische Systeme kombiniert. Die Meldung selber wird mit einem symmetrischen Verfahren chiffriert. Dazu wird zufällig ein spezieller Schlüssel gewählt, der nur für die Einzelmeldung gültig ist. Dieser Meldungsschlüssel wird mit dem öffentlichen Schlüssel des Empfängers chiffriert und ebenfalls übermittelt.

3.3.1.2.3 Elektronische Unterschrift

Die elektronische Unterschrift zielt darauf ab, die eigenhändige Unterschrift durch ein für die elektronische Übermittlung geeignetes Verfahren zu ersetzen, das auch juristisch nachprüfbar ist. Die elektronische Unterschrift ist eine nur dem Sender bekannte und ihn eindeutig ausweisende Information. Sie stellt sicher, daß Inhalt und Absender der Nachricht authentisch sind.

Das allgemein übliche Verfahren für die elektronische Unterschrift verwendet den RSA-Algorithmus. Asymmetrische Chiffrierverfahren werden mit Prüfsummenalgorithmen kombiniert.

Im Unterschied zur Verschlüsselung wird der Text im Originalzustand als Klartext belassen. Die elektronische Unterschrift wird als verschlüsseltes Datenelement lediglich an das Ende des Textes angehängt.

Zur Erzeugung der Unterschrift wird die Nachricht mit einem Hash-Verfahren (Faltungsfunktion, Ergebnis ist ähnlich einer Quersumme) komprimiert. Die Prüfsumme, die dabei entsteht, wird mit dem geheimen Schlüssel des Absenders verschlüsselt und an den Text angehängt.

Der Empfänger kann die Prüfsumme aus dem Meldungsinhalt neu berechnen und den vom Absender übermittelten Wert durch Dechiffrieren mit dem öffentlichen Schlüssel des Absenders zurückgewinnen. Stimmen die Prüfsummen überein, dann ist nachgewiesen, daß die Unterschrift vom Inhaber des geheimen Schlüssels produziert wurde und der Text unversehrt ist. Im Fall einer Textveränderung würde man eine Prüfsumme erhalten, die nicht mit dem Ergebnis der Entschlüsselung der Unterschrift übereinstimmt.

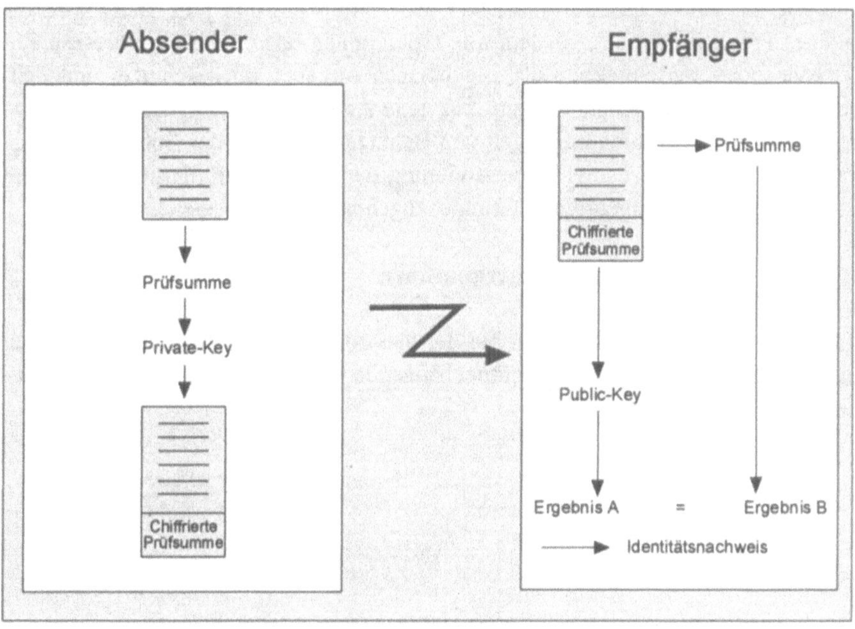

Abb. 44: Elektronische Unterschrift

3.3.1.2.4 Audit-Trail

Audit-Trail-Funktionen umfassen sowohl die Protokollierung der Bearbeitungsschritte vom Empfang der Daten bis zur Weiterleitung an die Inhouse-Systeme als
auch der Benutzeraktivitäten im weiteren Belegfluß. Ziel der Protokollierung ist
es, die Datenverarbeitung nachvollziehbar und revisionsfähig zu machen.

Sämtliche Nachrichteneingänge und -ausgänge werden protokolliert. Bearbeitungsschritte und deren Ergebnisse wie syntaktische Prüfung, Ver- oder Entkryptung, Konvertierung und Weiterleitung an die Inhouse-Systeme sollten nachvoll-
zogen werden können. Von dem EDI-System ist neben dem Ablaufprotokoll gegebenenfalls ein Fehlerprotokoll zu erstellen, das die Ergebnisse des Syntaxchecks
und Abbruchstellen aufgrund aufgetretener Fehler bei der Datenübertragung an-
zeigt.

Zusätzlich sollte für eine Beweissicherung nachvollziehbar sein, wer wann welche
Operationen durchgeführt hat, d. h., das System sollte über Audit-Trail-
Funktionen verfügen, mit denen die Nutzung des Identifikations- und Authentisie-
rungsmechanismus oder Aktionen mit besonderen Rechten protokolliert werden.
Durch eine dateibezogene Protokollierung läßt sich gezielt ermitteln, wer wann

und wie auf eine schutzwürdige Datei zugegriffen hat. Für jede Datei wird ein eigenes Protokoll geführt, in dem alle Operationen, also auch abgewiesene Zugriffsversuche, einschließlich der zugehörigen Angaben über Benutzer und Zeitpunkt festgehalten werden. Zudem muß jede Änderung der Zugriffsberechtigungen der Benutzer (Neueintragungen von Benutzern, Ändern der Befugnisse, Austragen von Benutzern) sowie jede Änderung der Zugriffsanforderungen von Dateien (Attribute wie Eigentümer, Gruppenzugehörigkeiten) festgehalten werden.

3.3.1.2.5 UN/edifact-Kontrollmechanismen

Um ein hohes Maß an Sicherheit bei der elektronischen Übermittlung der Daten zu gewährleisten, wurden Kontrollmechanismen wie Kontrollnummern und Zähler in die EDI-Standards integriert.

EDIFACT	
Authentifikation	❐ Übermittlung elektronischer Unterschriften (AUT-Segment)
	❐ Austausch partnerspezifischer Paßworte (UNB-Segment)
	❐ Sender-/Empfängerkennung (UNB-Segment)
Integrität	❐ Vollständigkeitsprüfung durch Nachrichten-/ Segment-Zähler (UNT-/UNZ-Segment)
	❐ Prüfung der Reihenfolge durch Nachrichten-Übermittlungsfolgenummer (UNH-Segment)

Abb. 45: Sicherheitsmechanismen

Zur Überprüfung der Vollständigkeit sieht UN/edifact einen Nachrichten-Zähler im UNZ-Segment, der die Anzahl der übermittelten Nachrichten bzw. Nachrichtengruppen in einer Datei angibt, sowie einen Segment-Zähler im UNT-Segment vor. Die Datenaustausch-Referenz stellt sicher, daß alle Dateien eines EDI-Partners auch empfangen wurden. Dabei handelt es sich um eine Nummer, die pro

EDI-Partner bei jeder Übertragung um eins hochgezählt und vom Empfänger geprüft wird.

Zusätzlich bietet UN/edifact die Möglichkeit, elektronische Unterschriften im Rahmen der bestehenden UN/edifact-Syntax in einer Nachricht zu übermitteln. Verwendet werden können sowohl symmetrische als auch asymmetrische Verschlüsselungsmethoden. Bei der Übertragung von UN/edifact-Dokumenten wird zunächst der Text in der Inhouse-Anwendung erstellt, anschließend vom EDI-System in das UN/edifact-Format konvertiert und das Hash-Verfahren angewendet. Die Prüfsumme wird mit dem geheimen Schlüssel des Autors transformiert und in das AUT-Segment der UN/edifact-Nachricht eingetragen. Zusätzlich ist das verwendete Hash-Verfahren in codierter Form in der UN/edifact-Nachricht zu hinterlegen.

Eine weitere Sicherheitsmaßnahme stellt die Übermittlung eines partnerspezifischen Paßwortes dar. Die Paßworte aller EDI-Partner können zentral in den EDI-Partner-Profilen des EDI-Systems hinterlegt werden. Beim Nachrichtenausgang schickt der EDI-Partner sein Paßwort mit. Die eingehende Nachricht wird nur dann weiterverarbeitet, wenn das Paßwort mit dem im EDI-Partnerprofil hinterlegten Paßwort übereinstimmt.

3.3.1.2.6 TeleService

Die o. g. Verfahren zielen auf die Vermeidung von Angriffen. Sicherheitskonzepte müssen jedoch auch die Beseitigung technischer Störungen umfassen, um eine reibungslose EDI-Produktion zu gewährleisten.

Eine schnelle und effiziente Störungsbeseitigung erfordert die Einrichtung eines zentralen TeleService. Aus zeitlichen und wirtschaftlichen Gründen bieten sich Unterstützungen über die Telekommunikation an. Der TeleService soll in der Lage sein, das gesamte Spektrum des EDI von der Anwendung des Senders bis zur Anwendung des Empfängers einschließlich aller EDI-Funktionen und der Telekommunikation abzudecken.

Der telefonische Hot-Line-Support kann zur Telediagnose über die Einwahl in den EDI-Server die Störsituation analysieren und gegebenenfalls die notwendige Fehlerbehandlung vornehmen. Die Einschaltung kann nur in Abstimmung beider Partner und nach Freigabe durch das Zielsystem stattfinden. Soweit neue Software oder Softwaremodule erforderlich sind, wird per TeleSoftware die erforderliche Version übermittelt.

3.3.1.2.7 Back-up-Konzept

Durch den Einsatz von Back-up-Konzepten ist die Produktionssicherheit zu gewährleisten. Hinzu kommt, daß der Verlust der EDI-Nachrichten, z. B. infolge eines Systemausfalls, verhindert wird. Entsprechend den Organisationsregeln des Unternehmens werden spezielle Sicherungen von hierfür verantwortlichen Operatoren durchgeführt. Das System kann in seiner Gesamtheit nicht abgeschaltet werden, bevor die Sicherungsläufe durchgeführt und damit eine Mindestsicherung erreicht wurde.

Man unterscheidet inkrementelle und vollständige Datensicherung. Bei einer vollständigen Sicherung werden alle UN/edifact-Dateien, die im EDI-System vorhanden sind, auf das Sicherungsmedium (z. B. Magnetband) kopiert. Bei einer inkrementellen Sicherung werden nur diejenigen UN/edifact-Dateien bzw. Nachrichten auf das Sicherungssystem kopiert, die seit der letzten Sicherung empfangen oder abgeschickt wurden.

3.3.1.2.8 Sichere Kommunikationsverfahren

Zusätzliche Sicherheitsvorkehrungen lassen sich im Bereich der internen und externen Telekommunikationsverbindungen treffen. Durch die Öffnung der LAN-Infrastruktur eines Unternehmens zur Außenwelt ergeben sich Sicherheitsprobleme, da Unbefugte versuchen können, auf Informationen im organisationsinternen Netz zuzugreifen. Besonders problematisch ist der interaktive Zugriff über das lokale Netz, z. B. im Rahmen der Punkt-zu-Punkt-Kommunikation über FTAM, da in diesem Fall eine End-zu-End-Verbindung vom Start- zum Zielsystem erforderlich ist. Hier muß darauf geachtet werden, die einzelnen Rechner im lokalen Netz gegen unbefugtes Eindringen abzusichern, indem nur ein kleines isoliertes Netz oder ein einzelner Rechner nach außen geöffnet wird.

Für Anwendungen mit hohem Sicherheitsbedarf hat sich inzwischen die EDI-Server-Architektur durchgesetzt. Dabei wird zwischen dem HOST, auf dem die Anwendungen laufen, und der Telekommunikation ein PC oder eine Workstation als Server installiert. Während der Telekommunikation kann die physische Verbindung zum HOST getrennt werden. Die Serverfunktionen werden je nach Erfordernis der Anwendungen mit denen des HOST über File-Transfer, automatischen Dialog oder Programm-zu-Programm Kommunikation verbunden.

Zudem sehen die FTAM-Standardempfehlungen bereits eine Reihe aufwendiger Sicherheitsmaßnahmen vor. FTAM definiert sowohl Verschlüsselungsmethoden als auch Mechanismen zur Zugriffskontrolle auf Daten und Kennwörter zur Überprüfung der Identität und Maschinenauthentifikation des Initiators einer FTAM-Sitzung. Für jedes Dokument im Dokumentenverzeichnis können spezifische

Zugriffsrechte und Verschlüsselungsarten festgelegt werden. Es wäre beispielsweise möglich, nur das Schreiben von Dateien im entfernten Rechner zuzulassen und Lesezugriffe zu untersagen. Beim Schreiben von Dateien ist wiederum die Einschränkung sinnvoll, daß ausschließlich Daten und keine ausführbaren Programme übertragen werden dürfen. Auf diese Weise begegnet man der Gefahr von Virus-Programmen. Zusätzlich kann die Identität des jeweils letzten Benutzers pro Dokument festgehalten werden.

Im Gegensatz zur Punkt-zu-Punkt-Verbindung ist die elektronische Meldungsübermittlung über X.400 grundsätzlich sicherer, da kein direkter Zugriff auf den Rechner des Kommunikationspartners erfolgt. Kennzeichnend für diese Anwendung ist die Verwendung von MTAs (Message Transfer Agents), über die eine Meldung vom Start- zum Endsystem geleitet wird. Um Meldungen von einem internen Meldungsübermittlungssystem nach außen weiterzuleiten, muß lediglich ein Knoten im lokalen Netz nach außen geöffnet werden. Der MTA auf diesem Zugangsknoten akzeptiert Verbindungen aus dem externen Netz, empfängt Meldungen und speichert sie zunächst lokal. Anschließend wird die Meldung innerhalb des lokalen Netzes weitergeleitet, ohne daß der ursprüngliche Sender diese Verarbeitung beeinflussen kann. Da also keine End-zu-End-Verbindung zwischen den MTAs des Senders und des Empfängers erstellt werden muß, kann die Sicherheit des Netzwerkes sichergestellt werden, indem ein Zugangsknoten mit Mechanismen für eine strikte Zugangskontrolle und Protokollierung des Meldungsverkehrs ausgestattet wird.

Das Abschotten der Verarbeitungssysteme über zwischengeschaltete Gateways hat sich in der Praxis als wirkungsvolle Hürde gegen externe Angriffe bewährt. Gateways verhindern direkte Zugriffe von außen auf Daten und Programme der Verarbeitungssysteme. Sie verschleiern Protokolle und Zugriffsverfahren sowie Architektur und Standorte von Verarbeitungssystemen, auf die ein Angriff lohnend wäre.

Für einen sicheren Transport der Daten über die Leitung sorgt unter anderem die Leitweglenkungskontrolle. Die Leitweglenkungskontrolle erlaubt es, in Netzen dynamisch oder fest vereinbarte sichere Routen auszuwählen. Endsystemen wird es ermöglicht, explizit eine andere als die ursprünglich vom Netzdienst ausgewählte Route anzufordern oder gewisse Routen explizit auszuschließen.

3.3.2 Elektronische Archivierungsverfahren

Untersuchungen haben ergeben, daß trotz des zunehmenden Einsatzes der Informationstechnologie zur Zeit noch ca. 95 % der Informationen zusätzlich auf Papier gespeichert werden. Die herkömmliche Schriftgutverwaltung in Form von

Aktenordnern weist jedoch gegenüber elektronischen Archivierungsverfahren erhebliche Nachteile auf. Zusätzlicher Zeit- und Kostenaufwand entsteht vor allem durch eine fehlende Aktenpflege verbunden mit mangelnder Kennzeichnung und der Ablage am falschen Ort. Dies führt zu einer aufwendigen Aktensuche, die durch ein uneinheitliches Ablagesystem (Arbeitsplatz-, Abteilungs-, Zentralablage) noch erschwert wird. Hinzu kommen lange Transportwege zur Bereitstellung des archivierten Schriftgutes sowie Sicherheitsprobleme in der Ablage.

Die elektronische Archivierung ermöglicht eine Minimierung der Raum-, Personal-, Material- und Betriebskosten. Rationalisierungspotentiale lassen sich im Rahmen des elektronischen Datenaustausches jedoch nur optimal ausschöpfen, wenn Medienbrüche vollständig entfallen, d. h., elektronisch verschickte Dokumente werden nicht in Papierform ausgedruckt und in Archiven abgelegt, sondern direkt vor Versand bzw. nach Empfang als Original elektronisch archiviert und anschließend weiterverarbeitet. Durch eine zweckmäßige und wirtschaftliche Schriftgutorganisation wird ein schnelles Wiederauffinden der Dokumente, eine effizientere Schriftgutverwaltung und eine höhere Sicherheit ermöglicht. Voraussetzung sind jedoch geeignete organisatorische und technische Vorkehrungen. Zudem führt der elektronische Austausch von Ausschreibungs- oder Rechnungsdaten etc. zu veränderten rechtlichen Anforderungen bei den Bauämtern und den Unternehmen der Bauwirtschaft, da die UN/edifact-Nachricht das Papierdokument ersetzt. Die entsprechenden rechtlichen Erfordernisse muß jeder Anwender von EDI und UN/edifact erfüllen und gewährleisten.

3.3.2.1 Rechtliche Grundlagen

Anforderungen an eine beweissichere Archivierung von ausgetauschten Geschäftsdaten ergeben sich aus den Grundsätzen ordnungsgemäßer Buchführung und den Grundsätzen ordnungsgemäßer Speicherbuchführung (GoB, GoS) sowie aus den Vorschriften des Handelsgesetzbuches und der Abgabenordnung. Die GoS, die im Jahre 1978 vom Bundesfinanzministerium veröffentlicht wurden, stellen eine Ergänzung der GoB dar und legen fest, daß auch die Speicherbuchführung aufgrund des Datenaustausches die Belegfunktion erfüllt, wenn die Vollständigkeit der Inhalte nachgewiesen werden kann.

Gemäß der gesetzlichen Vorschriften sind Bilanzen, Handelsbücher, Aufzeichnungen, Inventare, Jahresabschlüsse, Lageberichte, Konzernabschlüsse und -lageberichte, Arbeitsanweisungen, Handels- und Geschäftsbriefe, Buchungsbelege und sonstige Steuerunterlagen nach gesetzlich definierten Umfängen und Fristen aufzubewahren (§§ 238 und 257-260 HGB, § 147 AO, Abs. 1 und 2). Die Fristen für die Aufbewahrung von Handelsbüchern, Inventaren, Jahresabschlüssen, Lageberichten und der Eröffnungsbilanz betragen zehn Jahre. Empfangene und abgesandte Handelsbriefe sowie Buchungsbelege sind sechs Jahre aufzubewahren (§ 257 Abs.4 HGB).

Darüber hinaus existieren in der Baubranche bezüglich der Aufbewahrungsfristen spezielle Vorschriften und Gesetze, wie z. B. die Verdingungsordnung für Bauleistungen (Teil A, § 22 schreibt vor, Angebote und ihre Anlagen sorgfältig zu verwahren und geheimzuhalten) oder die Richtlinien des Bundes für Baumaßnahmen (RBBau). Die RBBau legt die Aufbewahrungsfristen für Baurechnungen, Unterlagen für die Grundstücksakte und sonstige Unterlagen, zu denen unter anderem Pläne und Flächenberechnungen, die der Bauausführung entsprechen, und die genehmigte Haushaltsunterlage-Bau gehören, fest. Der entsprechende Auszug aus der RBBau kann im Anhang nachgelesen werden.

Nach §§ 257 Abs. 3 HGB, 147 Abs. 2 AO können alle Unterlagen mit Ausnahme der Eröffnungsbilanzen und Jahresabschlüsse zur Wiedergabe auf Datenträgern geführt werden, soweit die Form der Buchführung und die angewendeten Verfahren den Grundsätzen ordnungsgemäßer Buchführung entsprechen. Die Buchführung muß so beschaffen sein, daß sie einem sachverständigen Dritten "Innerhalb angemessener Zeit einen Überblick über die Geschäftsvorfälle und die Lage des Unternehmens" vermitteln kann. Die Geschäftsvorfälle müssen sich in ihrer Entstehung und Abwicklung vollständig, zeitgerecht, richtig und geordnet verfolgen lassen (§§ 238, Abs.1, 239 Abs. 2 HGB, 145 Abs.1 AO).

Für die Archivierung von ausgetauschten Geschäftsdaten kommen alle Speichermedien in Frage, mit deren Hilfe sie bildlich und inhaltlich gespeichert werden können. § 239 Abs. 4 HGB erlaubt die Aufbewahrung der Geschäftsdaten auf Datenträgern, wenn die Daten während der Dauer der Aufbewahrungsfrist verfügbar sind und jederzeit lesbar gemacht werden können.

Damit eine Wiedergabe der Geschäftsdaten möglich ist, sind für die Dauer der Archivierung die Anforderungen an eine

❑   ordnungsgemäße Transformation
❑   ordnungsgemäße Aufbewahrung
❑   ordnungsgemäße Wiedergabe

der Daten entsprechend der GoB und GoS zu erfüllen.

Eine **Transformation** beinhaltet die Übertragung von Geschäftsdaten von einem Archivierungsmedium auf ein gleiches oder anderes Archivierungsmedium. Sollen z. B. elektronisch übermittelte Daten, die direkt bei ihrem Empfang im EDI-System gespeichert wurden, ausgelagert werden, so stellt die Transformation der Daten auf ein optisches Speichersystem eine sinnvolle Möglichkeit dar. Eine solche Transformation ist ordnungsgemäß, wenn die Übertragung der Daten vollständig, ohne Informationsverlust und richtig, d. h. ohne bewußte oder unbewußte Veränderung erfolgte und der Datenträger zulässig ist.

Unter **Aufbewahrung** wird das physische Bereithalten der Geschäftsdaten verstanden. Die Aufbewahrung ist dann ordnungsgemäß, wenn für die Dauer der Aufbewahrung die Geschäftsdaten auf dem Archivierungsmedium bildlich und inhaltlich erhalten bleiben und die Archivierung so geordnet ist, daß ein gezielter Zugriff auf die Geschäftsdaten jederzeit möglich ist.

Darüber hinaus muß die **Wiedergabe** zu jeder Zeit sichergestellt sein. Diese Forderung setzt voraus, daß die Daten und die technische Infrastruktur (Software und Hardware) zur lesbaren Darstellung der Daten vorhanden sind.

Neben den Geschäftsdaten ist auch die Programm- und Verfahrensdokumentation entsprechend den GoS über einen Zeitraum von bis zu zehn Jahren aufzubewahren, damit die Nachprüfbarkeit der EDV-Buchführung sichergestellt ist. Bei Anwendung des EDI-Verfahrens umfaßt diese Vorschrift auch die EDI-Software, soweit die elektronisch übertragenen Daten direkt in die Buchführung übernommen werden. Aufbau und Ablauf des computergestützten Verfahrens müssen vollständig ersichtlich sein und dem sachverständigen Dritten eine ordnungsgemäße Verfahrensprüfung ermöglichen.

3.3.2.2 Rechnungsdatenaustausch

Für den elektronischen Rechnungsdatenaustausch kommen spezielle Vorschriften zum Tragen. Neben den handelsrechtlichen gelten auch steuerrechtliche Vorschriften für die Anerkennung der Rechnungsstellung durch die Finanzämter.

Rechtliche Grundlage für die steuerliche Anerkennung elektronisch übermittelter Rechnungen sind die §§ 145 bis 147 der Abgabenordnung (AO) sowie die §§ 14, 15, 18 des Umsatzsteuergesetzes (UStG).

Vom Bundesfinanzministerium wurde am 25. Mai 1992 ein ausführliches Rundschreiben herausgegeben, in dem die Voraussetzungen zur Anerkennung elektronisch übermittelter Rechnungsdaten im Sinne des § 14 UStG durch die Finanzverwaltung aufgeführt sind. Dieses Schreiben tritt an die Stelle des Rund-schreibens vom 28. Dezember 1987 (Bundessteuerblatt 1988, Teil I, Seite 31).

Anerkennung der Rechnung im Sinne des § 14 UStG:

Rechnung als Urkunde

Nach § 14 Abs. 4 UStG kommen als Rechnungen im umsatzsteuerlichen Sinne nur Urkunden in Betracht. Aus diesem Grund erkennt die Finanzverwaltung durch Fernübertragung übermittelte Rechnungen nur dann als Rechnung im Sinne des § 14 UStG an, wenn der leistende Unternehmer dem Leistungsempfänger zusätzlich eine schriftliche Abrechnung erteilt, die den übermittelten Daten inhaltlich entsprechen muß.

Sammelabrechnungen

Gestattet ist jedoch die Form der Sammelabrechnung. In der Sammelabrechnung werden die in einem bestimmten Datenübertragungszeitraum fernübertragenen Rechnungen zusammengefaßt. Die Sammelabrechnung muß gemäß dem neuen Rundschreiben vom leistenden Unternehmen nicht mehr mit Stempelaufdruck und Unterschrift versehen werden. Zudem ist die Übermittlung der Sammelabrechnung über Telefax zulässig.

Die Finanzverwaltung erkennt ausgedruckte Sammelabrechnungen unter folgenden Voraussetzungen als ordnungsgemäße Rechnungen im Sinne des § 14 UStG an:

- Die in der Sammelabrechnung fehlenden Merkmale des § 14 Abs.1 Satz 2 Nr.1 bis 6 UStG (i. d. R. die Menge und handelsübliche Bezeichnung des gelieferten Gegenstandes bzw. Art und Umfang der sonstigen Leistung sowie der Zeitpunkt der Leistung) müssen aus den beim Leistungsempfänger gespeicherten Einzelrechnungen oder aus den Unterlagen, auf die in den Einzelrechnungen verwiesen wird, eindeutig hervorgehen.
- Die gespeicherten Einzelrechnungen müssen für Prüfungszwecke der Finanzbehörden jederzeit innerhalb angemessener Zeit lesbar gemacht werden können (§§ 146 Abs. 5 und 147 Abs. 5 AO). Unter "lesbar machen" ist die Anzeige der Einzelrechnungen auf dem Bildschirm oder, falls erforderlich, auch der Ausdruck der Einzelrechnungen zu verstehen.
- In den schriftlichen Sammelabrechnungen muß auf die entsprechenden gespeicherten Einzelrechnungen hingewiesen werden (z. B. durch Angabe von Rechnungsnummern der Einzelrechnungen).

3.3.2.3 Organisatorische und technische Anforderungen

Aus den rechtlichen Vorschriften resultieren Anforderungen an eine beweissichere Archivierung der UN/edifact-Nachrichten, die durch technische und organisatorische Maßnahmen erfüllt werden können.

Grundsätzlich erstrecken sich die Anforderungen auf die Sicherstellung folgender Punkte:

- Dokumentenechtheit
- Vollständigkeit des Dokumentes
- Langzeitspeicherung im Original
- "Offizielle" Interpretation
- Sicherung vor Manipulation
- Schneller Zugriff und Reproduktion

Die vollständige und unveränderte Archivierung einer Nachricht wird durch die Speicherung aller eingehenden und ausgehenden UN/edifact-Nachrichten im Originaldatenstrom der Übertragung direkt vor Versand bzw. unmittelbar nach Empfang realisiert.

Da die Anwendungssysteme den Datenumfang einer maximal ausgelegten UN/edifact-Standardnachricht unter Umständen nicht aufnehmen können, ist eine gesonderte Archivierung erforderlich. Die Daten können direkt im **Nachrichtenarchiv des EDI-Systems** gespeichert werden. Das Nachrichtenarchiv sollte so konzipiert sein, daß dem Anwender die Nachricht zur Anzeige bereitgestellt oder auf die Archivierung ausgelagerter Nachrichten verwiesen wird. Eine Auslagerung der UN/edifact-Übertragungsdateien vom EDI-System auf externe Medien kann aufgrund begrenzter Speicherkapazitäten zweckmäßig sein. Neben Festplatten, Disketten oder Magnetbändern können sogenannte "optical discs" als Speichermedien dienen. Auf Wunsch muß ein Ausdruck der gespeicherten Daten jederzeit möglich sein.

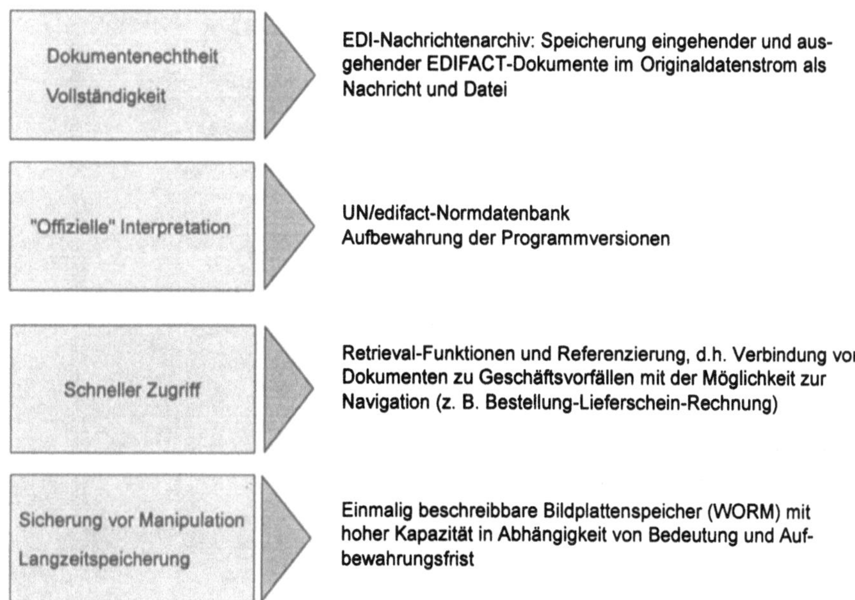

Abb. 46: Archivierungsverfahren

Wird eine fehlerhafte Nachricht korrigiert, so muß der ursprüngliche Inhalt feststellbar bleiben. Aus diesem Grund ist sowohl die fehlerhafte Nachricht als auch die korrigierte Version zu archivieren.

Da die UN/edifact-Dokumente unstrukturiert im Original als Datenstrom abgespeichert werden, kann der Inhalt lediglich von einem UN/edifact-Spezialisten verstanden werden. Aus Beweisgründen ist jedoch eine allgemein verständliche Darstellung der Geschäftsvorfälle zwingend erforderlich. Für diese "offizielle" Interpretation der UN/edifact-Dokumente werden die entsprechenden UN/edifact-Normen aus der **UN/edifact-Normdatenbank** herangezogen. Die nachfolgende Abbildung zeigt einen Ausschnitt aus derselben UN/edifact-Nachricht als Datenstrom und in interpretierter Form.

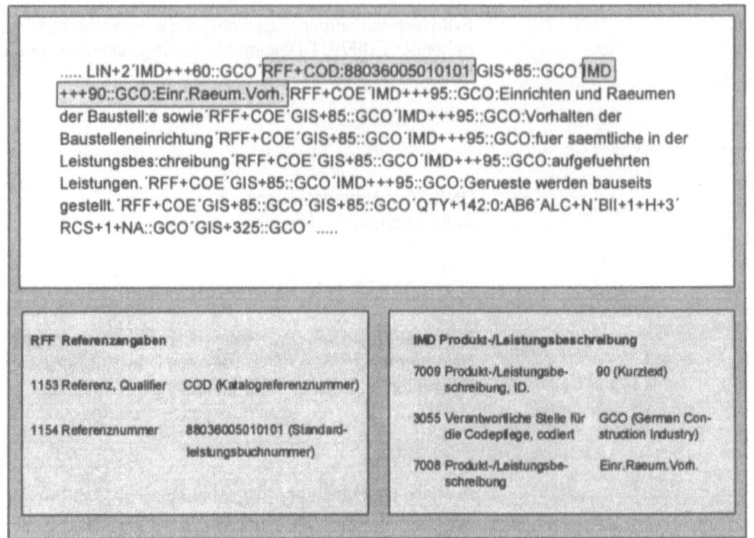

Abb. 47: Interpretation einer UN/edifact-Nachricht

Die UN/edifact-Normen werden laufend überarbeitet und ergänzt. Hieraus ergibt sich die Tatsache, daß zu jedem Geschäftsvorfall im UN/edifact-Format eine Nachricht existiert, für die im Zeitablauf mehrere Versionen vorliegen. Aus diesem Grund müssen die alten Versionen der UN/edifact-Normen ebenfalls archiviert und nach angemessener Zeit wieder reproduziert werden. Mittels der UN/edifact-Normdatenbank können die alten Nachrichtenversionen über ein Standardprogramm wiederhergestellt werden, sofern die Datenbank über die Funktion der Versionsfähigkeit verfügt.

Das leichte und schnelle Wiederauffinden von Schriftstücken wird durch **Retrieval-Funktionen** ermöglicht. Über eindeutige Suchkriterien können einzelne Nachrichten ausgesucht werden. Die Einteilung in personelle, zeitliche und sachliche Kriterien ermöglicht eine umfassende Beschreibung und eindeutige Identifizierung der Dokumente. Beispiele für solche Suchbegriffe sind Nachrichtentyp, Dokumentennummer, Belegdatum, Absender und Empfänger der Nachricht.

Darüber hinaus setzt die Langzeitspeicherung eine Sicherung der Daten gegen unbefugte Veränderung, Verlust und Verschleiß voraus. Datenmanipulationen werden durch den Einsatz von Zugriffsberechtigungsverfahren verhindert. Eine sichere Aufbewahrung erfordert zudem Speicherplatten, die vor Verschleiß und Zerstörung geschützt sind. Es empfiehlt sich der Einsatz nur einmal beschreibba-

rer **WORM-Bildplattenspeicher** (Write Once Read Many) mit hoher Speicher-
kapazität. Die WORM-Systeme "graben" die Daten mit einem relativ starken
Laserstrahl in die metallische Aufnahmelegierung der CD. Der Schreibprozeß ist
damit nicht mehr umkehrbar.

3.3.3 Rechtssicherheit

3.3.3.1 Überblick

Neben den technischen und organisatorischen Maßnahmen ist die Rechtssicherheit
des EDI-Verfahrens zu klären. In diesem Zusammenhang wurde die Frage der
rechtlichen Anerkennung elektronisch archivierter EDI-Nachrichten bereits angesprochen. Durch den elektronischen Datenaustausch können jedoch auch bezüglich der Verantwortung und der Verbindlichkeit der ausgetauschten Daten neue
Probleme auftauchen.

Die bestehende Rechtslage geht in weiten Bereichen immer noch von der Existenz
papiergebundener und eigenhändig unterschriebener Dokumente aus. Ein Beispiel
hierfür ist die im Kapitel Archivierung erwähnte Sammelabrechnung. Die Papierform und die eigenhändige Unterschrift werden vom Gesetzgeber nur für wenige
spezielle Verträge vorgeschrieben (§ 126 BGB), im allgemeinen Geschäftsleben
aber werden von Geschäftspartnern und Behörden Schriftform und eigenhändige
Unterschrift für unterschiedliche Dokumente und Vereinbarungen zu Beweis-
zwecken gefordert, da elektronische Dokumente vor Gericht nur vereinzelt als
Beweismittel anerkannt werden.

In einigen Teilbereichen sind Rechtsvorschriften bereits geändert bzw. erweitert
worden. So besteht gemäß § 690 Zivilprozeßordnung die Möglichkeit, an die
zentralen Mahngerichte Anträge auf Erlaß von Mahn- und Vollstreckungsbe-
scheiden elektronisch zu übermitteln, sofern durch geeignete Sicherheitsmaßnahmen Urheberschaft und Dokumentenechtheit gewährleistet werden. Hinsichtlich
des Rechnungsdatenaustausches wird von den Finanzverwaltungen zur Zeit die
Frage erörtert, unter welchen Bedingungen eine papierlose Rechnungsübermitt-
lung zugelassen werden kann.

Eine rechtliche Klärung ist auch zur Frage der Haftung, z. B. bei Verlust der Daten, erforderlich. Bislang fehlen umfassende rechtlich verbindliche Vorgaben für
den elektronischen Datenaustausch. So ist beispielsweise im deutschen Recht
bisher ungeklärt, wer die Transportverantwortung für Daten übernimmt, die über
Datendienste zwischen privaten Rechnern erbracht werden. Sowohl die Netzbe-
treiber als auch die Dienstanbieter schließen in der Regel jede Haftung aus.

Soweit rechtliche Vorschriften fehlen, behilft man sich damit, Rechtsfragen zur elektronischen Abwicklung des Geschäftsverkehrs durch privatautonomes Recht zu lösen, um auf diese Weise Rechtssicherheit zu schaffen. Aus diesem Grund wurden auf Branchenebene (Banken und Versicherungen, chemische Industrie, Transportwesen, Automobilindustrie) eigene DFÜ-Vereinbarungen entwickelt.

Rechtliche Aspekte	
Problematik	❒ Keine Papierdokumentation ❒ Keine handgeschriebene Unterschrift
Zur Erfüllung von	❒ Beweispflichten ❒ Anforderungen der (Finanz-) Behörden
Notwendig ist die Sicherung von	❒ Vertraulichkeit ❒ Unverändertheit ❒ Authentizität ❒ Unabweisbarkeit
⇨ Schaffung einer eindeutigen Rechtslage durch den EDI-Vertrag	

Abb. 48: Rechtsgrundlage durch EDI-Vertrag

Darüber hinaus werden sowohl auf nationaler als auch auf europäischer und internationaler Ebene Musterverträge erarbeitet. Der Entwurf eines europäischen EDI-Mustervertrages wurde von der EU im Rahmen des TEDIS-Programms veröffentlicht. Von der Internationalen Handelskammer wurden die einheitlichen Verhaltensregeln für den Datenaustausch durch Datenfernübertragung (UNCID-Regeln) aufgestellt, die von der Wirtschaftskommission der Vereinten Nationen für Europa übernommen wurden.

Die UNCID-Regeln sind die Basis des EDI-Mustervertrages, der vom DIN vorgelegt wurde. Diese Empfehlungen liefern jedoch nur einen groben Leitfaden für die Erstellung unternehmens- bzw. branchenspezifischer EDI-Verträge. Da nur grundlegende Vertragsfelder in allgemeiner Form behandelt werden, sind umfangreiche Anpassungen und Ergänzungen notwendig.

1991 wurde das Thema von der Arbeitsgemeinschaft für wirtschaftliche Verwaltung e. V. (AWV) aufgegriffen. Das Ergebnis ist eine wesentlich erweiterte und überarbeitete Version eines EDI-Rahmenvertrages, der im Juni 1994 offiziell vorgestellt wurde. Die grundlegenden Inhalte eines EDI-Vertrages werden im folgenden anhand dieser Empfehlung angesprochen.

Für die staatliche Bauverwaltung gibt es seit 1993 einen EDI-Mustervertrag für die ISYBAU/EDISY-Projekte.

3.3.3.2 EDI-Vertrag

Der EDI-Vertrag beschreibt die Grundlagen und Regularien des EDI. Mit Hilfe des EDI-Vertrages sollen rechtliche Lücken und Unklarheiten beim elektronischen Datenaustausch ausgefüllt werden. Der EDI-Vertrag ist aber kein Ersatz für bestehendes Recht, sondern lediglich eine Ergänzung. Daher sind bestehende rechtliche Vereinbarungen, soweit sie nicht den elektronischen Datenaustausch betreffen, auch nicht Gegenstand des EDI-Vertrages. Da die Allgemeinen Geschäftsbedingungen auf der Rückseite der Papierbelege nicht mit jedem Auftrag erneut elektronisch übertragen werden, sollte im EDI-Vertrag jedoch auf die Geschäftsbedingungen verwiesen werden.

Viele Vertragspunkte bedürfen der individuellen Absprache zwischen den Kommunikationspartnern. So ist es z. B. durchaus üblich, daß ein Kommunikationspartner UN/edifact-Nachrichten bzw. Subsets unterschiedlicher Versionen mit seinen Partnern austauscht. Neben der Definition der Nachrichtentypen sind die Ausgestaltung der Kommunikationseinrichtungen zur Durchführung des elektronischen Datenaustausches und die Übertragungszeiten Vertragsgegenstand.

Auch die Wahl der Kommunikationsverfahren kann bei den jeweiligen Partnern variieren. Die verwendeten Netze, Dienste und Protokolle sind festzulegen. Ebenso ist eine Regelung bezüglich der Aufteilung der Übertragungskosten zwischen den Partnern zu treffen. Im allgemeinen trägt der jeweilige Sender bei Verwendung eines Clearing-Verfahrens für die Übertragung der Daten in die Mailbox des Partners die Kosten, der Empfänger zahlt die Übertragungskosten für das Abholen der Nachrichten aus seiner Mailbox. Bei der Punkt-zu-Punkt-Verbindung könnte vereinbart werden, daß der Sender die Gebühren für die Übermittlung der Daten zum Empfänger zahlt. Stellt der Sender dem Empfänger die Daten auf seinem System zum Abholen bereit, übernimmt der Empfänger die Kosten.

Weiterhin sind im Rahmen dieser Vereinbarung Regelungen über den Gefahrenübergang ebenso zu treffen wie eine Absprache über die Verfahren zum Datenschutz und Datensicherung. In diesem Zusammenhang sind Maßnahmen zur Gewährleistung der formalen Vollständigkeit der Übertragung und der Möglichkeit der Absenderüberprüfung zu vereinbaren. Ein Mittel ist die Übertragung von Kennungen und Paßworten. Sender- und Empfängerkennungen sowie Paßworte sind ebenso integraler Bestandteil des UN/edifact-Standards wie Kontrollsummen und Referenznummern, die zur Prüfung der Reihenfolge und Vollständigkeit der Übertragungen dienen. Inwieweit diese UN/edifact-Felder von den Vertragspartnern zu verwenden und zu prüfen sind, ist abzustimmen. Nachrichten-Referenznummern sind zum Beispiel auf ihre Lückenlosigkeit hin zu überprüfen, um fehlende oder doppelt übertragene Dateien zu erkennen. Im Fehlerfall wird der Sender benachrichtigt und eine Vorgehensweise zur Fehlerbehebung abgesprochen.

Zur Prüfung der Integrität und Authentizität ist für einzelne Nachrichten eine Verschlüsselung der Inhalte bzw. eine elektronische Unterschrift vorzusehen. Da die Behandlung elektronischer Unterschriftsverfahren noch nicht umfassend durch die Rechtsordnung abgedeckt ist, sind als Übergangslösung Vereinbarungen zwischen den Partnern zu treffen, die unter anderem technische Spezifikationen wie die Verwendung bestimmter Algorithmen, beiderseitige Haftung und Verantwortung sowie die Frage der Fehlerbehandlung regeln. So ist u. a. zu klären, wie vorzugehen ist, wenn verschlüsselte Texte vom Empfänger nicht entschlüsselt werden können.

Die Sicherstellung eines korrekten und vollständigen Empfangs erfolgt durch automatische Empfangs- und Abrufbestätigungen. Soweit eine gesonderte Empfangsbestätigung erforderlich ist, ist ein Zeitrahmen zu vereinbaren.

Im Rahmen des Datenschutzes ist der Schutz personenbezogener Daten sicherzustellen. Ist die Übermittlung personenbezogener Daten zur Durchführung des EDI-Geschäftsverkehrs erforderlich, so sind diese Daten gesondert aufzuführen.

Die gesetzlichen Aufbewahrungsfristen bleiben durch EDI unberührt. Im Hinblick auf die Archivierung kann die komplette Aufbewahrung aller original gesendeten und empfangenen Geschäftsvorfälle, die jederzeit in lesbarer Form abrufbar sein müssen, Vertragsgegenstand sein.

In Fehlerfällen ist zu klären, welche Maßnahmen zur Fehlerbehebung getroffen werden sollen und wie die anfallenden Kosten aufzuteilen sind. Soweit Schäden entstehen, ist die Frage der Haftung sowie die Höhe des Schadensersatzes festzulegen.

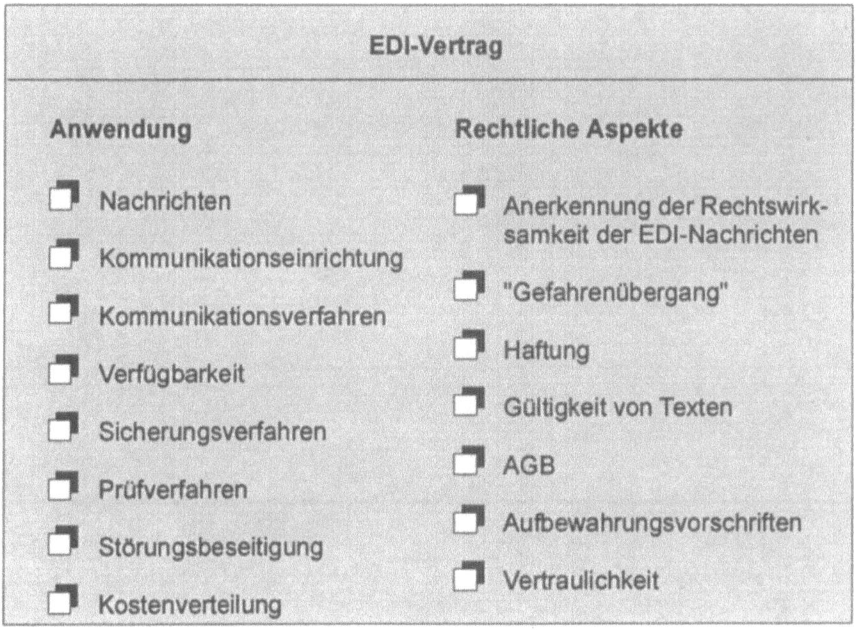

EDI-Vertrag

Anwendung

- Nachrichten
- Kommunikationseinrichtung
- Kommunikationsverfahren
- Verfügbarkeit
- Sicherungsverfahren
- Prüfverfahren
- Störungsbeseitigung
- Kostenverteilung

Rechtliche Aspekte

- Anerkennung der Rechtswirksamkeit der EDI-Nachrichten
- "Gefahrenübergang"
- Haftung
- Gültigkeit von Texten
- AGB
- Aufbewahrungsvorschriften
- Vertraulichkeit

Abb. 49: Inhalte des EDI-Vertrages

4 EDI-Konzept: Vorgehensmodell

4.1 Gesamtmodell

Der Einstieg in die EDI-Thematik wird grundlegend erleichtert, wenn seitens des Projektmanagements ein Modell für die Umsetzung zugrunde gelegt wird, welches die Basis für alle Aktivitäten und den erhofften EDI-Projekterfolg darstellt. Bei der Definition des Projektmodells ist, sofern verfügbar, auf bereits in der Praxis erfolgreich erprobte Modelle zurückzugreifen.

Um den optimalen Nutzen der innovativen Technologie EDI zu realisieren, muß man bereits in der Planungsphase die sehr differenzierten und komplexen Beziehungen des Projektes mit der betrieblichen Umwelt berücksichtigen. Hierbei ist darauf zu achten, daß die Planung nicht mit Fragestellungen und Planungsaspekten überfrachtet wird, die eine Durchführung in Frage stellen. Standfestigkeit und Sensibilität der Initiatoren sowie eine breite Akzeptanz durch alle Ebenen des Unternehmens sind wichtige Voraussetzungen für das Gelingen des Projektes.

Um dies gewährleisten zu können, hat sich die Inanspruchnahme eines Leitfadens in Form eines Phasenschemas bei der Projektplanung bewährt. Das planmäßige Vorgehen und die Zusammenarbeit mit externen und internen Know-How-Trägern bilden die Basis für eine effiziente Steuerung des EDI-Projektes und mindern das Risiko einer Fehlinvestition erheblich.

Der Prozeß der Einführung von EDI in einem Unternehmen läßt sich aus zwei Sichtfeldern betrachten. In Hinblick auf die **Objektbereiche**, für die in der Planung und Realisierung Lösungen gefunden werden müssen, umfaßt das Projekt in der vertikalen Dimension die Elemente Information, Infrastruktur und Organisation.

Information bedeutet innerhalb der EDI-Projektierung die Betrachtung sowohl der internen als auch der unternehmensübergreifenden Datenflüsse. Diese Datenflüsse bestehen aus unterschiedlichen Datenelementen und der dazugehörigen Strukturierung (Datenmodell). Die Definition der neuen auf EDI basierenden Geschäftsprozesse ist als Chance zu verstehen, auch die internen Datenstrukturen kritisch auf ihren Nutzen hin zu bewerten und je nach Ergebnis eventuell zu restrukturieren (Datenmodell-Redesign) bzw. so zu belassen. Sind die Fragen des internen Datenmodells gelöst, so sind Ansätze für die Integration der Datenstrukturen in die EDI-Lösung zu entwickeln. Als **Infrastruktur** werden für die EDI-Einführung Hardware, Software und Telekommunikationseinrichtungen benötigt, die über einen längeren Zeitraum Bestand haben sollten. Gerade in diesem Bereich entstehen häufig Planungsfehler. Der Objektbereich **Organisation** betrachtet in erster Linie die Ablauforganisation und damit Tätigkeiten der interpersonellen Arbeitsabläufe. Hier entstehen dynamische Restrukturierungs- und Organisationsprozesse, die ihre eigentlichen Auswirkungen jedoch erst im fortgeschrittenen Projektverlauf entfalten.

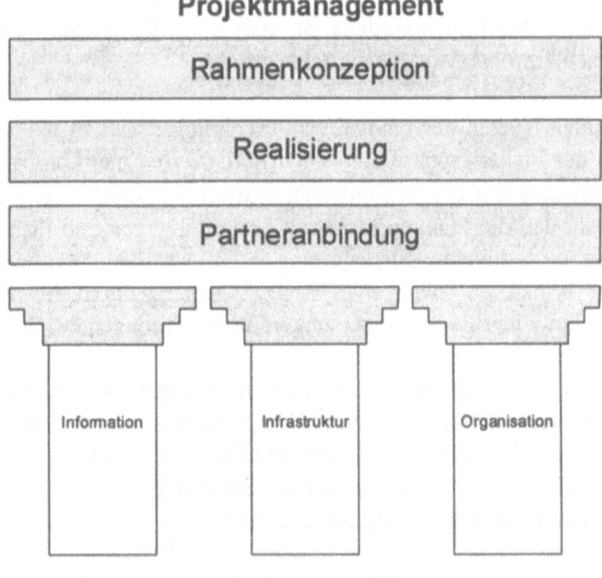

Abb. 50: Phasenmodell

In horizontaler Dimension spielt der Zeitfaktor eine entscheidende Rolle. Innerhalb des EDI-Projektes werden iterativ drei Phasen durchlaufen, die aufeinander aufbauen: Konzeptionsphase, Realisierungsphase, Betrieb und Partneranbindung.

Jede dieser Phasen hat einen definierten Anfang und ein definiertes Ende. Den Abschluß einer jeden Phase bildet immer ein Bericht, der als Entscheidungsgrundlage für den Eintritt in die nächste Phase dient. Allerdings können die Phasen sich in der Praxis auch zeitlich überschneiden, sofern die Prämissen der vorhergehenden Phase nicht die nachfolgende Phase beeinflussen.

Die **Konzeptionsphase** hat zum Ziel, eine Anwendungs- und Projektdefinition zu erstellen. Zu diesem Zweck wird eine Analyse der unternehmensübergreifenden Datenströme und der internen Datenstrukturen sowie der Kommunikationsbeziehungen und der Arbeitsabläufe vorgenommen. Auf diese Weise werden Schwachstellen in Form von Medienbrüchen erkannt und der Beitrag einzelner Arbeitsschritte an der Wertschöpfung untersucht. Darauf aufbauend wird im Objektbereich Information der Inhalt und die Struktur der EDI-Nachrichten sowie ihre Anbindung und Umsetzung innerhalb der internen Datenverarbeitung entwickelt. Die Anforderungen an die Infrastruktur ergeben sich aus konzeptionellen Ergebnissen und Zielsetzungen für die Bereiche Information und Organisation.

Ziel der Phase **Realisierung** ist die Implementierung eines EDI-Pilotprojektes auf Basis der konzeptionellen Ergebnisse und Empfehlungen. Im Bereich Information werden EDI-Nachrichten entwickelt und Anbindungen an die interne Datenverarbeitung realisiert. Die Infrastruktur für EDI wird bereitgestellt, indem Hardware und Software beschafft, installiert und die Anbindung an öffentliche oder private Netze durchgeführt wird. Die Beschaffung beinhaltet neben reinen Kaufvorgängen auch die Eigenentwicklung von Dienstleistungs- (z. B. EDI-Implementierungsrichtlinien) und Systemkomponenten (z. B. EDI-Software). Für das Pilotprojekt werden die Arbeitsabläufe für die Nutzung des elektronischen Datenaustausches prototypisch reorganisiert. Um den Nutzen von EDI beurteilen zu können, ist es sinnvoll, auch schon innerhalb der Pilotprojekte die Ablauforganisation anzupassen. Die Ergebnisse der Realisierungsphase stellen die Basis für die weitere Vorgehensweise bei der Partneranbindung dar.

Mit der Phase **Betrieb und Partneranbindung** wird EDI endgültig in den Geschäftsprozeß eingebunden. Der Anwender erreicht erst über die Anbindung der kommunikationsintensiven Partner die kritische Masse an Kommunikationsvolumen und erzielt damit die erwarteten Synergieeffekte.

Eventuell wird ein Ausbau der prototypischen Systeminfrastruktur aufgrund veränderter Gegebenheiten notwendig. Die eigentliche Konzeptionsleistung wurde jedoch bereits in der ersten Phase erbracht. Da sich viele Prämissen im Zeitablauf verändern, sollte das Gesamtprojekt in einem überschaubaren Zeitraum abgewickelt werden.

Projektphasen / Objektbereiche	Rahmenkonzept	Realisierung	Partneranbindung
Information	Datenmodell entwickeln, EDI-Nachrichten konzipieren, Data Dictionary pflegen	EDI-Nachrichten entwickeln, internes Datenmodell anpassen	Neue Nachrichten entwickeln, Nachrichten an neue Sprachstandards anpassen
Infrastruktur	Anforderungskatalog für Hard-, Software und Telekommunikation erstellen	Hardware, Software beschaffen oder entwickeln, Netzanbindung Pilotprojekt realisieren	Weitere Partner anbinden, Hard- und Softwareerweiterungen
Organisation	Konzept der erforderlichen Innovationen für die Organisation	Ablauforganisation auf EDI einstellen, ineffiziente Tätigkeiten abschaffen	Ablauforganisation im Sinne der Strategie gestalten und steuern

Abb. 51: Phasenbezogene Projektkriterien

Wenn die EDI-Infrastruktur um weitere Anwendungen erweitert wird, die zu Beginn der Konzeptionsphase noch nicht berücksichtigt wurden, werden unter Umständen einige Konzeptions- und Analysephasen erneut durchlaufen, um die Empfehlungen auf ihre Gültigkeit zu prüfen. Dabei kann man jedoch auf die Ergebnisse des vorausgegangenen Pilotprojektes zurückgreifen. Deshalb ist es sinnvoll, bei der Konzeption der Pilotanwendung gründlich vorzugehen und bereits die folgenden Maßnahmen zu berücksichtigen. Auch bei der Auswahl der Infrastruktur sollte das Ziel Zukunftsoffenheit und Ausbaufähigkeit in die Überlegungen miteinfließen.

Innerhalb jeder Phase und in jedem der Objektbereiche sind mehrere Aufgabenkomplexe zu erfüllen, die in den nachfolgenden Abschnitten im einzelnen aufgeführt werden. Diese Aufgaben sind teilweise unabhängig voneinander, können also parallel durchgeführt werden. Andere Aufgaben bauen auf den Ergebnissen von vorangegangenen Teilprozessen auf, wieder andere sollten simultan durchgeführt werden. Die Aufgaben in jeder einzelnen Phase sind auf diese Weise miteinander verknüpft und benötigen, um effizient ausgeführt zu werden, ein eigenes Projektmanagement. Die grundlegenden Aufgabengebiete des Projektmanagements, unterteilt in die Bereiche Planung, Steuerung, Kontrolle sowie die organisatorische Einordnung des EDI-Projektteams, wurden bereits in Kapitel 3.2.2

"EDI-Projektmanagement" dargestellt. Diese Aufgabengebiete sind in jeder Phase des Projektes wiederzufinden.

4.2 Rahmenkonzeption

Inhalt einer EDI-Rahmenkonzeption ist die Beschreibung und Definition der zukünftigen EDI-Anwendungsfelder sowie deren Wirtschaftlichkeit und Durchführbarkeit. Hinsichtlich des Detaillierungsgrades existiert allerdings je nach Unternehmensgröße, Branche und verfügbarer Realisierungzeit eine große Bandbreite. Daher lassen sich an dieser Stelle nur allgemeingültige Aussagen treffen.

Die Konzeption enthält Aussagen zur EDI-Anwendungs- und Projektdefinition unter Berücksichtigung der bestehenden Inhouse-Anwendungen mit den Inhalten Kommunikationsanalyse, Anwendungsbeschreibung, EDI-Systemarchitektur und Netzauswahl. Bei der Prüfung eines möglichen EDI-Einsatzes sind praktisch alle externen Kommunikationsverbindungen EDI-relevant, die über das notwendige Datenaustauschvolumen und die Kommunikationsfrequenz verfügen. Aus dem Spektrum der erarbeiteten Alternativen sind unter Berücksichtigung von Kosten- und Nutzenaspekten konkrete EDI-Projekte vorzuschlagen, mit deren Durchführung begonnen werden soll. Für jedes Projekt ist eine detaillierte Projektplanung mit Vorgaben zu finanziellen und personellen Ressourcen und Terminen erforderlich.

Vorab ist eine Vorstudie, die die Analyse der unternehmensinternen Ist-Situation zum Ziel hat, zur Erarbeitung der EDI-Rahmenkonzeption durchzuführen. Gegenstand dieser Vorstudie ist die exakte Analyse der internen Datenstrukturen und der Kommunikationsbeziehungen sowie eine Ist-Bestandsaufnahme der Inhouse-Anwendungen und der Telekommunikationseinrichtungen. Die Betrachtung der Kommunikationsbeziehungen umfaßt die Auflistung der Anzahl und Art der ausgetauschten Geschäftsvorfälle sowie der Kommunikationspartner in Abhängigkeit von der Datenaustauschfrequenz, dem Datenaustauschvolumen und deren Anteil am Gesamtumsatz. Gerade in diesem Bereich ist die EDI-Projektleitung sehr auf die konstruktive Mithilfe der Fachbereiche angewiesen, welche die notwendigen Informationen bereitstellen müssen. Stehen die Fachbereiche nicht uneingeschränkt hinter dem EDI-Projekt, so wird an dieser Stelle bereits versucht, das Gesamtprojekt in eine andere Richtung zu lenken bzw. Verzögerungsmaßnahmen zu ergreifen. Um dieser Entwicklung vorzubeugen, sollte die EDI-Projektleitung schon frühzeitig den Dialog mit den Fachbereichen suchen.

Anhand der Vorstudie ist die Definition der relevanten Inhouse-Anwendungen, die an die EDI-Lösung angebunden werden sollen, vorzunehmen. Darüber hinaus ist eine Auswahl der Geschäftsvorfälle und der Kommunikationspartner, z. B. in Form einer ABC-Analyse, zu treffen. Für die Kommunikationspartner mit der Priorität A sind die Möglichkeiten ihrer Gewinnung für ein EDI-Projekt zu prüfen. Mit diesen Partnern sollte eine "win-win-Allianz" bestehen. Um bereits zu einem frühen Zeitpunkt bei den A-Partnern Transparenz und Projektbereitschaft zu erzielen, sind verschiedene Maßnahmen denkbar. Die Bandbreite erstreckt sich über die Versendung von Rundschreiben und Fragebögen, die Einladung zu allgemeinen EDI-Workshops bis zur Bereitstellung von konzeptionellen Gesamt-Partnerlösungen. Entscheidend für den Erfolg bei der Partnergewinnung ist die Bereitschaft zum Know-How-Transfer aus dem eigenen Unternehmen.

Mit den ausgewählten Partnern sind Gespräche zu führen und die Rahmenbedingungen bezüglich der Frage der Anwendungsspezifika, der technischen Infrastruktur und der organisatorischen Maßnahmen abzustimmen. Auch zu rechtlichen Aspekten sind Vorüberlegungen anzustellen. So sollte die Rechtsabteilung frühzeitig hinzugezogen werden, um in Absprache mit den EDI-Partnern und den jeweiligen Fachabteilungen eine für beide Seiten akzeptable EDI-Vereinbarung auszuarbeiten. Sofern verfügbar, sind hier allgemeine Empfehlungen zu berücksichtigen (z. B. seitens des AWV oder DIN).

Für die EDI-relevanten Geschäftsvorfälle ist zu prüfen, welches Datenaustauschformat verwendet werden soll und ob entsprechende EDI-Nachrichten in diesem Format für die Abbildung der Geschäftsvorfälle existieren. Hierbei ist es hilfreich, die Datenfelder der Geschäftsdokumente den Datenfeldern der EDI-Nachrichten mit Hilfe von Dokumentationssystemen zuzuordnen. Sehr häufig werden diese Arbeiten noch auf Papier ausgeführt. Dieses Vorgehen widerspricht nicht nur der Idee des EDI, sondern ist auch mit einem sehr hohen Aufwand verbunden.

Die Analyse der internen Datenstrukturen kann unter Umständen ergeben, daß die Inhouse-Informationen zum Teil nicht in der entsprechenden EDI-Nachricht abgebildet werden können. In diesem Fall ist zu überprüfen, ob auf die Inhouse-Information verzichtet werden kann, oder ob die benötigten Änderungen oder Ergänzungen bei den jeweiligen Verbänden (branchenspezifische Datenaustauschformate) oder Normungsgremien (UN/edifact) beantragt werden sollen.

Ein wesentlicher Bestandteil der Rahmenkonzeption ist die Bestimmung der Hard- und Softwareanforderungen einschließlich der gewünschten Funktionalität des EDI-Systems, des Betriebssystems und der EDI-Systemarchitektur. Die Hard- und Softwarevoraussetzungen für den EDI-Betrieb sind dabei unter anderem von Faktoren abhängig wie Übertragungsvolumina, Anzahl der Kommunikationspartner, Art der Kommunikation, Archivierungsanforderungen, Automatisierungsgrad, internes Netz und dessen Verfügbarkeit, Anforderungen an die Ausbaufähigkeit, Kosten, Anforderungen an das EDI-System als allgemeines Kommunikations-System für UN/edifact, E-Mail, ODA, grafische Daten, Telefax, Telex, Images etc. Allerdings ist hierbei auch die bereits bestehende Hardwareinfrastruktur zu beachten.

Aus der erforderlichen Funktionalität der EDI-Infrastruktur läßt sich ein Kriterienkatalog erstellen, der für die "Make-or-Buy"-Entscheidung herangezogen werden kann und damit entweder zur Auswahl geeigneter Systemkomponenten am Markt oder als Grundlage für die Eigenentwicklung dient. Aufgrund der inzwischen verfügbaren Produktvielfalt am Markt tritt die Überlegung der Eigenentwicklung zunehmend in den Hintergrund.

Für die Auswahl der Telekommunikationseinrichtungen sind unternehmensintern die zum Einsatz kommende Netzwerktechnologie sowie die eingesetzten Protokolle und Verfahren zu beschreiben. Für die externen Kommunikationseinrichtungen sind die privaten und öffentlichen Netz- und Dienstalternativen auf ihre Eignung für die unternehmensspezifischen Anforderungen (Flexibilitäts-, Sicherheits-, Kostenkriterien) zu untersuchen. Aufgrund des zunehmenden Wettbewerbdrucks entwickelt sich dieser Bereich sehr dynamisch, so daß sich hier praktisch monatlich Verschiebungen ergeben können. An dieser Stelle ist über die Einschaltung von Clearing-Centern nachzudenken, die aufgrund der Vielfalt ihrer Kommunikationsanbindungen ihren Kunden eine "Best price communication" anbieten. Das heißt, der Kommunikationsverkehr findet jeweils über das Netz mit den besten Konditionen bei vergleichbarer Leistung statt.

Ist die Konzeptionsphase abgeschlossen, und sind alle relevanten Punkte berücksichtigt worden, so sollten die Ergebnisse einem Entscheidungsgremium vorgestellt werden, in dem die Projektbeteiligten, die Fachbereiche und das Unternehmensmanagement vertreten sind. Im Rahmen der Präsentation ist eine Entscheidung über die weitere Vorgehensweise zu treffen. Diese beinhaltet unter anderem die Bereitstellung von finanziellen und personellen Ressourcen sowie die Definition von zeitlichen Meilensteinen, die den Beginn und den Abschluß der einzelnen Teilprojekte festlegen. Praxisbeispiele belegen, daß mit Zunahme der Unternehmensgröße auch der Entscheidungszeitraum steigt. Sehr häufig liegen zwischen der Präsentation der Konzeptionsergebnisse und deren Umsetzung mehrere Monate bis zu einem Jahr. Diese Zeitspanne resultiert daraus, daß zum Teil Projektbudgets in Millionenhöhe benötigt werden, die innerhalb der Unternehmensplanungen (Investitionsanträge innerhalb der Jahres- bzw. Mehrjahresplanungen) berücksichtigt werden müssen. Insgesamt kann immer davon ausgegangen werden, daß mit steigender Anzahl der EDI-Anwendungen der Return of Investment (ROI) schneller erreicht wird.

4.3 Realisierung des EDI-Projektes

Nach dem Abschluß der Konzeptionsphase und der Entscheidung für die weitere Vorgehensweise beginnt die praktische Durchführung der ausgewählten EDI-Pilotprojekte. Bevor die Testphasen mit den EDI-Partnern erfolgen können, sind einige Vorarbeiten erforderlich. Dazu gehören im Bereich der Infrastruktur die Beschaffung und Integration der benötigten Hard- und Softwarekomponenten in die bereits bestehende DV-Infrastruktur und die Anbindung des EDI-Systems an die internen und externen Kommunikationsnetze sowie die Anwendungsintegration über File-Transfer oder Kommunikationsschnittstellen.

Im Rahmen der organisatorischen Maßnahmen sind die Verantwortlichkeiten zu klären. Auf der personellen Ebene ist zwischen dem EDI-Operator, dem EDI-Koordinator und dem EDI-Manager sowie dem EDI-Anwender zu unterscheiden. Die relevanten Mitarbeiter sind je nach EDI-Intensität ihres Aufgabengebietes zu schulen und mit der Thematik vertraut zu machen. Hierbei sind sowohl Gruppenschulungen als auch Einzelschulungen sinnvoll. Nach der Schulungsmaßnahme sind die neuen Arbeitsabläufe festzulegen und hinsichtlich ihrer Praktikabilität zu prüfen.

In Hinblick auf den Objektbereich Information werden die zu übertragenden Dokumente in der EDI-Nachricht abgebildet und bei Bedarf neue EDI-Nachrichten entwickelt oder bestehende EDI-Nachrichten modifiziert. Zwischen den einzelnen Datenfeldern des Inhouseformates und des Datenaustauschformates werden im EDI-System die Zuordnungen angelegt und gegebenenfalls eine Anpassung des internen Datenmodells vorgenommen. Da die bestehenden Inhouse-Anwendungen selten über offene und EDI-fähige Schnittstellen verfügen, sind die jeweiligen Anwendungen an EDI oder die EDI-Software an die Anwendungen anzupassen. Dem Anspruch nach offenen Schnittstellen werden neue Anwendungssoftwareentwicklungen in zunehmendem Maße gerecht.

Abschließend erfolgt die Testphase mit den EDI-Pilotpartnern. Hierbei ist zwischen zwei Vorgehensweisen zu unterscheiden. Entweder realisiert der Kommunikationspartner seine EDI-Infrastruktur nach eigenen Vorgaben, oder der Partner wird beim Aufbau der Systemumgebung unterstützt. Welche Vorgehensweise gewählt wird, ist vor allem von dem Know-How des Partners und der Partnerbeziehung abhängig.

Zunächst werden Test-Dateien in das EDI-System des Partners übertragen, konvertiert, in die Inhouse-Anwendung geladen und dort verarbeitet. Nach erfolgreichen Testläufen werden Originaldaten zwischen den EDI-Anwendungen ausgetauscht, wobei sehr häufig über einen fest definierten Zeitraum parallel dazu Papierdokumente verschickt werden. Die gesamte Verfahrensweise wird dokumentiert und in schriftlicher Form zwischen den Partnern fixiert. Dieser EDI-Vertrag beinhaltet neben dem bestehenden Verfahren auch die Vorgehensweise bei Änderungen bzw. Ergänzungen in der Kommunikationsanwendung.

Erst durch die praktische Erfahrung im EDI-Pilotbetrieb lassen sich die weitergehenden Implikationen von EDI für das eigene Unternehmen erkennen. Aus der Analyse der Ergebnisse des EDI-Projektes ergeben sich dann die Ausweitung des EDI-Einsatzes auf weitere EDI-Partner und Geschäftsvorfälle sowie die weitergehende Integration in Bürokommunikations- bzw. E-Mail-Konzepte oder die Anbindung an CAD-Anwendungen.

4.4 Partneranbindung

Die operativen und strategischen Nutzeneffekte werden grundsätzlich erst innerhalb der Partneranbindungsphase realisiert. Hier liegt das eigentliche Rationalisierungs- und Optimierungspotential der bestehenden Geschäftsprozesse. Aufgrund der steigenden Anzahl der anzubindenden Partner nimmt in dieser Phase der Komplexitätsgrad des Projektmanagements in hohem Maße zu. Die Erarbeitung der EDI-Rahmenkonzeption zu Beginn der EDI-Projektierung und die Erfahrungen aus der technischen Umsetzung der Empfehlungen in der Realisierungsphase leisten an dieser Stelle einen entscheidenden Beitrag zur Bewältigung dieser Aufgabenstellung. Die Erfahrungen aus den beiden vorhergehenden Phasen sind durch das Projektmanagement nochmals kritisch zu überprüfen, und zwar vor dem Hintergrund, daß die Lösungsansätze mit zunehmender Verbreitung eine Multiplikatorwirkung erzielen können. Hierbei ist es nicht notwendig, daß die eigenen bestehenden Lösungen jeweils zu 100 % auf die Partner übertragbar sind, wichtig ist die konzeptionelle Umsetzung einer homogenen offenen Infrastruktur, die durchaus auch aus Teilkomponenten bestehen kann.

Die erfolgreiche Umsetzung der Partneranbindung ist in erster Linie von der Bereitschaft der Partner, aktiv die EDI-Projektdurchführung voranzutreiben, abhängig. Betrachtet man die unterschiedlichen Kommunikationsbeziehungen eines Unternehmens, so ist auch die Einflußnahme auf die Partner sehr unterschiedlich zu bewerten. Der Einfluß auf die eigenen Lieferantenbeziehungen ist wesentlich höher einzuschätzen als der Einfluß auf der Kundenseite. Sofern die Kunden nicht selbst EDI betreiben und weitere Partner suchen, ist man hier praktisch ausschließlich auf das "good-will" angewiesen.

Um zu effizienten Ergebnissen zu kommen, ist vom Projektmanagement festzulegen, welche Kommunikationspartner in welcher Reihenfolge mit welchem Ressourcenaufwand an die erprobte EDI-Löung angebunden werden sollen. Hierbei sind die Ergebnisse der ABC-Analyse aus der Phase der Rahmenkonzeption zugrunde zu legen (z. B. Beschaffungssektor, A-Lieferanten). Auswahlkriterien können der Anteil am Umsatz, das Nachrichtentransaktionsvolumen, die Art der Partnerbeziehung und die EDI-Erfahrung sein. In der Regel wird in diesem Bereich mit 10 % der Partner 70 % vom Umsatz getätigt, was sich aber nicht zwangsläufig im Kommunikationsvolumen widerspiegeln muß. Darüber hinaus sind an dieser Stelle auch die B- und C-Partner zu bestimmen, die zu einem späteren Zeitpunkt angebunden werden, um die kritische Masse für die EDI-Produktion zu erreichen.

Die Kontaktaufnahme mit den Kommunikationspartnern durch das Projektteam oder die Fachabteilungen kann in unterschiedlichster Art und Weise, z. B. über das Telefon, durch das Versenden von Fragebögen oder die Einladung zu Informationsveranstaltungen, erfolgen. Im Rahmen dieser Aktivitäten (in den darauf folgenden Vorgesprächen) kann innerhalb kürzester Zeit das Know-How der Partner ermittelt werden.

Bei der Umsetzung von Lösungsansätzen spielt die Firmenphilosophie, die entweder auf das Ausspielen von Marktmacht oder auf partnerschaftliches Verhalten ausgerichtet ist, häufig eine bedeutende Rolle. Erfolgt die Umsetzung über Marktmacht ohne Bekanntgabe des eigenen angestrebten Konzepts, so wird zwar der Weg des zukünftigen Informationsaustausches vorgegeben, ohne allerdings eine Lösungshilfe für die Partner mitzuliefern. Hieraus resultiert, daß sich jeder Partner individuell mit dem Aufbau seiner eigenen EDI-Lösung beschäftigen muß. Aufgrund der unterschiedlichen Ressourcenbereitstellung personeller, finanzieller und technischer Art ergeben sich in der Regel zeitliche Verzögerungen, da die Partner zuerst mühselig das relevante EDI-Know-How aufbauen müssen. Nicht selten führt dies dazu, daß sehr schnell die erforderliche Motivation auf seiten der EDI-Partner fehlt. Dies liegt vor allem daran, daß die Partner in enge Zeit- und Finanzschemata gepreßt sind, die ihrer eigenen Kreativität wenig Spielraum lassen, eine positive Einstellung zum EDI-Projekt verhindern und damit verbunden jegliche Eigeninitiative untergraben.

Erheblich effizienter ist der partnerorientierte Ansatz. Im Rahmen von Informationsveranstaltungen oder Einzelgesprächen wird den Partnern das EDI-Konzept und der Realisierungsstand im eigenen Unternehmen vorgestellt. Auf Basis dieses Kenntnisstands wird die Ist-Situation im Partnerunternehmen analysiert und eine grundsätzliche Vorgehensweise zur aktiven Unterstützung festgelegt. Die Unterstützungsleistungen können sich von technischen und organisatorischen Hilfestellungen bis zur Ausarbeitung (Durchführung) von Finanzierungs- und Marketingkonzepten erstrecken. Ein Beispiel ist die Umsetzung von Vertriebs- und Leasingmodellen, mit denen sich innerhalb der Einstiegsphase bei den Projektbeteiligten trotz Gesamtrealisierung der EDI-Anwendung geringe laufende Kosten realisieren lassen. Ein Beispiel hierfür wäre die Bereitstellung des Finanzbudgets für die EDI-Softwarelösung aller Kommunikationspartner durch ein Unternehmen, für die den Partnern monatlich 2 % der anteiligen Investitionskosten als Gebühr berechnet wird. Beide Seiten können hierbei Vorteile generieren (Erreichen der kritischen Masse, geringe Einstiegskosten). Praktische Erfahrungen aus der Vergangenheit haben gezeigt, daß durch aktive partnerschaftliche Realisierungsszenarien sehr schnell eine Vielzahl von Partnern an die EDI-Produktion angeschlossen werden können. Zudem beinhaltet es den Vorteil, daß alle Partner über ein äquivalentes EDI-Know-How verfügen. Nach dem Produktionsstart ist seitens der unterschiedlichen Partner auch ein Wartungs- und Pflegekonzept umzusetzen, um die produktiv laufenden Anwendungen abzusichern und eventuell auch weiterentwickeln zu können. Hier sind unterschiedliche Realisierungsszenarien möglich. Zum einen kann ein externer EDI-Dienstleister mit den Pflege- und Weiterentwicklungsarbeiten beauftragt werden, zum anderen kann es durchaus sinnvoll sein, innerhalb einer größeren Benutzergruppe eine eigene Instanz zu definieren, welche die EDI-Aktivitäten der Gesamtgruppe koordiniert und die einzelnen EDI-Anwendungen dokumentiert.

Grundsätzlich läßt sich festhalten, daß überall dort, wo Querschnittsaufgaben auftreten, die Umsetzung der aufgeführten EDI-Aufgaben durch Benutzergruppen sinnvoll ist. Diese können interner (Fachbereiche) als auch externer branchenspezifischer Art sein. Schließlich stellt EDI in jedem Unternehmen eine Querschnittsfunktion dar. Allerdings muß auch an dieser Stelle erwähnt werden, daß seitens aller Projektbeteiligten ein gewisses Mindestmaß an Kompromißbereitschaft und Sensibilität erforderlich ist, um im Sinne aller das Gesamtziel erreichen zu können.

Entscheidend für den Erfolg eines jeden EDI-Projektes, sowohl in der Prototyp-Phase wie auch in der Phase der Partneranbindung, ist das Denken in Lösungsansätzen, das an die Stelle ausschließlich technisch-orientierter Denkmuster tritt.

5 Erfolgskriterien für den EDI-Einsatz

Die maßgeblichen Erfolgsfaktoren für die EDI-Einführung werden nachfolgend noch einmal zusammenfassend aufgeführt. Ausführliche Erläuterungen zu den einzelnen Punkten enthalten die vorangehenden Abschnitte.

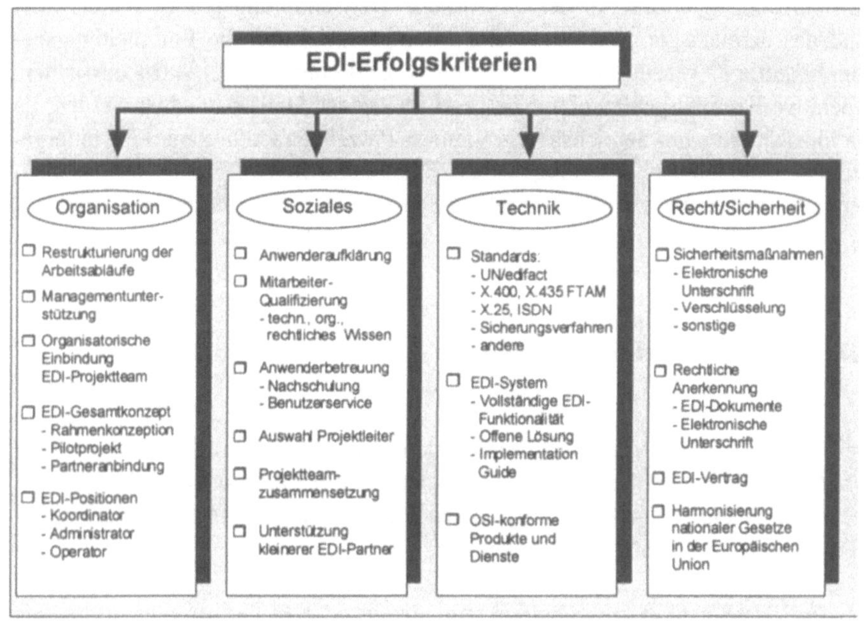

Abb. 52: EDI-Erfolgskriterien

5.1 Managementunterstützung

Wichtigste Voraussetzung für den EDI-Projekterfolg ist die Einbindung des leitenden Managements. Ein engagierter Sponsor aus dem Management muß die Aufgabe übernehmen, die Widerstände, die Veränderungsprozesse automatisch nach sich ziehen, aktiv zu bewältigen und so organisatorische Hindernisse zu überwinden. Die Veränderungsprozesse müssen geradlinig und mit Überzeugung in einem überschaubaren Zeitraum durchgesetzt werden. Auf diese Weise erhält das EDI-Projekt den notwendigen Stellenwert im Unternehmen und wird zum gewünschten Projekterfolg geführt.

In erster Linie muß das Management von dem Erfolg und den Vorteilen des Projektes überzeugt sein. Barrieren existieren in dieser Hinsicht oft durch fehlendes Verständnis der strategischen Potentiale. Da die strategischen Nutzen- und Kostenkriterien schwer zu quantifizieren sind, wird häufig lediglich eine operative Kostenrechnung erstellt, in der wesentliche Wertschöpfungsgrößen fehlen. Hier sind das bereichsübergreifende Managementpotential und die Entscheidungsbefugnis gefragt, welche sich primär nach strategischen EDI-Effekten ausrichten. Operative Kostenaspekte sollten hier erst an zweiter Stelle betrachtet werden, da sie hinsichtlich einer bereichsübergreifenden Prozeßbetrachtung nur eine untergeordnete Rolle spielen. Allerdings ist es Aufgabe des Managements, die verschiedenen bereichsbezogenen EDI-Ansätze zu einem sinnvollen Ganzen zu verbinden.

5.2 EDI-Projektmanagement

Der Erfolg des EDI-Vorhabens wird zudem grundlegend mitbestimmt von der Wahl des Projektleiters, der Zusammensetzung und organisatorischen Einbindung des Projektteams, den damit verbundenen Entscheidungskompetenzen sowie der Verfügbarkeit der personellen Ressourcen.

Der Projektleiter trägt entscheidend zum Erfolg oder Mißerfolg eines Projektes bei. Daher sollte für die Ausübung dieser Funktion ein Mitarbeiter ausgewählt werden, der die nötige Projekterfahrung und eine übergeordnete Fachkompetenz besitzt und die unternehmensspezifischen Gegebenheiten genau kennt. Neben der Fähigkeit, Begeisterung für innovative Ideen zu wecken, sollte er auch aufgrund seines Charismas und seiner Persönlichkeit vom Projektteam als Leiter anerkannt werden, um den notwendigen Teamgedanken zu unterstützen. Diese Eigenschaften helfen bei der Durchsetzung der Ideen gegenüber der Unternehmensleitung und innerhalb der Projektgruppe.

Bei der Zusammensetzung des Teams ist auf die Motivation und Fähigkeiten der Projektmitarbeiter zu achten sowie auf den Willen des einzelnen, ein Projekt zum Erfolg zu führen. Durch die Zusammenarbeit verschiedener Fachkräfte aus unterschiedlichen Unternehmensteilen, wie z. B. Fachabteilung, Softwareentwicklung, Telekommunikation, Rechtsabteilung und Controlling, wird versucht, durch Bündelung von Fach-Know-How Synergieeffekte und somit ein höchstmögliches Leistungspotential zu erzeugen. Hierbei obliegt es dem Projektleiter, die oft unterschiedlichen Interessenlagen der einzelnen Fachbereiche und Mitarbeiter im Rahmen der Koordinations- und Steuerungsfunktion sensibel wahrzunehmen.

Die EDI-Einführung erfordert ein strukturiertes schrittweises Vorgehen. Das Aufgabengebiet des Projektteams umfaßt daher im ersten Schritt die Erstellung eines unternehmensspezifischen EDI-Gesamtkonzeptes. Dazu gehört eine EDI-Rahmenkonzeption, in der die Anforderungen an die Organisation und die technische Infrastruktur durch eine Analyse der Ablauf- und Aufbauorganisation sowie der Informations- und Kommunikationsströme geklärt werden. Bestandteil der Rahmenkonzeption ist zudem die Definition eines EDI-Pilotprojektes. Die EDI-Projektplanung umfaßt die Festlegung von Zuständigkeiten und Verantwortlichkeiten, die Auswahl der Pilotpartner sowie der technischen Infrastruktur. Der Projektleiter muß gerade in der ersten Phase eines Projektes darauf achten, daß Aufgabeninhalte und Zeitvorgaben exakt eingehalten werden, um die Bereitschaft des Projektteams, die weiteren Zielvorgaben zu realisieren, nicht zu gefährden.

Bei der Realisierung des EDI-Projektes ist eine Testphase einzuplanen. Parallel zum herkömmlichen Postversand werden die Nachrichten elektronisch verschickt. Auf diese Weise können die EDI-Daten exakt geprüft werden. Auftretende Fehler z. B. in der Kommunikationstechnik können ohne Störung der Geschäftsabläufe behoben werden. Parallel zur Pilotprojektdurchführung ist eine EDI-Vereinbarung zu erstellen sowie Schulungsmaßnahmen der eigenen Mitarbeiter und der EDI-Partner abzuhalten. Die effektivste Möglichkeit, die EDI-Abläufe zu verstehen, ist das "learning by doing" im Pilotbetrieb.

In der dritten Phase, der EDI-Partneranbindung, sind weitere Geschäftspartner für den EDI-Einsatz zu gewinnen. Hierzu sind umfassende Marketingmaßnahmen in Form von Geschäftspartnerkonferenzen, Informationsrundschreiben oder EDI-Seminaren erforderlich.

5.3 Reorganisation und Anwenderbetreuung

Die EDI-Einführung sollte dazu genutzt werden, organisatorische Restrukturierungsoptionen wahrzunehmen, indem bestehende Arbeits- und Verfahrensweisen in Frage gestellt werden und nicht wertschöpfende Aktivitäten innerhalb der Arbeitsprozesse weitgehend wegfallen.

Um die erforderliche Akzeptanz der Benutzer zu erreichen, sollte die EDI-Einführung von einer umfassenden Anwenderaufklärung über organisatorische und technische Veränderungen begleitet sein. Dazu gehört auch die Festlegung von Zuständigkeiten, z. B. wer soll das System bedienen und pflegen (EDI-Operator, EDI-Administrator) bzw. steuern (EDI-Koordinator). Nur wenn von Anfang an alle Beteiligten miteinbezogen und informiert werden, kann das erforderliche Verständnis und die Unterstützung bei der EDI-Durchführung von seiten der Mitarbeiter erreicht werden. Das Problem der mangelnden Bereitschaft der Mitarbeiter, den EDI-Einsatz aufgrund der Angst vor einem Kompetenz- oder Arbeitsplatzverlust zu unterstützen, kann so minimiert werden.

Mit der weitreichenden Integration von EDI in die organisatorischen Abläufe erfahren die Arbeitsplätze Veränderungen in Form von abgewandelten Aufgabeninhalten, Zuständigkeiten und Kommunikationswegen. Die informationstechnologische Vernetzung der Arbeitsplätze und Unternehmensbereiche verringert die Bedeutung der Hierarchien. Eine unbürokratische und dennoch geordnete Zusammenarbeit, und damit eine neue Form der Unternehmenskultur, ist notwendig. Dies läßt sich nur erreichen, wenn die EDI-Einführung von allen betroffenen Mitarbeitern auf allen Ebenen getragen und aktiv unterstützt wird. Es müssen funktionsübergreifende Aufgaben erfüllt werden, die eine entsprechende Ausbildung voraussetzen. Es reicht nicht aus, die technischen Aspekte der EDI-Abwicklung zu schulen. Das gesamte EDI-Umfeld mit den organisatorischen und rechtlichen Aspekten sollte vermittelt werden.

Der Anwender sollte praxisnah geschult werden. Das bedeutet vor allem, daß eine Anwenderbetreuung im laufenden EDI-Betrieb durch die Einrichtung eines Benutzerservice sichergestellt wird. Auch wenn die Einführungsschulung sehr gründlich und intensiv durchgeführt wird, kann nur Basiswissen vermittelt werden, da Anwendungsprobleme erst bei der tatsächlichen Nutzung des Systems gelöst werden können. Help-Funktionen oder Handbücher leisten hier nur begrenzt die gewünschte Hilfestellung. Zum einen sind unter Umständen Nachschulungen erforderlich, zum anderen ist eine Unterstützung und Beratung bei Anwendungsproblemen durch den Benutzerservice als ständig erreichbare Ansprechstelle ("Hot-line"-Beratung) zu realisieren. Unnötige Ausfallzeiten durch Bedienungsfehler können so vermieden bzw. minimiert werden.

Anwenderbetreuung kann aber auch darin bestehen, kleinere oder mittlere Geschäftspartner, die in der Regel ein Automatisierungsdefizit aufweisen, beim Übergang zu EDI durch finanzielle, technische oder organisatorische Hilfestellungen zu unterstützen.

5.4 Verbreitung und Einsatz internationaler Standards

Offene Kommunikationslösungen werden sowohl aus den Anforderungen der innerbetrieblichen als auch der externen Kommunikation gefordert. Innerbetrieblich wird der Informationsaustausch zwischen den Unternehmensbereichen verbessert und eine durchgängige Informationsverarbeitung geschaffen. Zwischenbetrieblich ermöglichen offene Lösungen einen branchen- und länderübergreifenden Informationsaustausch, unabhängig von unternehmensspezifischen Applikationen. Die hierfür notwendigen offenen Systemlösungen erfordern Standards über alle Schichten des OSI-Referenzmodells, das bedeutet standardisierte Datenaustauschformate (UN/edifact, ODA), Anwendungsvereinbarungen gemäß den OSI-Protokollen der Schicht 5 bis 7, insbesondere Standards auf Anwendungsebene (X.400, FTAM), sowie Transportverbindungen gemäß den OSI-Protokollen der Schicht 1 bis 4 (X.25, ISDN).

Um die notwendige Anwendung und Verbreitung dieser Standards sicherzustellen, sind Empfehlungen allein nicht ausreichend, vielmehr ist eine breite Verfügbarkeit von Produkten nach dem OSI-Standard anzustreben. Derzeit gibt es noch keine ausreichende Anzahl etablierter OSI-konformer Produkte und Dienste. Ein wichtiger Schritt ist die Integration von UN/edifact in den X.400 Standard (zukünftig auch X.435) und in FTAM.

Die Realisierung offener Systeme wird durch die Harmonisierungsbestrebungen der Telekommunikation in Europa und durch die Arbeit der UN/edifact-Normungsgremien aktiv unterstützt. Der UN/edifact-Normungsprozeß ist jedoch sehr langwierig. Zudem sind häufige Änderungen der Nachrichten oder bei den Statusangaben irreführend.

Ein weiteres Aufgabenfeld ist die Verwendung einer Vielzahl branchen- oder anwendergruppenbezogener UN/edifact-Subsets. In diesem Zusammenhang sind Implementation-Guidelines ein wichtiges Hilfsmittel, um dennoch eine einheitliche Interpretation der Subsets durch die Anwender zu ermöglichen. Um darüber hinaus einen Wildwuchs bei der Definition von Subsets zu verhindern, sollte eine offizielle Stelle die Subsets auf ihre UN/edifact-Konformität hin überprüfen und zertifizieren. Über die Notwendigkeit einer solchen Stelle sind sich fast alle Experten einig. Allerdings existiert noch eine Reihe von Fragen hinsichtlich der Ausgestaltung und Finanzierung dieser Instanz.

Ein vollständiger elektronischer Datenaustausch muß vor allem auch die Behörden miteinbeziehen. Von staatlicher Seite sind Standards wie UN/edifact noch stärker zu unterstützen und einzusetzen, um die Wirtschaft zu motivieren und Zeichen zu setzen, von verbandseigenen kostenintensiven Standards abzugehen.

Zudem wird die EDI-Verbreitung beschleunigt, wenn die eigenen Geschäftspartner durch Marketingmaßnahmen aktiviert werden. Dies reicht von Informationsveranstaltungen über die Herausgabe von Newslettern und Informationsbroschüren bis hin zu ganzheitlichen Partneranbindungs-Szenarien.

Kleinere und mittelständische Unternehmen, die über begrenzte finanzielle und personelle Ressourcen verfügen, aber einen bedeutenden Stellenwert im Wirtschaftskreislauf einnehmen, werden zudem durch das TEDIS-Programm und andere Programme der Europäischen Union gefördert.

5.5 Rechtliche Anerkennung

Elektronisch veranlaßte geschäftliche Transaktionen werden von der allgemeinen Gesetzgebung kaum berücksichtigt. Dies liegt vor allem daran, daß seitens des Gesetzgebers bei der Ratifizierung der einzelnen Gesetze vor vielen Jahren nicht davon ausgegangen wurde, daß sich der elektronische Geschäftsverkehr in der aktuellen Art und Weise entwickelt. Allerdings ist der Gesetzgeber bemüht, den rechtlichen EDI-Anforderungen Rechnung zu tragen, indem die Gesetze um telekommunikationsrelevante Passagen erweitert werden. Dieser Prozeß ist jedoch sehr langwierig.

Rechtsverbindliche Dokumente können im allgemeinen nicht elektronisch ausgetauscht werden, ohne zusätzlich Papier vorzulegen, da Gesetzgeber, Behörden sowie auch Banken die handgeschriebene Unterschrift und ggf. einen Stempelaufdruck verlangen. Eine Lockerung wurde hier von seiten der Finanzbehörden durch die Möglichkeit, Mahnbescheide bei den Mahngerichten elektronisch zu beantragen, geschaffen. In der Finanzwirtschaft werden bereits seit längerer Zeit erste Ansätze mit der elektronischen Unterschrift durchgeführt. Auch die elektronische Archivierung der EDI-Dokumente ist, von Ausnahmen abgesehen, handels- und steuerrechtlich zulässig. Dies sind jedoch nur erste Schritte, die konsequent und vor allem zügig weiter ausgebaut werden müssen. Eine besondere Vorreiterstellung kommt dabei den Behörden zu. Die öffentliche Verwaltung muß EDI-Nachrichten anerkennen und die Verwaltungsregeln entsprechend anpassen (Anerkennung elektronisch übermittelter Behördennachweise, Rechnungsdatenaustausch) sowie eigene Anwendungen, vor allem im Bereich der Finanzverwaltungen, schaffen.

Nur wenn die rechtliche Anerkennung elektronisch übermittelter Dokumente und der elektronischen Unterschrift sichergestellt ist, wird eine breite Anwendung des elektronischen Geschäftsverkehrs erreicht werden. Dazu sind internationale Standards im Bereich der Verschlüsselung und der Unterschriftsverfahren notwendig. Derzeit unterliegt z. B. das RSA-Verfahren (Asymmetrisches Kryptosystem) patentrechtlichen Beschränkungen. Hier sind intensive internationale Normungsaktivitäten erforderlich. Einen wichtigen Beitrag in diesem Bereich leistet die ITU (ehemals CCITT)-Empfehlung X.509 "The Directory Authentication Framework". Vorgesehen ist danach die Einrichtung von Zertifizierungsautoritäten, die die Verwaltung und Verteilung der Schlüssel übernehmen und die Echtheit der Schlüssel beglaubigen. Damit ist die Unterschrift öffentlich zertifiziert und nachprüfbar. Voraussetzung ist jedoch, daß das System "verrechtlicht" ist.

Zusätzlich ist bei einem grenzüberschreitenden Geschäftsverkehr zu beachten, daß in jedem Land andere nationale Gesetze gelten. Fragen der rechtsgültigen Unterschrift, allgemeine Vertragsbedingungen, Gesetzes- und Zuständigkeitskonflikte sowie Verantwortung und Haftung sind europaweit nicht einheitlich gelöst. Auch die Benutzungs- und Geschäftsbedingungen der Dienst- und Netzanbieter sind länderspezifisch geregelt. Mittelfristig ist hier eine Angleichung der Rechtssprechung anzustreben und umzusetzen.

Zum jetzigen Zeitpunkt kann man sich seitens des EDI-Anwenders aufgrund der bestehenden rechtlichen und technischen Defizite nur damit begnügen, rechtliche Vereinbarungen in Form eines EDI-Vertrages zu treffen. Die Parteien müssen sich darin gegenseitig verpflichten, die EDI-Dokumente uneingeschränkt als Beweismittel anzuerkennen. Die Rechtsabteilung sollte für die EDI-Vertragsgestaltung frühzeitig hinzugezogen werden.

5.6 Sicherheitsmaßnahmen

Die Sicherheitsrelevanz steigt innerbetrieblich durch die Zugriffsmöglichkeiten auf Datenbestände im Zuge von Kompetenzerweiterungen, z. B. des Disponenten. Wirksame Maßnahmen sind hier unter anderem die genaue Definition von Zugriffsrechten und die Protokollierung der Abläufe, die erkennbar macht, wer wann auf welche Dateien zugegriffen hat.

Bei der Implementierung von geeigneten Sicherheitsmaßnahmen müssen die Sicherheitsbestrebungen der Partner miteinbezogen werden. Die EDI-Partner müssen sich über gemeinsame Verfahren zur Datensicherung einigen. Gefordert sind einheitliche, international genormte und rechtlich anerkannte Sicherheitsverfahren. Die X.400-Empfehlungen sehen ebenso wie FTAM bereits eine Reihe von Sicherheitsempfehlungen vor. Grundsätzlich besteht in diesem Bereich jedoch noch erheblicher Handlungsbedarf.

X.400-Sicherheitsempfehlungen

Sicherheitselemente für den Schutz von Verbindungen

- Austausch von Paßwörtern oder unterschriebenen Datenelementen vor und während der Verbindung

Sicherheitselemente für den Schutz von Einzelmeldungen

- Elektronische Unterschrift
- Chiffrierung der Meldung
- Meldesequenznummern
- Elektronische Empfangsbestätigung
- Elektronische Absendebestätigung
- Leermeldung
- Routing

Abb. 53: X.400-Sicherheitsempfehlungen

Eine vollständige Sicherheit kann aber schon deshalb nicht erreicht werden, da auch auf dem Übertragungsweg Störungen auftreten können. Die Haftung der DBP Telekom ist praktisch durch die allgemeinen Geschäftsbedingungen der DBP Telekom ausgeschlossen, so daß die EDI-Partner das Risiko vertraglich, z. B. durch eine anteilsmäßige Schadenstragung, untereinander aufteilen müssen.

Durch den Einsatz von Sicherheitsmaßnahmen kann das Risiko der Gefährdungen insgesamt minimiert werden.

5.7 Vollständige EDI-Funktionalität

Letztendlich steht und fällt der Erfolg des EDI-Vorhabens mit der richtigen Auswahl der EDI-Software. Ein Konverter, d. h. ein reiner Formatumsetzer, ist grundsätzlich nicht ausreichend. Vielmehr ist eine vollständige EDI-Funktionalität notwendig, um den gesamten EDI-Ablauf einschließlich der Telekommunikation
abzudecken. Die komplexen technischen Anforderungen, zu denen Ablaufsteuerung, Normenkonformität, Versionsfähigkeit, Syntax-Prüfung, Partnerprofile,
Datensicherung, Fehlerbehandlung und Archivierung zählen, sind durch die EDI-
Software zu lösen.

Die EDI-Anwendung muß für die Fachbereiche verständlich und einfach zu hand-
haben sein. Das bedeutet, daß auf eine benutzerfreundliche Bedienerführung und
übersichtliche Benutzeroberfläche sowie eine automatische Ablaufsteuerung zu
achten ist.

Darüber hinaus ist eine offene Lösung auszuwählen, d. h., die EDI-Software muß
den Anwendern die Möglichkeit bieten, flexibel auf unterschiedliche EDI-
Standards zu reagieren und upgradefähig sein, z. B. muß ein Wechsel von MS-
DOS auf UNIX möglich sein.

Die Berücksichtigung einer vollständigen EDI-Funktionalität beinhaltet nicht, daß
bei jedem Anwender eine eigene technische EDI-Infrastruktur aufzubauen ist. Je
nach Verfügbarkeit von finanziellen und personellen Ressourcen kann es durchaus
sinnvoll sein, EDI als Outsourcing-Komponente zu beziehen. In diesem Fall wird
ein externer EDI-Dienstleister verpflichtet, in Abstimmung mit den unternehmensinternen Anforderungen gewisse EDI-Funktionen zu erbringen. Wann welche Lösung zu präferieren ist, muß jeweils von den Verantwortlichen anhand der
unternehmensspezifischen Prämissen entschieden werden.

6 EDI-Pilotprojekt

6.1 Projektdefinition und -planung

Die praktische Umsetzung der empfohlenen DV-technischen Verfahren und die Erprobung der neu entwickelten UN/edifact-Nachrichten erfolgten im Rahmen von EDI-Pilotprojekten

Zu diesem Zweck wurde ein öffentliches Bauvorhaben in Wilhelmshaven ausgewählt. Bestandteil dieses Bauvorhabens war der Bau eines Druckereigebäudes, für das die Leistungen für den Einbau der Fenster ausgeschrieben wurden. Aufgrund zusätzlicher Anforderungen wurde ein Nachtrags-Leistungsverzeichnis für das Gewerk Fensterarbeiten erstellt. Dieses Nachtragsverfahren mit einem Auftragsvolumen von 1 Million DM wurde für die Durchführung des EDI-Pilotprojektes ausgewählt.

Um die Projektdurchführung überschaubar zu halten, wurde die Anzahl der Kommunikationspartner begrenzt. Projektbeteiligte waren die Oberfinanzdirektion/Landesbauabteilung Hannover, das Staatshochbauamt Wilhelmshaven sowie das Fensterwerk Wachtendorf, das den Zuschlag erhielt. Zentrale Kommunikationsstelle war das Staatshochbauamt Wilhelmshaven, das sämtliche UN/edifact-Nachrichten empfing und an den jeweiligen Partner weiterleitete.

Um sämtliche EDI-Aktivitäten gebündelt an einer Stelle zusammenlaufen zu lassen und gegenseitige Abstimmungsprozesse zu verkürzen, benannte jeder Pilotpartner einen internen Mitarbeiter als EDI-Verantwortlichen.

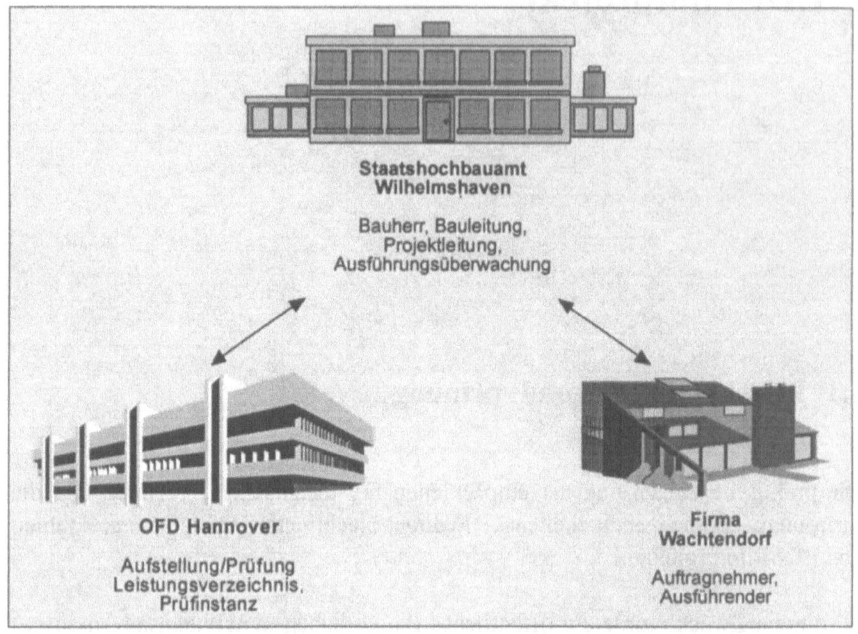

Abb. 54: EDI-Kommunikationspartner und ihre Funktionen im EDI-Pilotprojekt

Für die Festlegung der Aufgaben sowie des zeitlichen Vorgehens wurden ein fachtechnischer und ein DV-technischer Projektplan erstellt.

Bevor die Test- und Echtläufe durchgeführt werden konnten, waren die erforderliche Hardware, Software und Kommunikationseinrichtungen auszuwählen, zu beschaffen und einzurichten sowie die UN/edifact-Nachrichten zu entwickeln. Diese Aufgaben wurden im DV-technischen Projektplan mit Terminangaben aufgeführt. Der fachtechnische Projektplan enthielt neben Terminfestlegungen für die Erstellung der Nachrichten in der AVA-Software und den Versand der UN/edifact-Nachrichten auch die Fristen für die fachlichen Arbeitsgänge wie Werkstattzeit bei der ausführenden Firma und den Einbau der Fenster, deren Fertigstellung den Zeitpunkt für die elektronische Abwicklung der Rechnungs- und Zahlungsvorgänge bestimmte.

UN/edifact-Nachrichten

Nach der Festlegung der Kommunikationsstruktur im Pilotprojekt wurde die Art und die zeitliche Abfolge der auszutauschenden UN/edifact-AVA-Nachrichten definiert. Begonnen werden sollte mit dem Austausch der UN/edifact-Nachrichten

"CONEST" (Leistungsverzeichnis) in den Funktionen "Angebotsabgabe", "Geprüftes Angebot", "Auftrags-Leistungsverzeichnis", "CONWQD" (Mengenermittlung) und "CONPVA" (Baurechnung) in den Funktionen "Abschlagsrechnung", "Geprüfte Rechnung" und "Schlußrechnung".

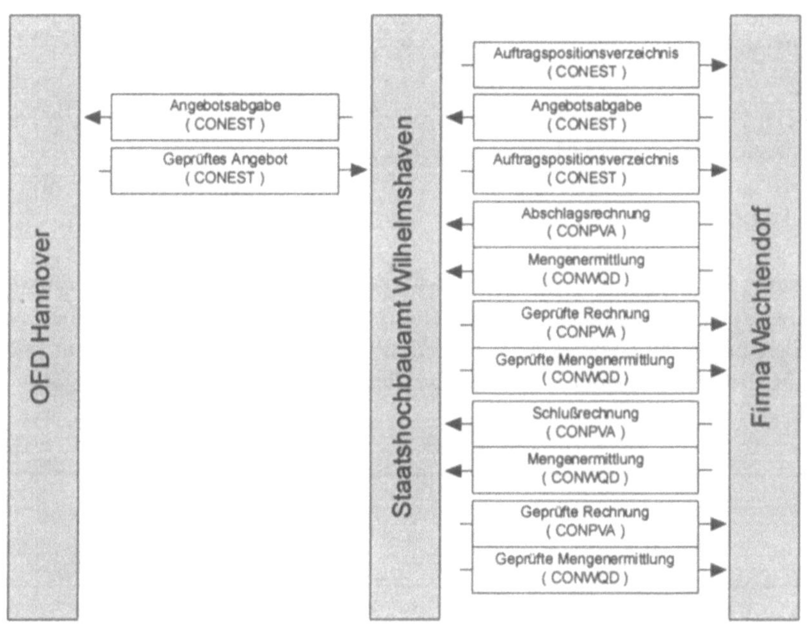

Abb. 55: EDI-Pilotprojekt: UN/edifact-Nachrichtenaustausch

Da für den elektronischen Datenaustausch keine geübte Rechtspraxis vorliegt, wurde vereinbart, während der Umstellung der Kommunikationsabläufe auf EDI und während der gesamten Dauer des EDI-Pilotprojektes einen Parallelversand der Dokumente in Papierform durchzuführen.

Anwendungen und Hardware

Anhand der Bestandsaufnahme der vorhandenen Software und Hardware bei den Pilotpartnern und der Anforderungen des Implementierungshandbuches wurde unter Berücksichtigung der ISYBAU-Ergebnisse die DV-technische Infrastruktur einschließlich der Telekommunikation ausgewählt.

Der Projektplan sah für den Nachrichtenaustausch den Einsatz der EDI-Server-Architektur vor. Dabei wird zwischen der Inhouse-Anwendung und der Telekommunikation das EDI-Server-System installiert, das die komplette Abwicklung der EDI-Funktionen übernimmt. Die Verbindung zur AVA-Anwendung sollte über Filetransfer erfolgen, die externe Kommunikationsverbindung über eine serielle Schnittstelle am PC. Zu Test- und Vergleichszwecken war geplant, zwei unterschiedliche AVA-Softwareprodukte einzusetzen. Als Schnittstelle zwischen der Inhouse-Anwendung und dem EDI-System sollte für den ersten Schritt die GAEB-Schnittstelle der eingesetzten AVA-Software genutzt werden.

Als Hardwarekomponenten sollten bei den Partnern PCs eingesetzt und die Kommunikation mittels eines Modems angesteuert werden.

Telekommunikationsverfahren

Es wurde festgelegt, die Telekommunikation über den Mailboxdienst Telebox-400 abzuwickeln, zunächst über die Wählleitung mit Hilfe eines Modems, später, nach Realisierung eines Zugangs seitens der DBP Telekom an die Telebox, über ISDN. Die PC-Box-Software der DBP Telekom diente als Kommunikationssoftware.

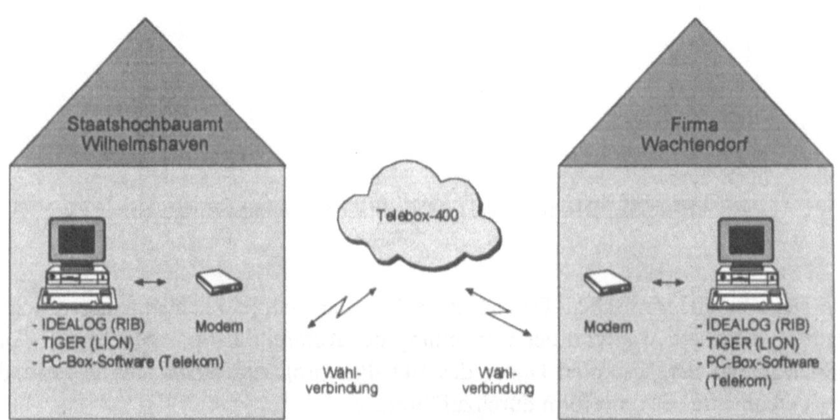

Abb. 56: EDI-Pilotprojekt: DV-technische Infrastruktur

6.2 Realisierung

Für die Realisierung wurde ein mehrstufiges Vorgehen gewählt. Zunächst sollten die UN/edifact-Nachrichten ausgetauscht und nach erfolgreichem Abschluß funktionale und technische Erweiterungen erprobt werden. Bevor der elektronische Austausch der Echtdaten beginnen konnte, mußte eine Reihe von Vorarbeiten abgeschlossen werden. Dazu gehörten in erster Linie die Einrichtung und Implementierung des EDI-Systems sowie die Schulung der Mitarbeiter, welche die AVA- und EDI-Software betreuen.

Systemgenerierung und -implementierung

Im Rahmen der Systemgenerierung wurden die Inhouse-Sätze, -Felder und Datenströme der GAEB-Datenarten 81 bis 86 im EDI-System angelegt und die Zuordnungstabellen für die UN/edifact-Nachricht "CONEST" auf Basis der GAEB-Datenarten 81 bis 86, die UN/edifact-Nachricht "CONWQD" auf der Basis der Datenart 11 und die UN/edifact-Nachricht "CONPVA" erstellt. Grundlage für die Zuordnung der neu entwickelten UN/edifact-Nachrichten zu den GAEB-Datenarten war die semantische Beschreibung der Nachrichten im UN/edifact-Dokumentationssystem, die bereits für jedes UN/edifact-Datenelement bzw. -Segment einen Verweis auf die zugehörigen GAEB-Datenfelder beinhaltete. Darüber hinaus wurden die Partnerprofile der Projektteilnehmer und die Ablaufsteuerung im EDI-System definiert. Die Partnerprofile beinhalten unter anderem Eintragungen zum Namen des Partners, allgemeine Adreßinformationen, genaue Angaben zu den UN/edifact-Nachrichtentypen, die mit dem Kommunikationspartner ausgetauscht werden, und über den Kommunikationsweg (Wählleitung, Telebox-400). Die Ablaufsteuerung regelt die Zeiten (z. B. automatische Ausübung der Funktionen im 2-Stunden-Takt), zu denen das EDI-System UN/edifact-Nachrichten in die Telebox des Partners versenden oder vom Partner bereitgestellte Nachrichten aus der Telebox abrufen soll.

Bei der Softwareimplementierung wurde die Kommunikationsverbindung zur Inhouse-Anwendung und zum Telekommunikationsnetz hergestellt.

Schulung und Support

Zur Sicherstellung einer weitgehend fehlerfreien Bedienung des EDI-Systems erhielten die Anwender eine fachtechnische Schulung am AVA-System sowie eine EDI-Schulung.

Um ein besseres Verständnis bei der Handhabung der AVA-Software zu erreichen, wurde im Verlauf der Schulung parallel zur Theorie ein Praxisbeispiel durchlaufen, in dem von den Projektteilnehmern das Leistungsverzeichnis als Ausgangsbasis für alle weiteren AVA-Nachrichten in der Inhouse-Anwendung erstellt wurde. Die EDI-Schulung beinhaltete eine allgemeine Einführung in EDI und UN/edifact sowie eine umfassende Einweisung in die Funktionalität und Bedienung des EDI-Systems.

Während der Test- und Echtläufe wurden die Pilotpartner zusätzlich durch einen Telefon-Support und durch eine TeleDiagnose unterstützt. Im Rahmen der Tele-Diagnose wurde eine Fernwartungssoftware bei allen Partnern installiert, um eine automatische Fehlerbeseitigung über die Wählleitung zu ermöglichen. Bei Auftreten eines Fehlers im EDI-System bei einem der Pilotpartner wurde telefonisch der TeleService des EDI-Dienstleisters LION EDInet informiert, der sich in das EDI-System des Pilotpartners zur automatischen Fehlerbeseitigung einwählen konnte, sobald auf beiden Seiten die Fernwartungssoftware gestartet worden war.

Kommunikation: Test- und Echtläufe

Nach Abschluß der Implementierung und der Schulung begannen die Projektteilnehmer zunächst mit dem Austausch von Testdaten, d. h., es wurden zunächst im AVA-System beliebige Inhouse-Nachrichten erstellt, die vom EDI-System konvertiert, in das EDI-System des Partners übermittelt und dort zurückübersetzt wurden. Diese Testläufe dienten zum einen der funktionalen Überprüfung der Telekommunikationsverbindungen, zum anderen der Überprüfung der Zuordnungstabellen im EDI-System als Voraussetzung für eine fehlerfreie Nachrichtenübermittlung.

Nach Ablauf der Probephase konnten die Echtdaten für die Durchführung des Nachtragsverfahrens ausgetauscht werden. Im Nachtragsverfahren wurde mit der Abgabe des Nachtragsangebotes begonnen. Die folgende Auflistung beinhaltet noch einmal die zwischen den Kommunikationspartnern ausgetauschten AVA-Nachrichten in zeitlicher Reihenfolge und, sofern eine Übertragung über EDI stattgefunden hat, die Angabe des UN/edifact-Nachrichtentyps, der verwendet wurde, und der entsprechenden GAEB-Datenart (DA) bzw. sonstiger Inhouse-Formate.

Tabelle 14: EDI-Pilotprojekt: AVA-Nachrichtenaustausch, EDI und Papier

AVA-Nachrichten	UN/edifact-Nachrichtentyp	GAEB-Datenart/ sonstige Formate
Abgabe des Nachtragsangebotes	CONEST	DA85
Angebotsauswertung	Papier	
Geprüftes Angebot	CONEST	keine
Vergabevorschlag	Papier	
Vorlagebericht	Papier	
Freigabe der Vorlage	Papier	
Auftragserteilung	Papier	
Auftrags-Leistungsverzeichnis	CONEST	DA86
Auftragsbestätigung mit Vertrags-erfüllungsbürgschaft	Papier	
Zahlungsplan	Papier	
Abschlagsrechnung	CONPVA	nach REB
Mengenermittlung	CONWQD	DA11
Geprüfte Rechnung	CONPVA	nach REB
Zahlungsanweisung	Papier	
Schlußrechnung	CONPVA	nach REB

Technische und funktionale Erweiterungen

Die funktionale Erweiterung betrifft die Einbindung der UN/edifact-Nachricht **"GENRAL"** Allgemeine Mitteilung (General Purpose Message) in das Nachrichtenaustauschverfahren. Mit dieser Nachricht werden allgemeine Mitteilungen wie Erläuterungen und Hinweise zum Leistungsverzeichnis, Terminangaben oder allgemeine Notizen als strukturierte Daten übermittelt. Auf diese Weise können Informationen, für die in den fachspezifischen UN/edifact-Nachrichten keine Segmente vorhanden sind, mittels EDI ausgetauscht werden.

Damit auch die rechtliche Seite abgedeckt wird, wurde auf der Basis behördenspezifischer Verordnungen und Regelungen im Bauwesen für die öffentliche Bauverwaltung ein **EDI-Mustervertrag** entworfen.

In technischer Hinsicht beziehen sich die Erweiterungen auf die Funktionen Support, Sicherheit, Archivierung sowie die Umstellung des Telekommunikationsnetzes und des Betriebssystems.

Die Funktionen des **TeleService** werden ausgebaut. Die automatische Fehlerbeseitigung bei Störungssituationen über die Wählleitung mittels einer Fernwartungssoftware wird künftig über ISDN durchgeführt. Neue Software und Softwaremodule werden ebenfalls über das Netz per TeleSoftware übermittelt.

Aus Kostengründen und aufgrund des zu Beginn des Projektes fehlenden Übergangs von ISDN zur Telebox-400 wurde über eine Wählleitung mit Hilfe eines Modems mit 2.400 Baud Übertragungsrate kommuniziert. Da die ausgetauschten Nachrichtenvolumina im AVA-Verfahren erheblich sind, erforderte der Datentransfer eine für den praktischen Betrieb zu lange Übertragungszeit. Aus diesem Grund bietet sich ein Wechsel des Übertragungsnetzes auf **ISDN** und der Systemplattformen von MS-DOS auf **UNIX** an. Neben Geschwindigkeitsaspekten spricht die Zukunftssicherheit der Lösung für diese Umstellung.

Für die Archivierung der Dokumente werden vor allem aus Sicherheitsgründen und unter Kapazitätsaspekten WORM (Write Once Read Many)-Bildplattenspeicher eingesetzt. Die Daten werden durch Erhitzen des Speicherplatzes mittels eines Laserstrahls auf den **WORM-Speicher** eingetragen. Der Vorteil dieses Archivierungsmediums besteht darin, daß die Informationen nicht unbemerkt verändert oder gelöscht werden können und so der für rechtliche Prüfzwecke erforderliche Nachweis erbracht werden kann, daß die Daten im Original, d. h. in unverändertem Zustand aufbewahrt wurden. Des weiteren werden zur Gewährleistung der Datensicherheit Softwareprodukte für die **Verkryptung** und die **elektronische Unterschrift** in das EDI-System eingebunden und getestet.

6.3 Partneranbindung und Verbreitung

Um die Erfahrungen zu vertiefen, wurde ein weiteres EDI-Pilotprojekt definiert und im Oktober 1993 mit der Durchführung begonnen. Gegenstand dieses EDI-Projektes ist der **Um- und Neubau des Amtsgerichtes Jever**. Neben dem Staatshochbauamt Wilhelmshaven, das bereits im vorausgegangenen Pilotprojekt umfangreiche EDI-Erfahrungen gesammelt hat, werden das Architekturbüro Iwersen in Wilhelmshaven, das Bauunternehmen Wilbers in Aurich und die Zweigstelle des Staatshochbauamtes Wilhelmshaven in Schortens als zusätzliche EDI-Pilotpartner angebunden. In einem nächsten Schritt ist die Anbindung weiterer Kommunikationspartner (bauausführende Unternehmen) geplant.

Der Nachrichtenaustausch erstreckt sich auf die aktuellen Versionen der UN/edifact-Nachrichten "LV-Übergabe" (CONEST) und die "Mengenermittlung"

(CONWQD). Darüber hinaus werden verschiedene AVA-Systeme getestet und die X.400-Kommunikation über ISDN und die Wählleitung erprobt. Der Zugang zu den Kommunikationsnetzen erfolgt mittels unterschiedlicher Hardwarekomponenten (Modem, ISDN-Karte, ISDN-Bridge). Die Einrichtung und Erprobung der Kommunikations-Infrastruktur bilden den Projektschwerpunkt. Die Verteilung der Nachrichten erfolgt über einen öffentlichen (Telebox-400 der DBP Telekom) und einen privaten X.400-Versorgungsbereich (X.400-Clearingcenter).

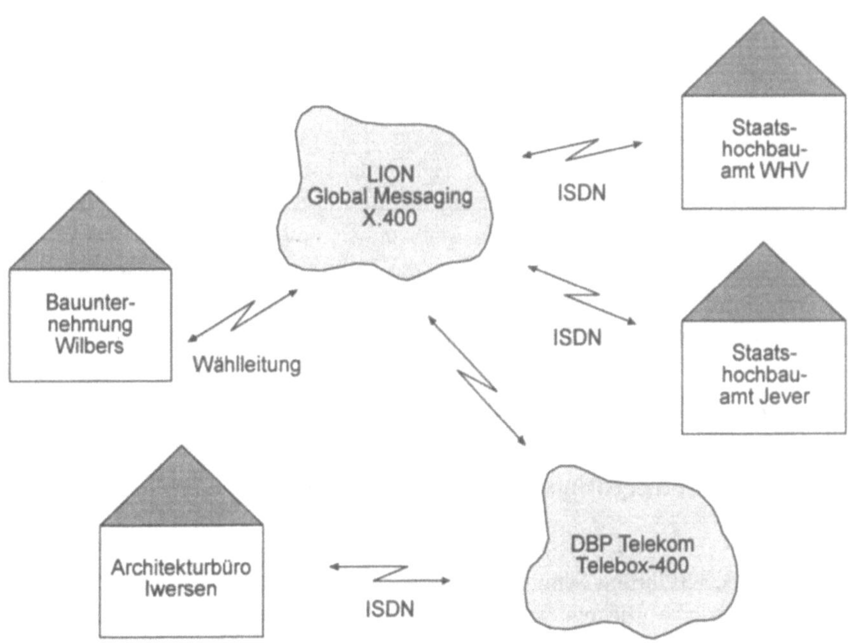

Abb. 57: Kommunikations-Infrastruktur

Parallel dazu wird von seiten der Bauwirtschaft ein EDI-Pilotprojekt durchgeführt.

Zukünftiges Ziel muß es sein, weitere Projekte durchzuführen, die die Entwicklung und Realisierung zusätzlicher UN/edifact-Anwendungen, z. B. Kosten- und Terminplanung sowie CAD, zum Gegenstand haben. Die Durchführung verschiedener EDI-Pilotprojekte im Bauwesen und die Bereitstellung und Veröffentlichung der Projekterfahrungen tragen wesentlich dazu bei, das EDI-Interesse durch das Aufzeigen konkreter Lösungsansätze zu steigern und weitere EDI-Partner aus der Bauwirtschaft zu gewinnen.

Darüber hinaus wird im Rahmen des ISYBAU/EDISY-Projektes ein intensiver **EDI-Know-How-Aufbau** in der Baubranche durch einen umfassenden Informationsaustausch angestrebt. Dazu gehören vor allem:

❏   die Vorstellung des Themas EDI auf Bau-Fachmessen
❏   die Teilnahme an EDI-Kongressen bzw. -Messen
❏   Vorträge bei potentiellen Anwendern und Anwendergruppen
❏   Informationsveranstaltungen zum Thema EDI im Bauwesen
❏   Präsentation der Projektergebnisse
❏   Seminare und Schulungen
❏   Gründung des EDI-Interessenverbandes im Bauwesen "EDIBAU"

Wichtige Unterstützungsfunktionen bei der EDI-Verbreitung liefern das EDI-Implementierungshandbuch und das EDI-Organisationshandbuch, die konkrete Hilfestellungen bei der EDI-Einführung liefern und die flächendeckende Einführung von EDI durch standardisierte Maßnahmen unterstützen. Bestandteile des EDI-Organisationshandbuches sind u. a. die Definition der Vorgehensweise zur EDI-Projektplanung, Unterstützung beim Aufbau der EDI-Infrastruktur, Modellierung fachtechnischer Abläufe und Vorschläge für EDI-Schulungsmaßnahmen.

6.4 Projektbewertung und Projekterfahrung

Die Projektdurchführung kann insgesamt als Erfolg betrachtet werden. Mit dem EDI-Pilotprojekt wurde ein wichtiger Schritt zur Einführung und Anwendung neuer Technologien eingeleitet. Einerseits konnte der Machbarkeitsnachweis der theoretischen Ergebnisse erbracht, andererseits umfangreiches Know-How aufgebaut und somit die Basis zur Verbreitung von EDI im Bauwesen geschaffen werden.

Im Projektverlauf hat sich gezeigt, daß die Schnittstellen der AVA-Systeme nicht durchweg GAEB-konform sind, sondern teilweise spezifische Feldbelegungen aufweisen. Dies führt dazu, daß für jede AVA-Anwendung eine Modifikation der Zuordnungen erforderlich ist. Hinzu kommt, daß sowohl auf der GAEB-Seite als auch auf der UN/edifact-Seite äußerst komplexe Strukturen vorliegen. Aus diesem Grund beanspruchte die Erstellung und Erprobung der Zuordnungstabelle in der EDI-Software einen erheblichen Teil der Projektzeit. Zudem war für die Definition der Inhouse-Strukturen ein umfangreicher Abstimmungsaufwand mit GAEB-Fachleuten notwendig, da GAEB nicht eindeutig dokumentiert ist, sondern Interpretationsspielräume offenläßt.

Nach der Fertigstellung der Zuordungstabelle erwies sich die im Rahmen des EDISY-Projektes entwickelte UN/edifact-Nachricht "CONEST" im Verlauf der ersten Testläufe als praktikabel und leistungsfähig. Die Nachricht bot die Möglichkeit, alle erforderlichen Informationen zu übertragen.

Der Vergleich des Umfangs einer im Pilotprojekt verwendeten GAEB-Datei nach der Konvertierung in eine UN/edifact-Datei ergab, daß ein Drittel der Datenmenge in einer UN/edifact-Datei eingespart wird. Da im AVA-Verfahren in der Regel große Datenmengen vor der Auftragserteilung, insbesondere aber auch danach, zwischen Auftraggeber und Auftragnehmer ausgetauscht werden, kann hier zur Beschleunigung des Nachrichtenaustausches der elektronische Datenaustausch im Gegensatz zum Datenträgeraustausch wesentliche Vorteile bringen.

Eine Harmonisierung der unterschiedlichen GAEB-Auslegungen kann in Zukunft nur durch eine Migration zu UN/edifact erzielt werden. Um nicht erneut Interpretationsspielräume entstehen zu lassen, muß die inhaltliche Bedeutung der UN/edifact-Nachrichten eindeutig definiert sein. Der Einsatz von UN/edifact-Dokumentationssystemen gewährleistet in diesem Zusammenhang eine eindeutige allgemeingültige Interpretation der Nachrichten.

Die Akzeptanz neuer Technologien kann bei kleineren Unternehmen nur durch eine intensive technische und organisatorische EDI-Betreuung erreicht werden. Das Pilotprojekt hat die Notwendigkeit verdeutlicht, einen EDI-Verantwortlichen zu benennen, der sämtliche EDI-Aktivitäten im Unternehmen koordiniert und durchführt.

Gefordert sind zudem EDI-Systeme und AVA-Anwendungen, die eine einfache Handhabung zulassen. Den Unternehmen sollten auf UN/edifact basierende Komplettlösungen angeboten werden. Das bedeutet, daß in bestehende AVA-Anwendungen in einem ersten Schritt UN/edifact-Konverter integriert werden. Bei der Entwicklung neuer Anwendungen ist UN/edifact im Rahmen der Datenmodellierung zu berücksichtigen, d. h., die Datenhaltung erfolgt auf UN/edifact-Basis. Durch die Übereinstimmung von Datenhaltung und Datenübertragung werden Konvertierungsaufwand und Interpretationsfehler vermieden. In diesem Sinne ist auf die Software-Hersteller einzuwirken.

Eine Steigerung der Performance kann durch den Einsatz von UNIX-Systemplattformen erreicht werden. Zusätzlich empfiehlt sich die Nutzung des ISDN-Netzes.

Da es sich bei AVA-Nachrichten um sensitive Daten handelt, ist neben der Datensicherheit durch Verkryptung und elektronische Unterschrift auch die Rechtssicherheit des elektronischen Datenaustausches sicherzustellen. Ein weiteres Kriterium ist die Versionsfähigkeit. Durch die in der EDI-Software integrierte UN/edifact-Normdatenbank ist eine Versionsfähigkeit der UN/edifact-Dokumente gewährleistet. Dies ist für die im Bauwesen erforderlichen langen Aufbewahrungsfristen der Dokumente ein wesentlicher Faktor.

Wenn Dokumente wie Leistungsverzeichnisse elektronisch übertragen werden, müssen künftig alle diesem Geschäftsvorfall zugehörigen Informationen in einer Sendung enthalten sein. Wenn z. B. Zeichnungen und Begleitbriefe parallel durch die "gelbe Post" transportiert werden, geht der Zeitvorteil verloren. Um die Rationalisierungspotentiale auszuschöpfen und die erforderliche Akzeptanz beim Anwender zu erreichen, ist die Vollständigkeit und Durchgängigkeit des Informationsflusses zwischen den Kommunikationspartnern zu gewährleisten. Das setzt voraus, daß alle mit einem Basisgeschäftsvorfall in Zusammenhang stehenden Informationen wie CAD-Daten, Bilder (Images, Faxe), Textdokumente (ODA), Personal Messages (E-Mail), Kosten- und Terminplanungsdaten und evtl. später Sprachdokumente (Voice-Messages) elektronisch ausgetauscht werden. Wichtige Schritte sind hierbei die auf internationaler Ebene neu entwickelten UN/edifact-Nachrichten für die Übertragung von CAD-Daten und die Integration von EDI- und Bürokommunikationsabläufen als weitergehende Aufgabenstellung im ISYBAU/EDISY-Projekt.

Weiterhin ist eine kritische Masse an EDI-Anwendern zu erreichen, indem neben den Landesbauverwaltungen (horizontale Kommunikation) auch die Kommunikationspartner in vertikaler Sicht wie Architekten, Planer, Handwerker und Lieferanten EDI-fähig werden. Die Erfahrungen müssen den Partnern zugänglich gemacht werden. Unterstützung leisten auch Kommunikationsplattformen wie das EDIBAU-Gremium, in dem sich Verwaltung und Wirtschaft zu einem Erfahrungsaustausch treffen.

7 Schlußbetrachtung

Im Vorwort des EDI-Knigge wurde die Frage nach dem Ziel und Nutzen des Buches gestellt. Sicherlich sind viele Fragen nach dem Studium des Buches beantwortet worden. Auf der anderen Seite werden jedoch auch eine Reihe neuer Fragen hinzugekommen sein. Eines steht jedoch sicherlich fest: Jeder Leser verfügt nun über ein wesentlich breiteres Basiswissen als vor der Lektüre des EDI-Knigge. Nicht alle aufgeführten Stichworte und die dazugehörigen Ausführungen werden jedem EDI-Anwender in der Praxis begegnen. Jedes EDI-Projekt hat seine eigenen Prämissen und ist damit einzigartig. Dem Autorenteam kam es vielmehr darauf an, möglichst alle eventuell auftretenden Fragestellungen zu thematisieren und je nach Relevanz zu bearbeiten.

Es ist uns auch bewußt, daß vielleicht einigen Lesern das Werk zu trivial, den anderen wiederum zu komplex bzw. zu technisch erscheint. Ziel war es, einen gesunden Mittelweg zu finden. Tatsache ist, daß wir uns in einem Technologiezeitalter befinden. Die Automatisierung und Elektrifizierung wird weiter zunehmen, und dies sowohl im Geschäftskunden- als auch im Privatkundenbereich. Bereits im Herbst 1992 fiel eine Anzeige der Mellon Bank aus den USA in verschiedenen Publikationen auf, die sich mit dem Thema EDI beschäftigte. In dieser Anzeige wurde das Zeitalter der Elektronisierung und des technologischen Fortschritts anhand von Zeitpunktaussagen humorvoll betrachtet. Folgende Aussagen wurden getroffen:

1896:   Telephone? Who needs a telephone?!!!

1955:   We can live without computers.

1975:   Overnight delivery? The mail is fast enough.

1986:   Is a fax machine really necessary?

1990:   EDI - are you crazy?

In vielen Veranstaltungen und EDI-Seminaren wurde dieses Schaubild in der Zwischenzeit präsentiert. Oftmals wurde sehr engagiert ein „Pro und Contra" vertreten. Die Darstellung der fünf geschichtsträchtigen Daten hat aber noch jedem ein Lächeln abgerungen. Neben der humorvollen Darstellung birgt das Zeitraster viele Wahrheiten. Betrachtet man nur die Aussage von 1986, so steht außer Frage, daß bereits heute kein kleines oder mittelständisches Unternehmen mehr ohne ein Faxgerät auskommt. Selbst in vielen Privathaushalten ist die Existenz eines Faxgerätes eine Selbstverständlichkeit geworden. Aus der Kommunikationshistorie der letzten 2 Jahre ist das Thema Mobilfunk zu nennen. Keiner hielt es für notwendig, trotzdem wird es zum Ende des Jahres 1994 mehr als 3 Millionen Endteilnehmer in Deutschland am Mobilfunknetz geben. Diese Entwicklung zeigt aber auch, daß der Sprung von einer Schrittmachertechnologie zu einer Schlüssel- bzw. Basistechnologie in immer kürzeren Zeitabständen vollzogen wird.

Der zunehmende Grad der Automatisierung und Elektrifizierung erfordert natürlich auch eine erhöhte Bereitschaft der Anwender, sich mit neuen Technologien auseinanderzusetzen. Hier gibt es hinsichtlich der Begeisterungsfähigkeit signifikante Unterschiede innerhalb der einzelnen Generationen. Während heute bereits Kinder in der Grundschule mit einem PC aufwachsen und überwiegend spielerisch lernen, muß sich die Erwachsenenwelt jeden Know-How-Transfer mühsam erarbeiten. Im Jahr 1993 verfügten nur etwa 21 % aller privaten Haushalte über einen PC. Bis zum Jahre 2000 wird diese Zahl auf 50 % anwachsen.

Wohin entwickelt sich nun der Telekommunikationsmarkt? EDI ist heute die am schnellsten wachsende Dienstleistungsbranche der Welt. Für die nächsten 10 - 15 Jahre werden von den Branchenexperten Wachstumsraten von mehr als 50 % jährlich prognostiziert. Dabei wird es immer mehr darum gehen, optimierte und durchgängige Geschäftsprozesse zu definieren. Die Technik wird in zunehmendem Maße als Mittel zum Zweck eingesetzt.

Große Unternehmen werden sich eigene Kommunikations- und Infrastrukturen aufbauen, während kleinere und mittelständische Unternehmen auf ein ständig steigendes Kommunikations-Outsourcing-Angebot zurückgreifen können. Hierunter ist zu verstehen, daß externe Dienstleister dem Anwender „gelbe Post"-Dienste elektronisch anbieten werden. Der Anwender kann dann je nach Bedarf „Kommunikationskapazitäten" einkaufen, ohne die Infrastruktur vorrätig halten zu müssen. Neben den im EDI-Knigge schon ausführlich behandelten EDI-Funktionen können dies Dienste wie E-Fax (Electronic-Fax) oder E-Mail (Electronic-Mail) sein. Auch im Bereich der Datenbanken gibt es eine breite Palette von Informationsdienstleistungen, die vom Anwender sinnvoll genutzt werden können (z. B. Verkehrsverbindungen, Börsenkurse). Eine Vielzahl weiterer kundennaher serviceorientierter Dienste wie „Video on demand" oder „home shopping" werden in naher Zukunft am Markt angeboten werden.

Die Kommunikationsbranche wird bereits um die Jahrtausendwende in einem höheren Maße zum Bruttosozialprodukt beitragen als die Automobilbranche heute. Die „gelbe Post" in ihrer derzeitigen Form wird es dann nicht mehr geben. Paketfracht wird mehr und mehr über privatwirtschaftliche Unternehmen abgewickelt, und Briefsendungen etc. werden über automatisierte Verfahren den Empfängern zugestellt.

Welche Auswirkungen ergeben sich nun hieraus für das Projekt ISYBAU „Integriertes Datenverarbeitungssystem Bauwesen"? Die deutsche Baubranche muß sich auf neue Technologien einstellen, um auch zukünftig im internationalen Wettbewerb bestehen zu können. Im Bereich der Informationsvermittlung bzw. des Informationsmanagements sind heute noch große Rationalisierungspotentiale ungenutzt. Diese Potentiale gilt es offenzulegen und zu optimieren. Ziel des ISYBAU-Vorhabens ist es, nach der Integration der relevanten Systembausteine die Voraussetzungen innerhalb der Baubranche zu schaffen, geschäftsprozeßübergreifend, zeitnah, qualitativ hochwertig und kostengünstig kommunizieren zu können. Vielleicht heißt der Slogan bei erreichter Akzeptanz zukünftig „easyBAU"!

Wir hoffen, mit dem EDI-Knigge einen Schritt in diese Richtung getan zu haben und wünschen den Lesern viel Erfolg bei ihren heutigen und zukünftigen EDI-Aktivitäten. Selbstverständlich würden wir uns freuen, wenn interessierte Leser und EDI-Anwender nach der Lektüre des EDI-Knigge mit uns in den Dialog eintreten.

Literaturverzeichnis

AWV-Arbeitsgemeinschaft für wirtschaftliche Verwaltung e. V.:
Deutscher EDI-Rahmenvertrag, AWV-Schrift 10548, AWV-Eigenverlag,
Eschborn 1994.

AWV-Arbeitsgemeinschaft für wirtschaftliche Verwaltung e. V.:
Aufbewahrungspflichten und -fristen nach Handels- und Steuerrecht,
Erich Schmidt Verlag, 6. Auflage, Berlin 1992.

Bartels, H.-J.:
EDI in der deutschen und europäischen Automobilindustrie, in: EDI'91 Deutscher
Kongreß für elektronischen Datenaustausch, 25.-27. November 1991 in Wiesba-
den, hrsg. v. Blenheim Heckmann GmbH, S. 117-129.

Beyschlag, Ulf:
OSI in der Anwendungsebene, Datacom-Buchverlag, Pulheim 1988.

Bizer, J.; Hammer, V.:
Elektronisch signierte Dokumente als Beweismittel, in: DuD Datenschutz und
Datensicherung, 11/1993, S. 619-626.

Bullinger, H.-J.; Wasserloos, G.:
Innovative Unternehmensstrukturen, Paradigmen des schlanken Unternehmens,
in: Office Management, 1-2/1992, S. 6-14.

Bundesministerium für Raumordnung, Bauwesen und Städtebau, Bonn:
ISYBAU-Hauptuntersuchung, ISYBAU-Bericht 2.000.0.001, Stand:18.03.1986.

Cap Gemini SCS BeCom GmbH:
Einsatz des Elektronischen Datenaustausches (EDI) in Wirtschaft und Verwaltung, im Auftrag des Bundesministeriums für Wirtschaft /DEUPRO, 1991.

DIN Deutsches Institut für Normung e. V.:
Verdingungsordnung für Bauleistungen, Beuth Verlag GmbH, Berlin-Köln 1988.

Dörfel, F.; Weßelmann, R.:
Projekt-Management: Wichtigster Erfolgsfaktor ist und bleibt der Mensch, in:
Computerwoche 48, 29. November 1991, S. 29-32.

Dolling, Marianne:
UN/EDIFACT: Die Organisation der Nachrichtenentwicklung und -
verabschiedung, in: EDI und EDIFACT für Einsteiger, hrsg. v.
DEDIG Deutsche EDI Gesellschaft e. V., 1994.

Forschungsgesellschaft für Straßenbau- und Verkehrswesen e. V.:
Sammlung der Regelungen für die elektronische Bauabrechnung (REB),
Ausgabe 1981.

Frese, Erich:
Grundlagen der Organisation, Gabler Verlag, 4.Auflage, Wiesbaden 1988.

Fritzemeyer, Wolfgang; Heun, Sven-Erik:
Rechtsfragen des EDI, Vertragsgestaltung: Rahmenbedingungen im Zivil-,
Wirtschafts- und Telekommunikationsrecht, in: Computer und Recht, 3/1992,
S.129-133.

Fritzemeyer, Wolfgang; Heun, Sven-Erik:
Rechtsfragen des EDI, Vertragsgestaltung: Anforderungen an Dokumentation,
Datenschutz und -sicherheit, Haftungsrisiko, in: Computer und Recht, 4/1992,
S.198-203.

Garbe, Klaus:
Sicherheitsstandards für offene Kommunikationssysteme, in: PIK Praxis der Informationsverarbeitung und Kommunikation 13 (1990) 3, S.139-145.

Gebker, Jürgen:
Die Einführung von EDI, in: EDI und EDIFACT für Einsteiger, hrsg. v. DEDIG
Deutsche EDI Gesellschaft e. V., 1994.

Gemeinsamer Ausschuß Elektronik im Bauwesen (GAEB):
REB-Merkblatt, Bonn, Ausgabe 1980.

Gemeinsamer Ausschuß Elektronik im Bauwesen (GAEB):
Regelungen für den Datenaustausch Leistungsverzeichnis, Beuth Verlag GmbH, Berlin-Köln, Ausgabe Juni 1990.

Gemeinsamer Ausschuß Elektronik im Bauwesen (GAEB):
Regelungen für den Aufbau des Leistungsverzeichnisses, Beuth Verlag GmbH, Berlin-Köln, Ausgabe August 1991.

Hammer, Volker:
Elektronische Signaturen, in: DuD Datenschutz und Datensicherung, 11/1993, S. 636-638.

Hegenbarth, Bernhard:
EDIFACT Datenübertragung im heterogenen Umfeld unter Benutzung von OSI X.400 oder FTAM, in: Dokumentation EDI '93, 23-25. November 1993 in Stuttgart, hrsg. v. DIN Deutsches Institut für Normung e. V., S. 10/3-10/10.

Heinel, Kurt:
ISYBAU: Bund-/Länder-DV-Gemeinschaftsvorhaben „Integriertes Datenverarbeitungssystem Bauwesen", in: DAB 4/1990, S. 561-563.

Infotec GmbH, LION EDInet GmbH:
ISYBAU/EDISY-Implementierungshandbuch, I.Teil EDI und EDIFACT, Dezember 1991.

Infotec GmbH:
ISYBAU/EDISY Message Guidelines, BoQ Messages, CONEST Establishment of Contract, November 1993.

Karus, Horst G.:
Unternehmensführung im globalen Wettbewerb, in: ZfB Zeitschrift für Betriebswirtschaft, 60. Jg. (1990), Heft 9, S. 863-873.

Kauffels, Franz-Joachim:
ABC der Datenkommunikation, Datacom-Buchverlag, 3. Auflage, Pulheim 1988.

Kauffels, Franz-Joachim:
Einführung in die Datenkommunikation, Datacom-Buchverlag, 3. Auflage, Pulheim 1989.

Kilian, Wolfgang:
Datensicherheit in Computernetzen, in: CR, 2/1991, S. 73-80.

Klein, S.; Klüber K.:
Geschäftskommunikation auf elektronischem Wege. Leitidee, Anwendung, Perspektiven, in: cogito 6/1990, S. 12-18.

Klönne, Karl-Heinz:
Dokumentenarchivierung auf optischen Speicherplatten, ein Weg zum effizienten Informationsmanagement, in: Office Management, 4/1991, S. 6-12.

Kommission der Europäischen Gemeinschaften, DG XII:
Informationsblatt TEDIS EDIFACT, Brüssel 1989.

Kuhns, Erich:
Sicherheits- und Kontrollaspekte, in: EDIFACT-Elektronischer Datenaustausch für Verwaltung, Wirtschaft und Transport, 5. DIN-Tagung, 15. und 16. Oktober 1990, München-Perlach, hrsg.v. DIN Deutsches Institut für Normung e. V., S. 16/1-16/10.

Kuhns, Erich:
EDI: Anwendungen, Standards und Verbreitung, in: Electronic Mail-Elektronische Mitteilungssysteme, Fachseminar am 6./7. Juni 1991 in Köln, hrsg. v. BIFOA Betriebswirtschaftliches Institut für Organisation und Automation, S. 75-87.

Lange, Werner:
Der Austausch von Handelsdokumenten nach X.435, Standard für die EDI-Zukunft, in: Business Computing, 4/1993, S. 106-109.

LION EDInet GmbH:
ISYBAU/EDISY-Implementierungshandbuch: Zusammenfassung und Bewertung des EDI-Pilotprojektes, Dezember 1992.

Müller-Berg, Michael:
EDI und Sicherheit, in: DuD, 10/1991, S. 514-518.

Müller-Berg, Michael:
Electronic Data Interchange, in: ZfO, 3/1992, S. 178-185.

Müller-Berg, Michael:
Der Anwender ist bei EDI in hohem Maße selbst gefordert, in: Computerwoche 30, 23. Juli 1993, S. 8.

Müller-Berg, Michael:
EDI und Sicherheit, in: Secunet 1993: Sicherheit in netzgestützten Informationssystemen, Vieweg Verlag 1993, S. 421-444.

Mund, S.; Rieß, H.P.:
Kryptographische Protokolle für Sicherheit in Netzen, in: DuD, 2/1992, S. 72-80.

Normenausschuß Bürowesen (NBÜ) im DIN
Deutsches Institut für Normung e. V.:
Funktionale Beschreibungen ausgewählter UN/EDIFACT-Nachrichtentypen, Februar 1994.

Oswald, Gerd:
EDI-Anwendungsperspektiven, Rationalisierungspotentiale und Wettbewerbsvorteile, in: EDI '90 Report, hrsg. v. EWI Gesellschaft für Europäische Wirtschaftsinformation mbH, S. 135-160.

Parker, Don B.:
Neuformulierung der Grundlagen der Informationssicherheit, in: DuD, 11/1991, S. 557-565.

Picot, A.; Neuburger, R.; Niggl, J.:
Ökonomische Perspektiven eines „Electronic Data Interchange", in: Information Management, 2/1991, S. 22-29.

Plattner, B.; Lanz, C.; Lubich, H.; Müller, M.; Walter,T.:
X.400: Die Normen und ihre Anwendung, Addison-Wesley, Bonn 1989.

Reihlen, Helmut:
Informationstechnik - Eine Herausforderung für die Normung, in: EDI'90 Deutscher Kongreß für elektronischen Datenaustausch, 27.-28. November 1990 in Berlin, hrsg. v. Blenheim Heckmann GmbH, S. 220-230.

Rosenberg, Hans-Jürgen:
EDIFACT-der Weg von der Büokommunikation zum elektronischen Geschäftsdatenaustausch, in: Sonderdruck aus DIN-Mitteilungen + elektronorm 69, 7/1990, S. 1-8.

Schellhaas, H.; Rösch, E.; Dieterle, G.:
Technologien und Standards für die 90er, in: PC Woche, 8.April 1991, S. 22-24.

Schmidt, Götz:
Methode und Techniken der Organisation, Verlag Dr. Götz Schmidt, 7. Auflage,
Gießen 1988.

Sedran, Thomas:
Wettbewerbsvorteile durch EDI?, in: Information Management, 2/1991, S. 16-21.

Schuster, Karlheinz:
Organisatorische Planung optischer Speichersysteme, in: Office Management,
4/1991, S. 20-27.

Strohmeyer, Rolf:
Die strategische Bedeutung des elektronischen Datenaustausches, dargestellt am
Beispiel VEBA Wohnen, in: ZfbF, 1992.

Struif, Bruno:
TeleTrust-Vertrauenswürdige elektronische Kommunikation, in: GMD-Spiegel,
1/1988, S. 34-43.

Tietz, Walter:
Wörterbuch der Datenkommunikation, R. v. Deckers Verlag, Heidelberg,
2. Auflage, 1989.

Zepf, Günter:
Beweissichere Archivierung elektronisch ausgetauschter Geschäftsdaten, in: DuD,
4/1991, S. 180-183.

Index

Anhang

A. 1 Stand der UN/edifact-Nachrichtenentwicklung
(September 1994)

Status-2-Nachrichten:

Bezeichner	Nachrichtentyp
BAPLIE	Babyplan/Stowage Plan-Occupied and Empty Locations Message
BAPLTE	Babyplan/Stowage Plan-Total Numbers Message
CONDPV	Direct Payment Valuation Message
CONEST	Establishment of Contract Message
CONITT	Invitation to Tender Message
CONPVA	Payment Valuation Message
CONQVA	Quantity Valuation Message
CONTEN	Tender Message
CREADV	Credit Advice Message
CREEXT	Extended Credit Advice Message
CUSCAR	Customs Cargo Report Message
CUSDEC	Customs Declaration Message
CUSREP	Customs Report Message
CUSRES	Customs Response Message
DEBADV	Debit Advice Message
DELFOR	Delivery Schedule Message
DELJIT	Delivery Just In Time Message
DESADV	Despatch Advice Message
IFCSUM	International Forwarding and Consolidation Summary Message
IFTMAN	Arrival Notice Message
IFTMBC	Booking Confirmation Message
IFTMBF	Firm Booking Message
IFTMBP	Provisional Booking Message
IFTMCS	Instruction Contract Status Message
IFTMIN	Instruction Message
INVOIC	Invoice Message
INVRPT	Inventory Report
ORDCHG	Purchase Order Change Message
ORDERS	Purchase Order Message
ORDRSP	Purchase Order Response Message

PARTIN	Party Information Message (Trading partner profile data)
PAXLST	Passenger List Message
PAYDUC	Payroll Deductions Advice Message
PAYEXT	Extended Payment Order Message
PAYORD	Payment Order Message
QALITY	Quality Data Message
QUOTES	Quote Message
REMADV	Remittance Advice Message
REQOTE	Request for Quote Message
STATAC	Statement of Account Message
SUPCOT	Superannuation Contributions Advice Message
SUPMAN	Superannuation Maintenance Message

Status-1-Nachrichten:

Bezeichner	Nachrichtentyp
AUTHOR	Authorisation Message
BANSTA	Banking Status Message
BOPBNK	Reporting of Bank's Transactions and Portfolio Transactions
BOPCUS	Reporting of the Balance of Payment from Customer Transactions
BOPDIR	Direct Balance of Payment Declaration
BOPINF	Balance of Payment Information from Customer
COMDIS	Commercial Dispute Message
CONAPW	Advice on Pending Works
CONRPW	Response on Pending Works
CONWQD	Work Item Quantity Determination
CUSEXP	Customs Express Consignment Declaration Message
DIRDEB	Direct Debit Message
DOCADV	Documentary Credit Advice
DOCAPP	Documentary Credit Application Message
DOCINF	Documentary Credit Issuance Information
HANMOV	Cargo/Goods Handling and Movement Message
IFTCCA	International Forwarding and Transport Shipment Charge Calculation Message
IFTDGN	Dangerous Goods Notification Message
IFTRIN	International Forwarding and Transport Rate Information
IFTSAI	International Forwarding and Transport Schedule and

	Availability Information
IFTSTA	International Multimodal Status Report Message
IFTSTQ	International Multimodal Status Request
INSPRE	Insurance Premium Message
MOVINS	Stowage Instruction Message
PAYMUL	Multiple Payment Order Message
PRICAT	Price/Sales Catalogue Message
PRODEX	Product Exchange Message
PRPAID	Insurance Premium Payment Message
RECECO	Credit Risk Cover Message
REQDOC	Request for Document
SANCRT	Sanitary/Phytosanitary Certificate
SLSFCT	Sales Forecast Message
SLSRPT	Sales Data Report Message

Status-0-Nachrichten:

Bezeichner	Nachrichtentyp
APERAK	Application Error and Acknowledgement Message
BALANC	Trial Balance
BOPSTA	Exchange of Balance of Payment Statistics
CALINF	Call Info Message
CASINT	Case Initiation (Request of Legal Action)
CASRES	Case Response (Legal Response)
CHACCO	Chart of Accounts
CLAREQ	Classification General Request
CLASET	Classification Information Set
COACOR	Container Acceptance Order
COARCO	Container Arrival Confirmation
COARIN	Container Arrival Information
COARNO	Container Arrival Notice
COARRI	Container Arrival Message
CODECO	Container Departure Confirmation
CODENO	Container Customs Documents Expiration Notice
CODEPA	Container Departure Message
COEDOR	Empty Container Disposition Order
COHAOR	Container Special Handling Order
COITON	Container Inland Transport Order Notice
COITOR	Container Inland Transport Order

COITOS	Container Inland Transport Order Response
COITSR	Container Inland Transport Space Request
COLADV	Advice of a Documentary Collection
COLREQ	Request for a Documentary Collection
COMCON	Component Parts Content Message
CONDRA	Drawing Administration
CONDRO	Drawing Organisation
COOVLA	Container Overlanded Message
COPARN	Container Prearrival Notice
COPDEM	Container Predeparture with Guidelines Message
COPINF	Container Pick-up Information
COPINO	Container Pick-up Notice
COPRAR	Container Prearrival Message
COPRDP	Container Predeparture Message
COREOR	Container Release Order
COSHLA	Container Shortlanded Message
COSTCO	Container Stuffing Confirmation
COSTOR	Container Stuffing Order
CREMUL	Multiple Credit Advice
CURRAC	Current Account Message
DEBMUL	Multiple Debit Advice
DESTIM	Equipment Damage/Repair Estimate Message
DIRDEF	UN/edifact Directory Definition
DOCAMA	Advice of an Amendment of a Documentary Credit
DOCAMD	Direct Amendment of a Documentary Credit
DOCAMI	Documentary Credit Amendment Information
DOCAMR	Request for an Amendment of a Documentary Credit
DOCARE	Response to an Amendment of a Documentary Credit
DOCISD	Direct Documentary Credit Issuance
DOCTRD	Direct Transfer of a Documentary Credit
DOCTRI	Documentary Credit Transfer Information
DOCTRR	Request to Transfer a Documentary Credit
ENTREC	Accounting Entries
FINCAN	Financial Cancellation Message
FINSTA	Financial Statement
FUNACK	Functional Acknowledgement
GATEAC	Gate and Intermodal Ramp Activities Message
GENRAL	General Purpose Message
GESMES	Generic Statistical Message
ICNOMO	Insurance Claims Notification Message
IFTFCC	International Freights Costs and Other Charges
IFTIAG	Dangerous Cargo List Message
INFENT	Enterprise Information

ITRGRP	In Transit Groupage Message
ITRRPT	In Transit Report Detail Message
JAPRES	Job Application Result Message
JIBILL	Joint Interest Billing Report Message
JINFDE	Job Information Demand Message
JOBAPP	Job Application Proposal Message
JOBCON	Job Offer Confirmation Message
JOBMOD	Job Offer Modification Message
JOBOFF	Job Offer Message
MEDPID	Patient Identification Details
MEDPRE	Medical Prescription Message
MEDREQ	Medical Service Request Message
MEDRPT	Medical Service Report Message
MEDRUC	Medical Resource Usage/Cost Message
OSTENQ	Order Status Enquiry Message
PRODAT	Product Data Message
PROTAP	Project Task Planning Message
RDRMES	Raw Data Reporting Message
REACTR	Equipment Reservation, Release Acceptance and Termination Message
RECADV	Receiving Advice Message
RECLAM	Reinsurance Claims Message
REINAC	Reinsurance Account Message
RESETT	Reinsurance Settlement Message
RESMSG	Reservation Message
RESREQ	Travel, Tourism and Leisure Reservation Request-Interactive Message
RESRSP	Travel, Tourism and Leisure Reservation Response-Interactive Message
RETACC	Reinsurance Technical Account Message
SAFHAZ	Safety and Hazard Data Sheet
SSIMOD	Modification and Identity Details Message
SSRECH	Worker´s Insurance History Message
SSREGW	Notification of Registration of a Worker
SUPRES	Supplier Response Message (Reservation Response Message)
TANSTA	Tank Status Report Message
TESTEX	Test Message Explicit Mode
TESTIM	Test Message Implicit Mode
VESDEP	Vessel Departure Message
WKGRDC	Work Grant Decision Message
WKGRRE	Work Grant Request Message

A. 2 UN/edifact-Benutzergruppen

Auszug - Internationale Benutzergruppen:

Bezeichnung	Branche
CEFIC/EDI	Chemie
EANCOM	Konsumgüterwirtschaft
EDIBUILD	Bauwesen
EDIFICAS	Steuer, Wirtschaftsprüfer
EDIFICE	Elektronik
EDIPAP	Papier
EDITEX	Textil
EDIVIN	Wein
EMEDI	Gesundheitswesen
ODETTE	Automobil
OEDIPE	Energiewirtschaft
RINET	Versicherung

Auszug - Deutsche Benutzergruppen:

Bezeichnung	Branche
EDIBAU	Bauwesen
EDIBDB	Baustoffe
EDICOS	Parfum, Kosmetik
EDIFER	Eisen, Stahl
EDIFURN	Möbel
EDIKEY	Schloß- und Beschlagindustrie
EDIoffice	Bürowirtschaft
EDITEC	Sanitär, Haustechnik
EDITEX	Textilbranche
PhonoNet	Tonträger

A. 3 Aufbewahrungsfristen nach RBBau

K 10 Behandlung und Aufbewahrung von Unterlagen

Unterlagen im Sinne dieses Abschnitts sind Akten, Schriftstücke, Karteien, Karten, Pläne, Bild- und Filmmaterialien sowie sonstige Informationsträger im Original einschließlich Mikrofilme, die Originale ersetzen.

Die Unterlagen sind sorgfältig aufzubewahren und gegen Einsicht durch Unbefugte zu schützen.

(...)

Es gelten nachstehend genannte Aufbewahrungsfristen:

	Bezeichnung der Unterlagen	Aufbewahrungsfrist
1	Baurechnungen	
1.1	Unterlagen über Große Neu-, Um- und Erweiterungsbauten	5 Jahre nach dem Abschluß der Prüfung durch den BRH
1.2	Unterlagen über Kleine Neu-, Um- und Erweiterungsbauten	5 Jahre nach Abschluß des Jahres, in dem Rechnung gem. J5 gelegt worden ist
1.3	Unterlagen über Bauunterhaltungsarbeiten	3 Jahre nach Abschluß des Jahres, in dem Rechnung gem. J5 gelegt worden ist
2	Unterlagen für die Grundstücksakte; hierzu gehören alle Unterlagen, die bei der Übergabe eines Bauwerks nach Abschnitt H der zuständigen Verwaltungsdienststelle zu übergeben sind	3 Jahre nach Veräußerung der Liegenschaft bzw. Beseitigung des Bauwerks

3	Sonstige Unterlagen	
3.1	Pläne, die der Bauausführung entsprechen	3 Jahre nach Veräußerung der Liegenschaft bzw. Beseitigung des Bauwerks
3.2	Flächenberechnungen, die der Bauausführung entsprechen	wie vor
3.3	die genehmigte Haushaltsunterlage -Bau-	wie vor
3.4	wichtige Unterlagen zur fachlichen und rechtlichen Beurteilung des Baugeschehens	wie vor
3.5	Unterlagen über die öffentlich-rechtliche Behandlung gem. K 24	wie vor
3.6	Zweitschriften der Verträge mit freiberuflich Tätigen	wie vor
3.7	die Haushaltsüberwachungslisten -Bau-	entspr. den in Nrn. 1.1-1.3 genannten Fristen
3.8	unberücksichtigt gebliebene Angebote einschließlich der hierzu gehörenden Unterlagen der drei mindestfordernden Bieter; soweit dem mindestfordernden Bieter der Auftrag nicht erteilt worden ist, sind die preisgünstigeren Angebote zusätzlich aufzubewahren	entspr. den in Nrn. 1.1-1.3 genannten Fristen

A. 4 Tabellarische Segmentübersicht der UN/edifact-Nachricht "CONEST"

UN/edifact Draft Directory: D.93A CONEST "Establishment Of Contract Message"		
Struktur	**Sta-tus**	**max. Wdh.-Häufig.**
UNH Nachrichten-Kopfsegment	M	1
BGM Beginning of Message	M	1
RFF Reference	M	1
DTM Date/time/period	M	1
. AUT Authentication result	K	2
. AGR Agreement identification	K	2
. - - - Segment Gruppe 1	K	1000
. IND Index details	M	1
. . RCS Requirements and conditions	M	1
. . - - - Segment Gruppe 2	M	1
. . GIS General indicator	M	1
. . - - - Segment Gruppe 3	M	1
. . BII Bill item identification	M	1
. . . IMD Item description	M	9
. . - - - Segment Gruppe 3 Ende		
. . - - - Segment Gruppe 2 Ende		
. - - - Segment Gruppe 1 Ende		
. - - - Segment Gruppe 4	K	1000
. BII Bill item identification	M	1
. . RCS Requirements and conditions	M	1
. . GIS General indicator	M	10
. . NAD Name and address	K	1
. . LOC Place/location identification	K	1
. . API Additional price information	K	1
. . ALI Additional information	K	2
. . QTY Quantity	K	5
. . DTM Date/time/period	K	10
. . RTE Rate details	K	9
. . - - - Segment Gruppe 5	K	10

		Segment	M/K	Anz.
.	.	RFF Reference	M	1
.	.	. DTM Date/time/period	K	2
.	.	. GIS General indicator	K	5
.	.	. FTX Free text	K	5
.	.	- - - Segment Gruppe 5 Ende		
.	.	- - - Segment Gruppe 6	K	5
.	.	CUX Currencies	M	1
.	.	. DTM Date/time/period	K	5
.	.	. FTX Free text	K	1
.	.	- - - Segment Gruppe 6 Ende		
.	.	- - - Segment Gruppe 7	K	2
.	.	ALC Allowance or charge	M	1
.	.	. RFF Reference	K	1
.	.	. DTM Date/time/period	K	1
.	.	. RNG Range details	K	1
.	.	. FTX Free text	K	10
.	.	. - - - Segment Gruppe 8	K	20
.	.	. PCD Percentage details	M	1
.	.	. . RFF Reference	K	1
.	.	. - - - Segment Gruppe 8 Ende		
.	.	- - - Segment Gruppe 7 Ende		
.	.	- - - Segment Gruppe 9	K	100
.	.	RCS Requirements and conditions	M	1
.	.	. BII Bill item identification	M	1
.	.	. FTX Free text	K	9
.	.	- - - Segment Gruppe 9 Ende		
.	.	- - - Segment Gruppe 10	M	100
.	.	ARD Amounts relationship details	M	1
.	.	. MOA Monetary amount	M	6
.	.	. FTX Free Text	K	10
.	.	. - - - Segment Gruppe 11	K	5
.	.	. TAX Duty/tax/fee details	M	1
.	.	. . MOA Monetary amount	K	1
.	.	. . LOC Place/location identification	K	5
.	.	. - - - Segment Gruppe 11 Ende		
.	.	. - - - Segment Gruppe 12	K	15
.	.	. ALC Allowance or charge	M	1
.	.	. . ALI Additional information	K	5
.	.	. . - - - Segment Gruppe 13	K	1
.	.	. . QTY Quantity	M	1
.	.	. . . RNG Range details	K	1
.	.	. . - - - Segment Gruppe 13 Ende		
.	.	. . - - - Segment Gruppe 14	K	1

						M/K	Anz.
.	.	.	.		PCD Percentage details	M	1
.	.	.	.	.	RNG Range details	K	1
.	.	.	.	--- Segment Gruppe 14 Ende			
.	.	.	.	--- Segment Gruppe 15		K	1
.	.	.	.	MOA Monetary amount		M	1
.	.	.	.	. RNG Range details		K	1
.	.	.	.	--- Segment Gruppe 15 Ende			
.	.	.	.	--- Segment Gruppe 16		K	1
.	.	.	.	RTE Rate details		M	1
.	.	.	.	. RNG Range details		K	1
.	.	.	.	--- Segment Gruppe 16 Ende			
.	.	.	.	--- Segment Gruppe 17		K	5
.	.	.	.	TAX Duty/tax/fee details		M	1
.	.	.	.	MOA Monetary amount		K	1
.	.	.	.	--- Segment Gruppe 17 Ende			
.	.	.	--- Segment Gruppe 12 Ende				
.	.	--- Segment Gruppe 10 Ende					
.	.	--- Segment Gruppe 18				K	20
.	.	NAD Name and address				M	1
.	.	.	LOC Place/location identification			K	25
.	.	.	FII Financial institution information			K	9
.	.	.	FTX Free text			K	5
.	.	.	--- Segment Gruppe 19			K	5
.	.	.	RFF Reference			M	1
.	.	.	. DTM Date/time/period			K	5
.	.	.	--- Segment Gruppe 19 Ende				
.	.	.	--- Segment Gruppe 20			K	5
.	.	.	DOC Document/message details			M	1
.	.	.	. DTM Date/time/period			K	5
.	.	.	--- Segment Gruppe 20 Ende				
.	.	.	--- Segment Gruppe 21			K	5
.	.	.	CTA Contact information			M	1
.	.	.	. COM Communication contact			K	5
.	.	.	--- Segment Gruppe 21 Ende				
.	.	--- Segment Gruppe 18 Ende					
.	--- Segment Gruppe 4 Ende						
UNS Abschnitts-Kontrollsegment						M	1
.	--- Segment Gruppe 22					M	1000
.	BII Bill item identification					M	1
.	. RCS Requirements and conditions					M	1
.	. GIS General indicator					M	10
.	. --- Segment Gruppe 23					K	10
.	. RFF Reference					M	1

.	.	.	DTM Date/time/period	K	1
.	.	- - - Segment Gruppe 23 Ende			
.	.	- - - Segment Gruppe 24		K	100
.	.	DIM Dimensions		M	1
.	.	.	API Additional price information	K	1
.	.	.	FTX Free text	K	1
.	.	- - - Segment Gruppe 24 Ende			
.	.	- - - Segment Gruppe 25		K	100
.	.	LIN Line item		M	1
.	.	.	- - - Segment Gruppe 26	K	1000
.	.	.	IMD Item description	M	1
.	.	.	RFF Reference	K	5
.	.	.	GIS General indicator	K	5
.	.	.	- - - Segment Gruppe 26 Ende		
.	.	- - - Segment Gruppe 25 Ende			
.	.	- - - Segment Gruppe 27		M	1000
.	.	QTY Quantity		M	1
.	.	.	GIS General indicator	K	3
.	.	.	API Additional price information	K	1
.	.	.	- - - Segment Gruppe 28	K	3
.	.	.	PRI Price details	M	1
.	.	.	.	GIS General indicator	M	3
.	.	.	.	- - - Segment Gruppe 29	K	2
.	.	.	.	ARD Amounts relationship details	M	1
.	.	.	.	.	MOA Monetary amount	K	1
.	.	.	.	- - - Segment Gruppe 29 Ende		
.	.	.	- - - Segment Gruppe 28 Ende		
.	.	- - - Segment Gruppe 27 Ende			
.	.	- - - Segment Gruppe 30		K	5
.	.	TAX Duty/tax/fee details		M	1
.	.	.	MOA Monetary amount	K	1
.	.	.	LOC Place/location identification	K	5
.	.	- - - Segment Gruppe 30 Ende			
.	.	- - - Segment Gruppe 31		K	5
.	.	BII Bill item identification		M	1
.	.	.	GIS General indicator	M	1
.	.	- - - Segment Gruppe 31 Ende			
.	.	- - - Segment Gruppe 32		M	2
.	.	ALC Allowance or charge		M	1
.	.	.	RFF Reference	K	1
.	.	.	DTM Date/time/period	K	1
.	.	.	RNG Range details	K	1
.	.	.	FTX Free text	K	10

						K/M	Max
.	.	.	- - -		Segment Gruppe 33	K	20
.	.	.	PCD	Percentage details		M	1
.	.	.	.	RFF	Reference	K	1
.	.	.	- - -		Segment Gruppe 33 Ende		
.	.	- - -		Segment Gruppe 32 Ende			
.	.	- - -		Segment Gruppe 34		K	9
.	.	IMD	Item description			M	1
.	.	.	QTY	Quantity		K	1
.	.	.	MOA	Monetary amount		K	1
.	.	.	PRI	Price details		K	1
.	.	.	- - -		Segment Gruppe 34 Ende		
.	- - -		Segment Gruppe 22 Ende				
.	CNT	Control total				K	10
UNT		Nachrichten-Endesegment				M	1

A. 5 Ansprechpartner

Bundesministerium für Raumordnung,
Bauwesen und Städtebau
Deichmanns Aue
53179 Bonn
Tel.: 02 28/33 70-0

EDIBAU e. V.
Am Hofgarten 9
53112 Bonn
Tel.: 02 28/267 09-20

INFOTEC BAUCONSULT GmbH
Brunnenweg 7
64331 Weiterstadt
Tel.: 0 61 50/103-0

LION Gesellschaft für Systementwicklung mbH
Universitätsstraße 140
44799 Bochum
Tel.: 02 34/97 09-0

LION EDInet Gesellschaft für Kommunikation mbH
Hauptstraße 24
50996 Köln
Tel.: 02 21/93 55 00-0

Oberfinanzdirektion Magdeburg
Landesbauabteilung
Ernst-Reuter-Allee 34
39013 Magdeburg
Tel.: 03 91/56 77 001